中国轻工业"十四五"规划立项教材

无机非金属材料实验教程

刘敬肖　主编

中国轻工业出版社

图书在版编目（CIP）数据

无机非金属材料实验教程/刘敬肖主编. --北京：中国轻工业出版社，2025. 5. --ISBN 978-7-5184-5202-6

Ⅰ. TB321-33

中国国家版本馆CIP数据核字第20252PP515号

责任编辑：杜宇芳　　责任终审：许春英
文字编辑：武代群　　责任校对：吴大朋　　封面设计：锋尚设计
策划编辑：杜宇芳　　版式设计：致诚图文　　责任监印：张　可

出版发行：中国轻工业出版社（北京鲁谷东街5号，邮编：100040）

印　　刷：三河市万龙印装有限公司

经　　销：各地新华书店

版　　次：2025年5月第1版第1次印刷

开　　本：787×1092　1/16　印张：15.5

字　　数：430千字

书　　号：ISBN 978-7-5184-5202-6　定价：59.80元

邮购电话：010-85119873

发行电话：010-85119832　010-85119912

网　　址：http://www.chlip.com.cn

Email：club@chlip.com.cn

版权所有　侵权必究

如发现图书残缺请与我社邮购联系调换

241182J1X101ZBW

本书编写人员

主　编　刘敬肖（大连工业大学）
副主编　史　非（大连工业大学）
　　　　　刘贵山（大连工业大学）
参　编　姜淑文（大连工业大学）
　　　　　郝洪顺（大连工业大学）
　　　　　张晶晶（大连工业大学）
　　　　　闫　爽（大连工业大学）
　　　　　张　欢（大连工业大学）
　　　　　杨海霞（大连工业大学）
　　　　　洪　峰（大连工业大学）
　　　　　于德川（大连工业大学）

前　言

材料是科技进步的基石，无机非金属材料在各个科技领域发挥着重要作用。无机非金属材料工程专业主要培养能够在无机非金属材料领域胜任产品研发、工艺设计和生产管理等相关工作的高素质创新应用型人才，以实践能力与创新思维为培养目标的专业实验教学在无机非金属材料工程专业人才培养中占据重要地位。

随着学科、行业发展对学生创新意识和工程实践能力要求的不断提高，无机非金属材料工程专业对实验教学具有更高的要求，对同学们通过实验提高其工程实践能力、创新思维等综合能力的要求更高，挑战性也更大。实验内容应紧密结合当前学科和行业发展最新进展，教师应将科研创新设计、工程实践案例、行业发展需求以及课程思政充分融合到实验教学中。

因此，为适应新时代培养无机非金属材料领域内高素质专业人才的需求，编者在多年从事无机非金属材料工程专业理论课程和实验教学的基础上编写了本教材，内容包括无机非金属材料科学基础实验、无机非金属材料物理性能实验、无机非金属材料工程基础实验、无机非金属材料研究方法实验、陶瓷工艺学实验、玻璃工艺学实验、无机非金属材料合成与制备实验、电子信息材料工艺实验以及创新研究性实验，同时，在第一章和第十一章分别对实验室安全守则及实验数据处理与分析方法、实验报告的撰写方法进行了介绍。

在编写过程中，编者参阅了国内外同类实验教材和相关文献资料，教材内容既能覆盖无机非金属材料领域的重要基础理论和工程实践案例，又能够反映本学科专业的前沿进展和研究案例，对于培养学生创新实践能力和利用基础理论分析和解决复杂工程问题的能力将起到重要的推动作用。

本书由大连工业大学刘敬肖教授任主编，大连工业大学史非教授、刘贵山副教授任副主编，由大连工业大学无机非金属材料工程专业多位教师共同编写而成，刘敬肖教授负责本书的统稿工作。具体编写分工如下：

刘敬肖教授：第一章第二节；第二章实验5~实验11，拓展阅读；第九章实验63，拓展阅读；第十章实验69；第十一章；附录。

史非教授：第三章实验12~实验14，拓展阅读；第九章实验62；第十章实验70。

刘贵山副教授：第四章实验16~实验18，拓展阅读；第九章实验61。

姜淑文教授：第一章第一节；第五章实验21~实验27，拓展阅读；第九章实验64。

郝洪顺教授：第六章实验28~实验44，拓展阅读。

张晶晶副教授：第二章实验1、实验2；第七章实验45~实验52，拓展阅读。

闫爽讲师：第八章实验53~实验60，拓展阅读；第十章实验66、实验67。

张欢副教授：第四章实验20；第九章实验65；第十章实验72、实验73，拓展阅读。

杨海霞副教授：第二章实验3、实验4；第十章实验68。

洪峰讲师：第三章实验 15；第四章实验 19；第十章实验 71。
于德川讲师：第十章实验 74。
感谢大连工业大学教材建设基金对本教材的资助。
限于编者水平，书中疏漏之处在所难免，敬请广大读者给予指正。

编者
2024 年 10 月

目 录

第一章 实验室守则及实验数据处理与分析方法 ... 1
第一节 实验室守则 ... 1
第二节 实验数据处理与分析方法 ... 4
参考文献 ... 7

第二章 无机非金属材料科学基础实验 ... 8
实验1 晶体对称和球体紧密堆积 ... 8
实验2 典型无机材料晶体结构 ... 10
实验3 流变学实验 ... 12
实验4 电动电位测定实验 ... 14
实验5 无机材料表面改性及润湿实验 ... 17
实验6 相平衡实验 ... 20
实验7 材料扩散综合性实验 ... 23
实验8 相变实验 ... 27
实验9 固相反应实验 ... 28
实验10 陶瓷坯釉润湿结晶釉烧结成核-生长相变综合性实验 ... 31
实验11 烧结实验 ... 34
拓展阅读 手机玻璃与化学钢化处理 ... 36
参考文献 ... 38

第三章 无机非金属材料物理性能实验 ... 39
实验12 无机材料的力学性能测试 ... 39
实验13 无机材料的热学性能测试 ... 42
实验14 无机材料的电学性能测试 ... 44
实验15 无机材料的光学性能测试 ... 46
拓展阅读 气凝胶隔热材料在航空航天领域的应用 ... 48
参考文献 ... 51

第四章 无机非金属材料工程基础实验 ... 52
实验16 燃烧热的测定 ... 52
实验17 导热系数的测定 ... 53
实验18 综合传热实验 ... 56
实验19 流体流动阻力的测定 ... 60
实验20 两相流粉体流动性测定 ... 64
拓展阅读 富氧燃烧技术进展 ... 70

参考文献 … 70

第五章 无机非金属材料研究方法实验 … 71
实验 21　X 射线衍射分析 … 71
实验 22　差热分析 … 74
实验 23　扫描电子显微分析 … 76
实验 24　红外光谱分析 … 79
实验 25　荧光光谱分析 … 81
实验 26　紫外分光光度计分析 … 83
实验 27　原子力显微分析 … 85
拓展阅读　"工业牙齿"硬质合金制备中的组分与结构检测 … 87
参考文献 … 89

第六章 陶瓷工艺学实验 … 90
实验 28　陶瓷坯料配方的设计及坯料制备 … 90
实验 29　陶瓷泥浆中的粒度分布测定 … 92
实验 30　黏土或坯料可塑性的测定 … 95
实验 31　黏土或坯料收缩率的测定 … 98
实验 32　陶瓷坯体抗折强度的测定 … 100
实验 33　陶瓷泥浆制备及其流动性的测定 … 101
实验 34　电解质对泥浆流动性的影响 … 103
实验 35　陶瓷坯体的成型 … 105
实验 36　烧结温度与烧结温度范围的测定 … 106
实验 37　陶瓷热稳定性的测定 … 107
实验 38　陶瓷线性热膨胀系数的测定 … 108
实验 39　陶瓷的吸水率、显气孔率、表观相对密度和容重的检测 … 110
实验 40　陶瓷抗冲击性的检测 … 113
实验 41　陶瓷白度、光泽度、透光度的测定 … 115
实验 42　釉的熔融温度范围的测定 … 117
实验 43　釉的最高熔体黏度的测定 … 118
实验 44　陶瓷创意制品的制作 … 120
拓展阅读　手工陶艺作品设计与制作 … 120
参考文献 … 121

第七章 玻璃工艺学实验 … 123
实验 45　玻璃配方组成设计和熔制 … 123
实验 46　玻璃析晶性能的测定 … 128
实验 47　玻璃密度测定 … 130
实验 48　玻璃软化点测定 … 131
实验 49　玻璃制品热稳定性测试 … 133

实验50　玻璃的光学性能测定 ·· 135
　　实验51　玻璃色度测定 ·· 137
　　实验52　玻璃内应力及退火温度测定 ·· 141
　　拓展阅读　发光玻璃及其配方设计依据 ·· 145
　　参考文献 ··· 146
第八章　无机非金属材料合成与制备实验 ·· 148
　　实验53　沉淀法制备纳米 $Mg(OH)_2$ 粉体 ·································· 148
　　实验54　水热/溶剂热制备 SnS_2 纳米粉体 ································· 150
　　实验55　溶胶-凝胶法制备 ZrO_2 薄膜 ·· 153
　　实验56　微乳液法制备纳米 ZnO 粉体 ······································· 155
　　实验57　低温固相反应合成 $NiFe_2O_4$ 尖晶石粉体 ······················· 157
　　实验58　自蔓延高温合成 $LiCoO_2$ 粉体 ····································· 159
　　实验59　静电纺丝法制备碳纳米纤维薄膜 ···································· 161
　　实验60　原位聚合法制备 MoO_3/PANI 无机-有机复合粉体 ············ 163
　　扩展阅读　金属氧化物半导体气体传感材料 ································· 166
　　参考文献 ··· 167
第九章　电子信息材料工艺实验 ·· 171
　　实验61　铁电陶瓷材料制备及性能测试分析 ································· 171
　　实验62　磁性陶瓷材料制备与性能测试 ······································· 175
　　实验63　热敏陶瓷材料制备及性能测试 ······································· 179
　　实验64　复合电极材料制备及性能测试 ······································· 182
　　实验65　碳纤维电极材料制备及性能测试 ···································· 184
　　拓展阅读　热敏陶瓷材料的应用与发展 ······································· 188
　　参考文献 ··· 190
第十章　创新研究性实验 ·· 192
　　实验66　金属氧化物半导体气体传感材料的制备及性能研究 ··········· 192
　　实验67　碳纳米纤维的制备、表面功能化修饰及应变传感性能研究 ··· 195
　　实验68　基于多孔碳超级电容器电极材料的制备与性能研究 ··········· 199
　　实验69　SnO_2 与掺杂 SnO_2 粒子及薄膜的制备与性能研究 ········ 201
　　实验70　利用不同硅源制备疏水 SiO_2 超细粉研究 ······················· 204
　　实验71　多色荧光材料的制备与性能研究 ···································· 205
　　实验72　活性碳纤维电极的制备及电化学性质测试 ······················· 207
　　实验73　多孔电极表面析氢反应的电化学表征 ······························ 210
　　实验74　金属玻璃的熔化模拟 ·· 215
　　拓展阅读　液流电池及其电极材料 ·· 218
　　参考文献 ··· 220
第十一章　实验报告的撰写方法 ·· 223

第一节　实验报告的基本内容和要求 ·· 223
   第二节　创新研究性实验报告的内容与要求 ·· 225
   参考文献 ·· 226
附录 ·· 227
   附录 1　主要溶剂的沸点 ·· 227
   附录 2　主要溶剂的介电常数 ·· 228
   附录 3　25℃下具有相同折射率和相同密度的溶剂 ·· 229
   附录 4　国际单位制单位 ·· 231
   附录 5　基本物理常数 ·· 232
   附录 6　各种筛子的规格 ·· 233
   附录 7　铜-康铜热电偶分度表 ··· 234
   附录 8　不同材料的导热系数的密度 ·· 234
   附录 9　粉体的流动性指数 ·· 235
   附录 10　部分粉体的物性参数 ·· 235
   附录 11　粉体的喷流性指数 ·· 236
   附录 12　两相流粉体流动性指数 ·· 237
   参考文献 ·· 237

第一章　实验室守则及实验数据处理与分析方法

第一节　实验室守则

一、实验安全操作规程

（1）实验前详阅实验内容，了解实验细节的原理及操作；实验进行中有任何状况或疑问，请联系指导教师，切勿私自冒险处理。

（2）使用试剂须先看清楚标签，了解注意事项；实验室各种溶剂和药品不得敞口存放，不能用手直接拿取试剂，要用药勺或指定的容器取用；使用刻度吸管取物时，要用自动吸管胶头或安全吸球等，切勿用嘴吸取。

（3）新配置的试剂应标明信息；为避免污染，勿将未用完的药剂倒回容器内；药品用完放回原处、不得随意带出实验室外。

（4）决不允许用舌头尝试药品的味道；不允许将各种化学药品任意混合，以免引起意外事故；自行设计的实验必须和教师讨论，征得同意后方可进行。

（5）取用强腐蚀性的试剂如氢氟酸、溴水等，必须戴上橡皮手套，并且注意不要把它洒在衣服或皮肤上；挥发性、腐蚀性、有毒溶剂（如甲醇、丙酮、醋酸、氯仿、盐酸、硫酸、乙硫醇、甲醛、酚等）要在通风橱中量取配制，取用完立即盖好盖子，若不小心打翻试剂，需按规程马上处理。

（6）在倾注或加热时，不要俯视容器，以防溅在脸上或皮肤上。

（7）开启易挥发的试剂瓶时，尤其在夏季，不可使瓶口对着自己或他人，以防万一有大量气液冲出时，造成严重烧伤。

（8）正确使用加热装置（包括电炉、烘箱等），各线路接头要严格检查，发现有被氧化或烧焦痕迹时，应及时更换；加热器各种插头应该插到位，容易被氧化的接触点要及时更新。

（9）电源供应器内有高电压，切勿手触；湿手勿操作任何带电仪器。

（10）严禁明火加热反应，尽量使用油浴等；温控仪要接变压器，过夜加热电压不超过220V；实验需要加热回流且反应温度超过110℃时，应尽量争取在白天进行，避免夜间无人看守实验。

（11）做高压实验或有爆炸可能实验，通风橱内应配备保护盾牌，工作人员必须戴防护眼镜。所有通气实验（除高压反应釜）应接有出气口，需要隔绝空气的，可用惰性气体或油封来实现。

（12）减压蒸馏要熟知操作程序，避免发生倒吸和暴沸；回流和加热时，液体量不能超过瓶容量的2/3，冷却装置要确保能达到被冷却物质的沸点以下；旋转蒸发时，不应超过瓶容积的1/2。

（13）做通气实验，要熟知气体性质，严格按规定放置和使用各类钢瓶及加压装置；如使用煤气，需保证煤气开关和接头的密封性，并掌握检查漏气部位操作。

（14）仪器、设备应规范使用并进行日常维护，不要私自拆卸；实验结束将工作区域清理干净，按要求关闭水电。

（15）实验产生的废液必须及时处理，不许留置。废弃物要严格遵守操作规范，放到废液桶或其他特定容器中，贴好标签放到规定位置。

（16）睡眠不足、精神不济或注意力无法集中时，要立即停止工作；若实验时间延长，要注意时间安排及自身安全，尽量避免独自在实验室过夜工作。

（17）酒精等有机溶剂及易燃物（如甲醇、乙醇、乙醚、甲烷等）要远离火苗，万一着火，应保持镇定，沉着处理。酒精或乙醚等着火时，应使用泡沫灭火器或湿毛巾覆盖，勿使用水冲泼。

（18）知悉洗眼器和喷淋系统以及灭火器位置并学会正确使用；出现任何意外事件应立即报告，并应熟知相关应变措施，当个人无法控制局面时，应首先确保个人人身安全。

二、实验室安全守则

（1）实验前要熟知实验内容、掌握操作规程、了解实验室的基本环境，如水阀、煤气阀、电闸、安全门以及消防设施的位置等，对可能实验安全隐患进行预判，知悉相应急救设施、药品的位置以及使用方法。

（2）在实验室内要穿实验服，避免穿着凉鞋或拖鞋（脚趾不要裸露），留有长发者要以橡皮圈束于脑后或戴帽套，以防止危险或污染实验。

（3）严禁在实验室内吸烟、饮食、化妆、嚼口香糖或嬉戏奔跑，不得在实验室冰箱中存放食物饮料，实验室操作台面上勿堆放杂物。

（4）易燃、易爆、剧毒化学试剂和高压气瓶要严格按有关规定领用、存放和保管。

（5）实验进行时，操作人员不得随便离开岗位，要密切注意实验的进展情况，有特殊情况及时报告。

（6）实验样品和所产生的化学废液必须准确标注信息，有害废液要及时按规定分类收集存放，贴好标签，严禁混合或直接倒入下水道。

（7）严禁私配和外借实验室钥匙，使用仪器设备要在实验记录本上详细记录使用时间、人员和运行状况等并清理仪器周边。

（8）公共仪器、耗材和化学试剂一概不许带出实验室外。

（9）值日生或最后离开实验室者，必须认真检查和关闭水、电、门、窗、气，向责任者汇报后方可离开。

三、实验室教师守则

（1）做好实验前的准备工作，对每个实验的目的、方法、步骤都要详细设计，并准备好试剂和用品，确保学生实验的顺利进行，确保实验室及实验室人员的安全。

（2）认真履行职责，确保实验室各项教学科研任务的完成。

（3）严格要求学生，培养学生的实验动手能力，使学生养成良好的实验室工作习惯。

（4）认真指导学生实验，严格审查学生的实验数据，发现问题及时纠正。

（5）做好实验日志，维护好实验仪器设备，对有故障和损坏的仪器设备及时填写相应的记录并报修。

（6）负责大型仪器实验教学的老师要全面掌握仪器的性能和操作规程，严格执行仪器使用和维护记录制度，认真记录开、关机时间、所测样品、人员培训以及仪器的运行状况，定期检查仪器的性能指标，确保实验数据准确无误。

（7）对未按要求完成实验准备工作、不认真进行实验操作或违反实验室制度的学生，应予以严厉批评和制止。

（8）定期检查实验室安全，落实实验室安全防范措施，及时消除安全隐患。

（9）注意节水、节电、节约材料，杜绝浪费，保持实验室内的日常清洁卫生。

（10）下班或离开实验室时，必须锁门、关窗、断水、断电。

（11）不断学习，积极摸索和改进实验教学内容和教学方法，努力提高教学质量。

四、实验室学生守则

（1）实验室是开展教学和科学研究的场地，进入实验室的学生必须严格遵守实验室的各项规章制度和操作规程。

（2）进入实验室的学生必须穿实验服，保持实验室内的整洁、安静，不得迟到、早退、喧哗、打闹、吸烟、进食和随地吐痰；不得穿凉鞋、高跟鞋或拖鞋；留长发者应束扎头发。

（3）实验前认真阅读教材和老师指定的资料，理解实验的目的和要求，按老师要求作好实验前的各项准备工作。

（4）进入实验时，应认真操作，仔细观察，注意理论联系实际，用已学的知识判断、理解、分析和解决实验中所观察到的现象和所遇到的问题，不断提高自己分析问题和解决问题的能力。

（5）依据实验要求，如实而有条理地记录实验现象和所得数据，严禁编造数据，弄虚作假。

（6）实验后要及时总结经验教训，不断提高实验能力；要认真书写实验报告，实验报告的字迹要工整，图表要清晰，按时交指导教师批阅。

（7）严格执行各项实验室安全规定，节约水电、药品和器材，爱护仪器和实验室各种设备。

（8）熟练掌握灭火器使用方法，遇事沉着冷静，及时向负责人或指导教师汇报。

（9）培养良好的职业道德，养成良好的实验室工作习惯，勤奋好学，吃苦耐劳，爱护集体，关心他人。

五、实验室工作人员安全护理常识

（1）实验室应准备苏打水、稀硼酸水、清水、纱布、药棉、绷带、创可贴、棉签、医用酒精、红药水、凡士林一类的应急救护物品。

（2）实验中人体一旦误触强酸、强碱一类腐蚀性化学试剂，特别是眼睛溅上了腐蚀性化学试剂后，应立即用清水冲洗，时间不少于 20min，越快越好，冲洗之后，马上去医院就诊。

（3）如眼内进入固体化学物质，应用棉签将其粘出后，用清水冲洗，严重者应立即去医院就诊。

（4）实验中如人体某一部位被玻璃器皿或其他器物划破、戳伤或致伤，伤轻者可用温开水或生理盐水冲洗干净，酒精擦洗消毒后，用创可贴包扎，伤重者应简单压迫止血后，立即去医院就诊。实验中人体不慎被烫伤，应用清水喷淋；有水泡者，不要弄破水泡，待去除创面污物后，均匀涂抹凡士林，再用纱布外加脱脂棉均匀加压包扎；伤重者应立即去医院就诊。

六、灭火器使用须知

目前，学校内实验室和公共场所使用的灭火器为 MTZ2 型手提式二氧化碳灭火器和 MFZL4 型手提贮压（ABC）干粉灭火器，工作原理相同，使用方法如下：

（1）携灭火器到火灾现场。

（2）操作者将灭火器把上的保险销拔掉。

（3）操作者一手握住喷射软管，将喷嘴对准火焰根部，另一手压下压把。

（4）灭火器可喷射，也可点射，按下即喷，松开即停。

（5）灭火器用后可重新装粉，反复使用。

七、疏散逃生注意事项

（1）首先不要惊慌。

（2）高层建筑疏散可向楼宇避难层或楼顶平台逃生。

（3）封闭空间可到卫生间等部位关紧门窗，用湿毛巾等物品塞堵门缝并不停地往毛巾上浇水，防止烟火渗入，拨打救援电话，等待救援。

（4）发生火灾，严禁乘坐电梯。

（5）三层以上建筑不建议跳楼逃生。

（6）正确疏散逃生姿势和要领：身披湿物、重点护头、打湿毛巾、捂住口鼻、弯腰低身、手扶墙壁。

第二节　实验数据处理与分析方法

实验数据处理与分析是科研工作中至关重要的环节，包括实验数据收集、整理和分析几个方面，并从中得出有价值的结论。在处理和分析实验数据时，需要注意实验数据的准确性、可重复性和可比性等细节，另外，还需要采用科学的统计方法来处理数据，以确保实验数据的准确性和可靠性。

一、实验数据处理与分析需要考虑的因素

（1）准确性。在收集实验数据时，需要确保数据准确无误；对于有误差的实验数据，需要剔除或者修正；在整理数据时，需要采用科学的统计方法，如线性回归、方差分析等。

（2）可重复性。可重复性是科学实验的重要特征之一，在处理和分析数据时，需要确保实验结果可以在不同的实验室、不同的时间、由不同的实验者得到；如果实验结果可以重复，那么实验结果的准确性和可靠性就会更高。

（3）可比性。可比性是指不同实验结果之间的比较。在处理和分析数据时，需要确保实验结果在不同条件、不同实验室之间具有可比性。

二、实验数据处理与分析的方法

（1）列表法：将实验数据列成表格，简明地表示出有关物理量之间的关系，便于检查测量结果和运算是否合理，有助于发现和分析问题，而且列表法还是图像法的基础。

（2）图示法：将实验数据绘成曲线图，有助于直观清晰地表达出变量之间的相互关系，便于分析极值点、转折点等特性，还可以根据曲线求出相应的方程式。

（3）回归分析法：利用数学方法对数据进行分析，确定因变量与自变量之间的关系，并可以预测因变量的取值。

（4）平均值法：通过计算数据的平均值来减小偶然误差，有助于得到更接近真实值的结果。

在处理数据时，还需要注意缺失值的处理，包括删除、平均值填充、预测模型填充等方法。同时，对于不同类型的数据和变量，也需要采用不同的分析方法，如单变量分析和双变量分析等。

总之，应根据具体的数据类型和研究目的来选择恰当的实验数据处理与分析方法。在实际应用中，有时需要结合多种方法进行分析。下面介绍一些具体的实验数据处理方法，以及如何利用这些方法分析实验结果。

三、实验数据处理与分析的步骤

（一）数据整理与预处理

在进行实验数据分析之前，首先需要对所获得的数据进行整理和预处理。这一步骤的目的是确保数据的质量和可靠性。常见的数据整理和预处理包括以下几个方面。

（1）数据清洗：删除或修正异常值、缺失值等不符合要求的数据。

（2）数据标准化：通过将数据进行标准化处理，可以消除因不同单位或量纲带来的影响，使得数据具有可比性。

（3）数据平滑：通过使用滤波算法等方法，可以去除数据中的噪声，使得数据平滑化。

（4）数据归一化：将数据缩放到某个特定的范围，以便进行后续的分析和比较。

（二）数据可视化与描述统计

在进行实验数据分析时，数据可视化和描述统计是最常用的分析方法之一。通过直观地展示数据的分布规律和趋势，可以更好地理解实验结果。其中，用 Origin 软件以多种计算方法对实验数据进行处理，对结果进行分析比较，可以优化结构，得到最佳表达形式，这种处理方法可用于多种实验的数据处理。运用计算机软件处理数据既可以避免繁杂易错的数学计算，强化学生计算机应用能力；也可以使学生知道实验经验公式能用几种不同数学形式表达；且可以在同等实验条件下得到更接近实际物理规律的经验公式。以下为一些常用的数据可视化和描述统计方法：

（1）直方图：用来描述数据的分布情况。通过将数据分成若干个区间，统计落入每个区间内的数据个数，从而得到数据的频数分布。

（2）散点图：用来描述两个变量之间的关系。通过在坐标系中绘制数据点，可以直观地观察数据的分布和趋势。

（3）箱线图：主要用于观察数据的离散程度和异常值。箱线图包括最小值、最大值、中位数、上下四分位数等统计指标。

（4）均值与标准差：用于描述数据的中心位置和离散程度。均值表示数据的平均水平，标准差表示数据的分散程度。

（三）统计分析

除了数据可视化和描述统计，统计分析也是实验数据分析的重要内容。它可以帮助我们判断实验结果是否具有显著性差异，以及推断结果的可靠性。以下是一些常用的统计分析方法。

（1）t 检验：用于判断两组数据的均值是否存在显著差异。当两组数据满足正态分布和方差齐性的条件时，可以使用 t 检验进行分析。

（2）方差分析：用于判断多组数据的均值是否存在显著差异。当多组数据满足正态分布和方差齐性的条件时，可以使用方差分析进行分析。

（3）卡方分析：用于比较两个或多个分类变量之间的关联性和差异性。当变量为分类变量，并且满足独立性假设时，可以使用卡方分析进行分析。

（4）相关性与回归分析：相关性分析是研究变量之间相关程度的一种方法，通过计算相关系数，可以判断两个变量之间的线性关系和相关强度。回归分析是一种建立变量之间函数关系的方法，通过回归模型，可以根据自变量的变化预测因变量的变化。常用的回归分析方法包括线性回归、多项式回归和逻辑回归等。

（四）数据模型建立与预测

在实验数据分析中，有时需要建立数据模型来预测未来的结果。数据预测模型是基于历史数据和统计分析方法构建的一种模型，用于预测未来事件或趋势的发展情况。常用的数据模型包括线性回归模型、逻辑回归模型、决策树模型等。建立一个可靠的数据预测模型包括以下主要步骤。

（1）需要确定预测的目标。

（2）收集相关的历史数据，并对其进行清洗和整理，确保数据的准确性和完整性。

（3）选择合适的统计分析方法和模型，如回归分析、时间序列分析或机器学习等。机器学习是一种利用计算机算法自动识别和学习数据规律的方法。通过机器学习算法，可以构建模型、预测未来趋势和进行数据挖掘。

总之，通过建立数据模型，可以对实验结果进行预测分析，为后续的决策提供参考依据。

参 考 文 献

［1］ 伍洪标. 无机非金属材料实验［M］. 北京：化学工业出版社，2010.
［2］ 孙明珠，贾亚民，王红理，等. Origin 软件在实验数据处理中的应用研究［J］. 实验室研究与探索，2015，34（10）：96-98.

第二章　无机非金属材料科学基础实验

本章主要是围绕"无机材料科学基础"课程理论知识开设的系列实验。实验项目包括晶体对称和球体紧密堆积、典型无机材料晶体结构、流变学实验、电动电位测定实验、无机材料表面改性及润湿实验、相平衡实验、材料扩散综合性实验、相变实验、固相反应实验、陶瓷坯釉润湿结晶釉成核-生长相变综合性实验和烧结实验。通过上述实验，学生可以进一步加深对无机材料科学基础课程基本概念、基本理论知识的理解，掌握无机非金属材料基础实验相关仪器的操作，建立材料结构、组成、工艺与性能之间的关系模型，培养解决复杂工程实践问题的能力。

实验 1　晶体对称和球体紧密堆积

一、实验意义

晶体是内部质点在三维空间呈周期性重复排列构成的固体物质，具有格子构造。质点的排列方式对晶体的结构和性质具有重要影响，因此，掌握晶体内部质点的排列规律非常必要。传统材料开发需要长时间的实验和试错过程。而晶体结构软件的模拟可以在短时间内预测材料的结构和性能，从而加速材料的开发过程。晶体对称性和球体紧密堆积的模拟能够为更好地掌握材料的三维结构提供理论依据。

二、实验目的

（1）观察晶体模型中晶界要素（晶面、晶棱、定点）在空间分布的特点，找出宏观对称要素。

（2）根据对称组合定理和目估统计法找出模型中的全部对称要素。

（3）通过模型观察掌握等径球体最紧密堆积原理，并进一步了解各种参数。使用 Crystal Maker 软件，绘制紧密堆积模型，掌握空间构造。

三、实验基本原理

1. 晶体对称

在晶体中，由于质点排列的规律性和重复性，必然呈现一定的对称性，因此一切晶体都是对称的。晶体对称性的体现包括两个方面，一是对称元素，即几何要素，包括点、线、面；二是对称操作，即能使晶体中等同部分有规律重复的动作，包括旋转、反映、反伸、平移等。

2. 球体紧密堆积

为满足晶体的最小内能和稳定性，原子或离子在晶体中的排列应服从球体的紧密堆积原理。对于由单一元素构成的晶体，球体的堆积方式称为等大球体的紧密堆积。第一层等大球体的紧密堆积只有一种形式，在二维平面上每个球与周围 6 个球紧密接触，如图 2-1（a）所示，每三个球围成一个弧面三角形空隙，这些空隙指向相反、数目相等且相间分布。第二层球体需要落在第一层球的空隙中才能实现紧密堆积，两层球体堆积的方式也只有一种，但会形成两种空隙，一种是贯穿两层的空隙，另一种是可以看见底层球体的空隙，如图 2-1（b）所示。

第三层球叠加时同样需要落在空隙中来实现紧密堆积，但由于存在两种空隙，叠加的方式可以有两种：

① 将第三层球堆积在可以看见第一层球体的空隙上，则第三层球体的排布刚好与第一层重复，由此逐层堆叠的第四层会与第二层重复，第五层与第一层和第三层重复，即构成 ABABAB……型的堆积方式，球体的堆叠方式刚好与空间格子中的六方底心格子一致，因此称这种堆积方式为六方紧密堆积，密排面与（0001）面平行。

② 将第三层球落在贯穿前两层的空隙上，则第三层球体的排列方式与第一层和第二层都不同。而第四层球堆叠后与第一层球重复，第五层与第二层重复，第六层与第三层重复……由此形成 ABCABCABC……形式的排列，球体的堆叠方式与空间格子中的面心立方格子一致，这种堆积方式称为立方紧密堆积，密排面平行于（111）面。

由球体的堆积情况可知，无论是在六方紧密堆积还是面心立方紧密堆积中，均存在空隙，这些空隙可分两种类型：四面体空隙和八面体空隙。四面体空隙由四个球围成，球心连线刚好形成一个正四面体。八面体空隙由六个球围成，球心连线构成一个正八面体。在球体紧密堆积中，每个球周围都有 8 个四面体空隙和 6 个八面体空隙。因此，属于一个球的四面体空隙数 = $8 \times 1/4 = 2$ 个，属于一个球的八面体空隙数 = $6 \times 1/6 = 1$ 个。由此可知，如果由 n 个球体做紧密堆积，则该系统中四面体空隙数为 $2n$ 个，八面体空隙数为 n 个。

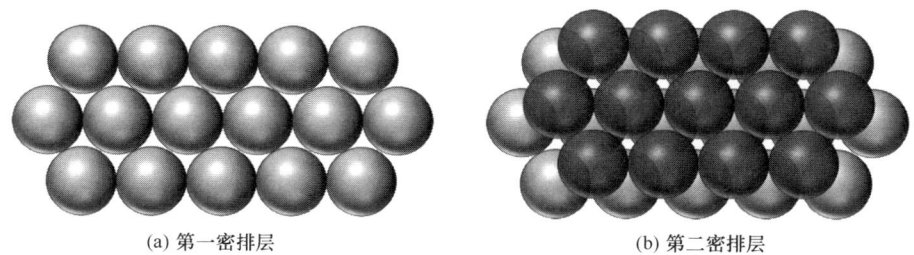

(a) 第一密排层　　　　　　　　(b) 第二密排层

图 2-1　球体紧密堆积原理图

四、实验器材

Crystal Maker 晶体结构模拟软件。

五、实验步骤

对称部分：绘制对称中心、对称面、对称轴、反伸轴、螺旋轴。

球体紧密堆积部分：

（1）软件界面的打开：File→new→Molecule。

（2）输入相关参数：

根据几何关系计算出球体位置的三维坐标，并输入到对话框的相应位置中，点击 OK 即可（每行参数都必须进行标识 Label 及 Site Occupancy 中元素的修正，即改为相应原子的元素符号）。

若要对数据进行改动，或发现点位置错误需要改动时，需将点阵位置恢复到最初（Ctrl+Z），然后点击菜单栏中"Edit"→"Structure"，在弹出的对话框进行数据的更改。

注意球体坐标和半径之间的大小关系。

（3）通过软件中的工具对三维结构进行观察，利用表面填充、球棍模型等观察紧密堆积中的空隙。

六、实验结果与分析

将绘制的面心立方紧密堆积模型和六方紧密堆积模型以层层展示的方式输出、将三维模型中的四面体空隙和八面体空隙表示出来并输出为实验报告。

思考题

（1）什么是对称、对称操作和对称要素？

（2）晶体的对称与物体的几何对称有何原则上的区别？

（3）为什么对称轴一定通过晶体的几何中心？

（4）分别从立方密堆积和六方密堆积中找出立方面心晶胞和六方晶胞。

实验 2　典型无机材料晶体结构

一、实验意义

典型无机材料晶体结构的模拟有助于深入理解这些材料的性质和行为。通过对这些晶体结构的研究，可以发现新的物理现象、化学反应和机械行为，从而推动材料科学的进步。典型无机材料在许多领域都有广泛的应用，如能源、电子、生物医学等。通过模拟这些材料的晶体结构，可以预测其在实际应用中的性能，并为其应用提供理论指导。

二、实验目的

（1）熟练使用 Crystal Maker 软件，通过软件绘制晶体结构掌握每种晶体结构的配位情况。

（2）使用软件测量典型晶体结构的键长、键角，并表示晶面、投影面等。

三、实验基本原理

对典型无机化学物晶体结构进行模拟,需要掌握相应晶体结构的空间群和晶格参数。NaCl 型晶体结构也称岩盐型结构,属于立方晶系,$Fm3m$ 空间群,$a_0 = 0.563$nm。CsCl 型晶体结构属于立方晶系,$Pm3m$ 空间群,$a_0 = 0.411$nm。闪锌矿 ZnS 晶体结构属于立方晶系,$F43m$ 空间群,$a_0 = 0.540$nm。CaF_2 萤石晶体结构属于立方晶系,$Fm3m$ 空间群,晶胞参数 $a_0 = 0.545$nm。碱金属氧化物 Li_2O 属于反萤石型结构。尖晶石(AB_2O_4)型结构中,A 为二价阳离子,B 为三价阳离子,晶体结构属于立方晶系,$Fd3m$ 空间群,$a_0 = 0.808$nm。钙钛矿型结构中,A 为一价或二价阳离子,B 为五价或四价阳离子,室温下为正交晶系,高温下为立方晶系,一般认为立方晶系为钙钛矿的理想晶体结构,为 $Pm3m$ 空间群。

硅酸盐晶体结构按照硅氧四面体的连接方式可分为岛状结构、组群状结构、链状结构、层状结构和架状结构。镁橄榄石为岛状结构硅酸盐,其化学式为 Mg_2SiO_4,晶体结构属于正交晶系,$P6mm$ 空间群。$a_0 = 0.476$nm,$b_0 = 1.021$nm,$c_0 = 0.598$nm。绿宝石为组群状结构硅酸盐晶体,属于六方晶系,$P6/mcc$ 空间群,$a_0 = 0.921$nm,$c_0 = 0.917$nm。透辉石为链状结构硅酸盐晶体,化学式是 $CaMg[Si_2O_6]$,单斜晶系 $C2/c$ 空间群。$a_0 = 0.975$nm,$b_0 = 0.890$nm,$c_0 = 0.525$nm,$\beta = 105°37'$。高岭石为层状结构硅酸盐晶体 $Al_4[Si_4O_{10}](OH)_8$,晶体结构属于三斜晶系 C_1 空间群,$a_0 = 0.5139$nm,$b_0 = 0.8932$nm,$c_0 = 0.737$nm,$\alpha = 91°36'$,$\beta = 104°48'$,$\gamma = 89°54'$。滑石的化学式为 $Mg_3[Si_4O_{10}](OH)_2$,属单斜晶系 $C2/c$ 空间群,$a_0 = 0.526$nm,$b_0 = 0.910$nm,$c_0 = 1.881$nm,$\beta = 100°$。α-石英属于六方晶系,架状结构硅酸盐晶体,$P6_422$ 或 $P6_222$ 空间群,$a_0 = 0.501$nm,$c_0 = 0.547$nm。

四、实验器材

Crystal Maker 晶体结构模拟软件。

五、实验步骤

(1) 使用软件绘制典型无机晶体化合物 NaCl、CsCl、ZnS(立方)、CaF_2、Li_2O、尖晶石(AB_2O_4)、钙钛矿(ABO_3)的晶体结构,观察晶体的三维构型,利用软件功能测量键长、键角,找出 (100)、(110)、(111) 面。

(2) 使用软件绘制出典型硅酸盐晶体:镁橄榄石、绿宝石、透辉石、高岭石、滑石、α-石英的晶体结构,利用软件输出几种结构的空间构型。

六、实验结果与分析

对典型无机晶体化合物以及硅酸盐晶体结构晶型绘制并输出相应结构以及测量的键长、键角,通过软件表示的晶面输出为实验报告。

思考题

（1）仔细观察滑石与高岭土结构，指出哪种结构中存在"二八面体"，哪种结构中存在"三八面体"？并用 Pauling 电价规则解释。

（2）观察石英、鳞石英、方石英三种结构中 [SiO_4] 的连接方式，说明三种结构中石英与鳞石英的转变容易，还是与方石英的转变容易，为什么？

实验3　流变学实验

一、实验意义

流变学研究的是在外力作用下，物体的变形和流动的学科，研究对象主要是流体，还有软固体或者在某些条件下固体可以流动而不是弹性形变，它适用于具有复杂结构的物质。

对于流体材料的流变性研究，一般采用黏度计测量流体的黏度以进行表征。测量黏度的主要方法有：①落球黏度计法：通过计算球体在流体中因自重作用沉落的时间，以计算牛顿黏滞系数；②管式黏度计法：通过研究流体在管式黏度计中流动时，管内两端的压力差和流体的流量，以求得牛顿黏滞系数和宾厄姆流体屈服值；③转筒法：利用同轴的双层圆柱筒，使外筒产生一定速度的转动，测定内筒的转角，以求得两筒间的流体的牛顿黏滞系数与转角的关系等。

流变学实验的意义在于研究材料在各种条件下的变形和流动规律，这些条件包括应力、应变、温度、湿度和辐射等，特别是与时间因素相关的行为。通过流变学实验，可以测量材料的黏度、测试柔软的固体材料、评估复杂流体的产量和流动特性，这对于优化材料加工、减少产品退化以及理解和预测材料的流变性能至关重要。

二、实验目的

（1）了解不同类型流体的流变学特征。

（2）了解实验原理及仪器使用方法。

三、实验基本原理

流体的黏度定义是：流体在剪切应力 τ 作用下产生剪切速率 dv/dx，并相互成正比，比例系数即黏度 η。即：

$$\eta = \tau/D \tag{2-1}$$

式中　D——剪切速率，$D = dv/dx$，s^{-1}；

τ——剪切应力，Pa；

η——黏度，Pa·s。

凡是符合这个规律的物质称为理想流体或牛顿型流体。若用剪切应力 τ 与剪切速率 D 作图，可以得到流变曲线如图 2-2（a）所示。

当在物体上加以剪切应力，则物体开始流动，剪切速度与剪切应力成正比。当应力消除后，变形不再复原。属于这类流动的物质有水、甘油、低分子量化合物溶液。

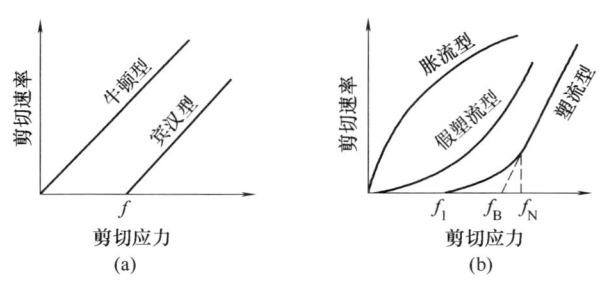

图 2-2　流动曲线

在许多工业中应用的液体并不具有牛顿流体的行为，曲线可以凸向或凹向剪应力轴，在这些系统中剪切力与剪切速度不成正比。为了与牛顿流动有所区别，常常称为不正常流动或非牛顿流动。下面对这种流体进行分类介绍。

（1）宾汉流动：这类流体流动特点是应力必须大于流动极限值 f 后才开始流动，一旦流动后，又与牛顿型相同。表现出流动曲线形式如图 2-2（a）所示。这种流动可写成：

$$\tau - f = \eta \mathrm{d}v/\mathrm{d}x \tag{2-2}$$

式中　f——屈服应力，Pa；

　　　τ——剪切应力，Pa；

　　　$\mathrm{d}v/\mathrm{d}x$——剪切速率，s^{-1}。

若 $D = \mathrm{d}v/\mathrm{d}x$，上式写成 $\tau/D = \eta + f/D$

$$\eta_a = \eta + f/D \tag{2-3}$$

当 $D \to \infty$，$f/D \to 0$，此时 $\eta_a = \eta$，η_a 称为宾汉流动黏度，通常又称为表观黏度。η 为牛顿黏度。新拌混凝土接近于宾汉流动，这类流动是塑性变形的简例。

（2）塑性流动：这类流动的特点是施加的剪应力必须超过某一最低值——屈服应力以后才开始流动，随剪切应力的增加，物料由紊流变为层流，直至剪应力达到一定值，物料也发生牛顿流动。流动曲线如图 2-2（b）所示，属于这类流动的物体有泥浆、油漆、油墨。硅酸盐材料在高温烧结时，晶粒界面间的滑移也属于这类流动。黏土泥浆的流动只有较小的屈服应力，而可塑泥团屈服应力较大，它是黏土坯体保持形状的重要因素。

（3）假塑性流动：这一类型的流动曲线类似于塑性流动，但它没有屈服应力。也即曲线通过原点并凸向应力轴，如图 2-2（b）所示。它的流动特点是表观黏度随切变速率增加而降低。属于这一类流动的主要有高聚合物的溶液、乳浊液、淀粉、甲基纤维素等。

（4）膨胀流动：这一类型的流动曲线是假塑性的相反过程。流动曲线通过原点并凹向剪应力轴，如图 2-2（b）所示。这些高浓度的细粒悬浮液在搅动时变得比较黏稠，而停止搅动后又恢复原来的流动状态，它的特点是黏度随切变速率增加而增加。属于这一类流动的一般是非塑性原料如氧化铝、石英粉的浆料等。

本实验利用旋转黏度计测定流体的流变曲线。测定理想流体或牛顿型流体，用水、甘油等低分子量化合物溶液；测定塑性流动采用陶瓷泥浆；测定假塑性流动采用高聚合物的溶液、乳浊液、淀粉、甲基纤维素等；测定膨胀流动采用非塑性原料，如氧化铝、石英粉。

四、实验药品与器材

（1）实验药品：淀粉、陶瓷泥浆（含水35%）、糊精或甲基纤维素、氧化铝。
（2）实验器材：旋转黏度计、电动搅拌机、500mL塑料烧杯（5只）、量筒（2只）。

五、实验步骤

（1）试样准备。水可以放入塑料烧杯直接测定。陶瓷泥浆须现配：陶瓷坯料干粉100g；电解质 Na_2CO_3 0.5g；水54mL。糊精或甲基纤维素粉体2~10g；加50mL水。氧化铝粉悬浮液：氧化铝粉20~50g，加50mL水。

（2）测试过程。将配好的试样放入塑料烧杯中，电动搅拌机充分搅拌均匀（5~15min），分别倒入旋转黏度计附带的试样杯中（A杯）15~20mL，物料装至转子全部被浸没，转子上有少量物料为佳；将试样杯上螺套旋紧，再将控制面板上的悬钮红点打到工作点。

旋转黏度计内部设计的剪切应力为

$$\tau = Z\alpha \tag{2-4}$$

式中　α——读数刻度；
　　　Z——转筒常数（查表）；

作 $\tau \sim D$ 图即得到各种流体的流变曲线。

六、实验结果与分析

（1）根据测定的结果作图。
（2）分析流体的流变特性。
（3）分析实验误差对结果的影响。
（4）实验讨论以及本实验后的体会。

思考题

（1）常用的流变参数有哪些？
（2）举例说明流变学在实际生产、生活中的应用。

实验4　电动电位测定实验

一、实验意义

粒子表面所带电荷种类和粒子表面的电荷密度可以从 Zeta 电位得到反映，粒子表面电荷基团的微小变化都将引起水体中粒子 Zeta 电位的改变。Zeta 电位是固-液界面双电层中,吸附层与扩散层之间相对滑移面上的电位,是反映固体粒子电动行为的一个重要参数。当固-液两相在水体中接触时,接触界面上因固体表面物质的离解或对水体中离子的吸附,都会导致固体表面存在过剩电荷,并在附近水体溶液中形成反电荷离子的不均匀分布,使得粒子在水体中所带电荷自发吸收周围反向带电粒子。

当固态粒子与水体接触时,固-液两相界面的相反符号的表面电荷使得发生粒子相对移动分布。Zeta 电位反映了连续相与附着在分散粒子上的液体稳定层之间的电势差,对水体微粉悬浮物絮凝及分散性产生影响。颗粒带有较多电荷,就具有较高的 Zeta 电位,颗粒表现为相互排斥。Zeta 电位可以反映絮凝剂的作用机理,将其作用于废水控制系统,能够精确地指导絮凝剂的投加,提高废水絮凝反应沉淀处理效果和废水处理效果,避免净水药剂浪费与消耗,在处理废水污染物的同时,还能减少碳排放,降低对水生态和自然环境的破坏,实现绿色发展。因此通过分析 Zeta 电位的变化量,研究对应的固体悬浮物微粉颗粒在水体的絮凝及分散效果与机理,对微粉产品的生产以及对该类无机固体悬浮物水体分散特性及废水的絮凝净化处理等方面,均可提供有力的技术支持和理论研究指导,具有重要的经济效益、环保效应和现实意义。

二、实验目的

(1) 观察并熟悉黏土胶粒的电泳现象,即用电泳仪测定黏土胶体 Zeta 电位。
(2) 了解不同种类及数量的电解质对 Zeta 电位的影响。

三、实验基本原理

胶体颗粒在液体中是带电的。当固体与液体接触时,固-液两相界面上就会带有相反符号的电荷。电泳是胶体体系在直流电场的作用下,胶体分散相在分散介质中作定向移动的电动现象。

按照 Gouy-chapman 提出并由 Stern 发展的扩散双电层模型,胶体分散相的电泳现象是由于胶粒与液相接触时,在胶粒周围形成了连续的扩散双电层,并在扩散双电层的滑动面上相互均匀液相介质具有一个电位即 Zeta 电位。根据静电学原理,ζ 电位的数值与电泳速度有关:

$$u=\frac{\zeta D}{4\pi\eta} \tag{2-5}$$

式中　u——电泳速度,m/s;
　　　D——分散介质的介电常数,F/m;
　　　η——分散介质的黏度,Pa·s。

因此,依据电泳速度的大小可以研究胶粒的电动电位和带电性质等情况。

必须明确,电动电位与热力学电位的区别:热力学电位是胶核与均匀液相间的电位差,即固-液电位差;Zeta 电位是胶粒表面吸附层界面到均匀液相的电位。

Zeta 电位可用来作为胶体体系稳定性的指标。如果颗粒带有很多负的或正的电荷,也就说明 Zeta 电位很高,颗粒之间会相互排斥,从而达到整个体系的稳定性。如果颗粒带有很少负的或正的电荷,也就是说它的 Zeta 电位很低,它们会相互吸引,从而达到整个体系的不稳定性。一般来说，Zeta 电位越高，颗粒的分散体系越稳定。

四、实验药品与器材

（1）实验药品与原料：氧化铝、长石粉、NaCl 溶液、去离子水、水玻璃。
（2）实验器材：JS94H 型微电泳仪、超声波清洗器、电子天平、100mL 烧杯（8 只）。

五、实验步骤

（1）分别配制标准样氧化铝、长石粉等黏土分散体系：
液体：①NaCl 溶液（50mg NaCl+50mL 去离子水）；②去离子水 50mL；③水玻璃。
固体颗粒：各称取 1mg。
（2）在超声波清洗机中通过超声振动使体系分散均匀，时间约 15~20min。
（3）打开电泳仪及控制电脑，进入电泳仪操作软件。
（4）进入主界面后点击 OPTION 菜单中的 CONNECT 选项，出现"Connect ok"，表明计算机与仪器的通信沟通成功。
（5）用去离子水冲洗电泳杯和电极，将被测样品注入电泳杯，插入电极后洗涤数次，并让电极装置充分湿润；取 0.5mL 样品注入电泳杯，倾斜电泳杯，缓缓插入电极装置，细心观察，不要产生气泡；擦干电泳杯外面，将电泳杯平稳放入样品槽，轻轻按到底，切忌重压，连上电极连线。
（6）然后点按活动图像，调节所需电压，设置文件名，输入样品 pH，按启动，图像上颗粒会随电极的切换左右移动，使用快捷键调节，使待测颗粒处于取景框内，立刻按存盘，程序将截取图像供分析计算时使用。
（7）按分析程序进入分析计算子程序界面。在屏幕左侧有三个长方形的区域分别为定标分析区#1、#2、#3，右侧由上至下有三个区域，第一个是操作区，第二个是环境参数区，第三个是定标数据区。
（8）首先在分析区#1 内确认一个颗粒，方法是将定标线移到这个颗粒所在位置，鼠标点击确认，在定标数据区内的颗粒 0A 位置将显示所确认的位置数据，然后根据颗粒位置的相关性，在分析区#2 中确认同一颗粒（即分析区#1 内所确认的颗粒，参考分析区#3 的颗粒位置），其位置数据显示在定标数据区内的颗粒 0B 后，至此获得第一组数据。
（9）然后在分析区#1 内再确认其他颗粒，用同样方法获得第二组数据，依此类推，直至确认所有颗粒。
（10）保存数据，判断颗粒电荷极性。系统自动计算出分析结果，保存图像。

六、实验结果与分析

根据实验结果，判断黏土胶粒带何种电荷，并从理论上加以说明。

思考题

（1）在胶体溶液中加入阳离子（或阴离子）时，Zeta 电位如何变化？为什么？

(2) 分析你的实验中影响电泳速度、Zeta 电位的因素有哪些？

实验 5　无机材料表面改性及润湿实验

一、实验意义

润湿是指液体在固体表面上附着的现象。材料的表面润湿性能在日常生活和工业生产中扮演着重要角色，润湿是近代很多工业技术的基础，例如，机械的润滑、注水采油、油漆涂布、金属焊接、陶瓷及搪瓷的坯釉结合，以及陶瓷与金属的封接等工艺和理论都与润湿作用有密切关系。润湿直接影响液体在材料表面的吸附能力、传输速率和反应性。在工业生产中，材料表面润湿性能的研究具有广泛的应用价值。例如，控制材料的润湿性可以改善涂层材料的性能，提高涂料的附着力和耐久性。此外，材料的润湿性能也在纳米材料、生物医学材料、能源材料等领域有重要应用。例如，在纳米材料中，调控润湿性能可以提高纳米颗粒的可分散性和生物兼容性。通过调控表面形貌、化学组成和表面处理方法，可以实现材料的润湿性能的有效控制。总之，材料表面润湿性能的研究对于优化材料性能和开发新材料具有重要意义。

二、实验目的

(1) 了解无机材料表面改性对材料润湿性的影响。
(2) 了解润湿角的测定方法和仪器的使用方法。

三、实验基本原理

润湿现象可以分为沾湿、浸湿和铺展三种类型。沾湿过程实质上是液体在固体表面上的黏附。浸湿是指固体浸入液体中，固气界面被固液界面所替代。铺展指恒温恒压下，液滴在固体表面上自动展开形成液膜的过程。润湿的热力学定义为：固体与液体接触后，体系（固体+液体）的吉布斯自由能降低。

液滴落在清洁平滑的固体表面上，当忽略液体的重力和黏度影响时，则液滴在固体表面上的铺展是由固-气、固-液和液-气三个界面张力所决定，L 为液滴，S 为理想平面，V 为气相，点 A 为气液、液固和气固三个界面的交点，其平衡关系可由图 2-3 和式

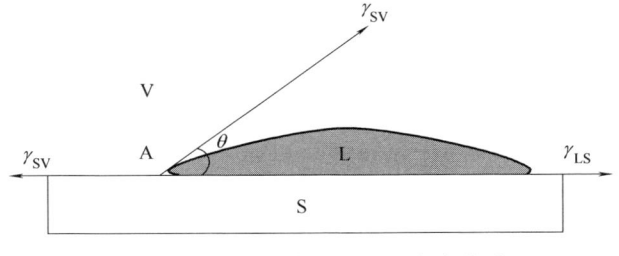

图 2-3　固-液-气三个界面张力关系

（2-6）确定。

$$\gamma_{SV} = \gamma_{LS} + \gamma_{LV}\cos\theta \tag{2-6}$$

即
$$\cos\theta = \frac{\gamma_{SV} - \gamma_{SL}}{\gamma_{LV}} \tag{2-7}$$

式中 γ_{LV}——液体对其本身蒸气的界面张力，N/m；

γ_{SL}——固液间的界面张力，N/m；

γ_{SV}——固气之间的界面张力，N/m；

$\gamma_{LV}\cos\theta$——润湿张力（F），N；

θ——接触角，（°）。

由此可得到固体的润湿条件：

当 $\theta>90°$ 时，$\cos\theta<0$，$\gamma_{SV}<\gamma_{SL}$，因润湿张力小而固体不被润湿；

当 $\theta<90°$ 时，$1>\cos\theta>0$，$\gamma_{SV}-\gamma_{SL}<\gamma_{LV}$，固体能够被润湿，但是没有完全铺展；

当 $\theta=0°$ 时，$\cos\theta=1$，$\gamma_{SL}-\gamma_{SL}=\gamma_{LV}$，润湿张力最大，可以完全润湿，即液体在固体表面自由铺展。

因此液体开始铺展的条件为：

$$\gamma_{SL} - \gamma_{SV} + \gamma_{LV} = 0 \tag{2-8}$$

铺展一旦发生，固体表面减小，液固界面增大，这时保持铺展继续进行的条件为：

$$\gamma_{SV} > \gamma_{SL} + \gamma_{LV} \tag{2-9}$$

影响润湿的因素有很多，其中，固体表面粗糙度对润湿具有较大影响，实际的固体表面具有一定粗糙度，因此真正表面积较表观面积大，此时润湿角为 θ_n，表面粗糙度系数可由式（2-10）计算：

$$n = \cos\theta_n / \cos\theta \tag{2-10}$$

式中 n——表面粗糙度系数；

θ_n——对粗糙表面的表观接触角，（°）。

由于 n 值总是大于 1 的，真实接触角 θ 小于 90°时，粗糙度越大，表观接触角越小，就越容易润湿。当 θ 大于 90°，则粗糙度越大，越不利于润湿。

粗糙度改善润湿与黏附强度的实例生活中随时可见，如水泥和混凝土之间，表面越粗糙，润湿性越好，而陶瓷元件表面披银，必须先将瓷件表面磨平并抛光，才能提高瓷件与银层间润湿性。

通过对材料进行表面改性处理可以改善或控制润湿效果。表面改性就是指在保持材料或制品原性能的前提下，赋予其表面新的性能，如亲水性、生物相容性、抗静电性能、染色性能等。表面改性的方法有很多报道，大体上可以归结为：表面化学反应法、表面接枝法、表面复合化法等。

从表面能的角度看，润湿性是固体表面自由能、液体表面自由能和固体与液体之间的界面自由能之间的相互作用。表面能越小，材料越容易被液体湿润。然而，润湿性并非仅由表面能决定，还受到材料表面形貌、化学组成和表面处理等因素的影响。通过改变表面形貌，如粗糙度和结构特征，可以调控材料的润湿性能。例如，增加表面粗糙度可以增加液体在表面上的接触面积，从而提高润湿性。此外，可以通过纳米晶体结构、纳米孔等方式来改变材料的表面形貌，进一步调控润湿性能。化学组成也是影响材料润湿性能的关键因素，材料表面的化学组成会改变界面自由能和吸附能力，从而影响液体在固体表面上的分布和吸附。例如，引入亲水基团可以增加材料的亲水性，使其更容易被水湿润。而引入疏水基团则可以提高材料的疏水性，使其对水的润湿性降低。除了表面形貌和化学组成，表面处理也是控制材料润湿性能的有效手段。表面处理可以通过物理或化学方法改变材料的表面性质。常见的表面处理方法包括等离子体处理、溶液处理、电化学处理等。例如，通过等离子体处理可以增加材料表面的粗糙度和表面能，从而提高润湿性。溶液处理则可以在材料表面形成一层润湿性较好的涂层，进一步改善润湿性能。

四、实验药品与器材

（1）实验药品：去离子水、乙醇、己烷、钛酸四正丁酯、六甲基二硅氮烷、十二烷基苯磺酸钠、浓盐酸、正丁醛、聚乙烯醇（PVA）。

（2）实验器材：载玻片、塑料基板、砂纸、烧杯、玻璃棒、量筒、磁珠、球磨罐、电炉、烘箱、接触角测定仪、磁力搅拌器、球磨机、水浴锅。

五、实验方法与步骤

在玻璃或塑料基板表面涂覆和制备薄膜，并测试不同表面与水的润湿角（接触角），分析表面改性及表面状态对润湿角的影响，讨论影响材料润湿性的因素和规律。

具体实验步骤如下：

（1）将玻璃片和塑料基片洗净干燥后，取部分玻璃片和塑料基片用砂纸打磨，使其表面粗糙度增加，测试打磨前后玻璃片和塑料基片与水的接触角。

（2）溶胶-凝胶法制备 TiO_2 薄膜及改性处理

① 溶胶配制：量取 20mL 乙醇、2mL 乙酰丙酮加入烧杯中，搅拌 2~5min，再量取 6mL 钛酸四正丁酯，缓慢加入到烧杯中，加入 2mL pH 为 1~2 的乙醇溶液，继续搅拌 1~2.5h，制成均匀、黏度适中的 TiO_2 溶胶。

② 成膜：将洁净的载玻片浸入 TiO_2 溶胶中，停留 3min，经提拉成膜，自然晾干。

③ 烧结：将自然晾干后的载玻片放入马弗炉中，升温至 400~450℃，保温 30min，自然冷却至室温。

④ 改性：将涂有 TiO_2 薄膜的载玻片置于六甲基二硅氮烷/正己烷混合溶液中，在密闭的烧杯中 60℃ 水浴 30min，干燥后测试其接触角。

（3）PVA 薄膜的制备

① PVA 水溶液的制备：将 10g 聚乙烯醇和 100mL 去离子水置于瓶中，在 60℃ 水浴条件下磁力搅拌直至聚乙烯醇完全溶解，冷却至室温，配制成质量浓度为 10% 的 PVA 水溶液。

② 将得到的 PVA 水溶液涂布在载玻片上，测量其接触角。

（4）接触角测试步骤

① 用微型注射器滴一滴水于玻璃片上，通过接触角测定仪，测定玻璃片与水的接触角。

② 用微型注射器滴一滴水于塑料基片上，通过接触角测定仪，测定塑料基片与水的接触角。
③ 测试表面经打磨后的载玻片和塑料片与水的接触角。
④ 测试载玻片和塑料片表面涂覆 TiO_2 薄膜以及改性前后与水的接触角。
注：每个样品表面选取 3 个点，测 3 次，取平均值。

六、实验结果与分析

将所测试结果列于表 2-1，对测试结果进行总结和分析。

表 2-1　　　　　　　　　　不同样品与水的接触角测试结果

样品名称	接触角1	接触角2	接触角3	平均接触角	亲/疏水性
空白玻璃					
空白塑料					
玻璃打磨后					
塑料打磨后					
TiO_2 薄膜					
TiO_2 薄膜改性后					
PVA 薄膜					

思考题

（1）结合测试结果，分析影响润湿的因素。
（2）分析讨论材料表面改性对润湿的影响。
（3）探讨材料表面润湿在实际生活、生产中的应用。

实验6　相平衡实验

一、实验意义

相平衡（phase equilibrium）是指在一定的条件下，当一个多相系统中各相的性质和数量均不随时间变化时，称此系统处于相平衡。相平衡主要研究多组分（或单组分）多相系统中相的平衡问题，即多相系统的晶相组成及含量随着温度、压力和组分变化而改变的规律。根据多相平衡的实验结果，可以绘制成几何图形用来描述这些在平衡状态下的变化关系，这种图形就称为相图（或称为平衡状态图）。无机新材料的研发和生产都是在多相系统中实现的，例如，水泥、玻璃、陶瓷、耐火材料等无机材料的形成过程等都是将一定配比的原料经过煅烧而形成的，并且要经历多次相变过程，因此，可以根据相图来指导其配料范围和制备工艺。材料的烧成温度范围、升降温制度、材料的热处理等工艺参数的确定经常要用到专业相图。通过相平衡的研究就能了解在不同条件下系统所处的状态，并能通过制定一定的工艺控制这些变化过程，从而制备出预期性能的材料。因此，相图和相平衡研究在材料的研发和实际生产中起着重要的指导作用。

二、实验目的

（1）从热力学角度掌握相平衡与温度的关系，理解温度对材料微观结构的调控作用。
（2）掌握用淬冷法研究相平衡的实验方法，验证 Na_2O-SiO_2 系统相图。

三、实验基本原理

淬冷法是研究相平衡实验的重要方法之一。当一个多相系统的温度、压力或组成发生变化时，该系统的相平衡也将随着变化，直到在新的条件下达到新的平衡状态为止。由于绝大部分硅酸盐熔体黏度高，相变慢，系统很难达到平衡，因此，常用淬冷法研究其相平衡。

将一系列不同组成的试样在选定的不同温度下长时间保温，使之达到该温度和组成条件下的热力学平衡状态，然后将试样迅速淬冷，以便把高温的平衡状态在低温下保存下来，再用适当手段对其中所包含的平衡各相进行测定，根据晶相测定结果制作出相图。淬冷法是把试样放在高温炉中，让炉温升至所要测定的温度，保温一定时间，直到试样达到平衡状态为止。然后将高温下的试样在水浴（或汞浴、油浴）中进行突然冷却（即淬冷），这样可以保持试样高温时的平衡状态不变，以便在室温下进行观察。

将淬冷后的样品在偏光显微镜下进行鉴定，若淬冷样品中全为各向同性的玻璃相，则可以断定系统在所研究的温度下为熔融的液相，即状态点处在液相线上方；若淬冷试样全部为晶体，则系统所研究的温度在固相线以下；若淬冷样品中既有玻璃相，又有相当数量的晶相，则系统所研究的温度处在液相线之下、固相线之上。在不同的温度、不同的组成下做一系列测定，可确定析晶开始温度和析晶结束温度，即多晶转变等的相变温度。也可以利用 XRD、SEM 等测试手段对淬冷试样进行物相鉴定，以确定试样在高温所处的平衡状态。将测定结果记入相图中相对位置上，即可绘出相图。

利用淬冷法完整地作出一张相图是比较困难的，既需要大量时间，也需要比较好的实验设备。本实验主要是证明 Na_2O-SiO_2 系统相图，如图 2-4 所示，从而掌握淬冷法的实验方法。本实验用 Na_2O：SiO_2=1：2 的样品，测定其在液相线以上的一个温度（900℃）和液相线以下的一个温度（700℃或800℃）的平衡状态。淬冷法装置如图 2-5 所示，用大电流熔断悬丝，让在高温充分保温的试样迅速掉入炉子下部的淬冷容器中淬冷，由于相变来不及进行，因而冷却后的试样就保持了高温下的平衡状态。

如果研究对象是硅酸盐物系，可以用不同组分的比例相互配合，混合均匀后置入立式管形电炉中，并在一定温度下保持一定时间，使试样组分可充分发生反应（保温时间在 2h 以上）达到平衡状态；然后将试样迅速投入水浴（汞浴、油浴）中急速冷却，这样使试样保持了高温的状态，所得样品可用于研究此物系在该条件下的形态。

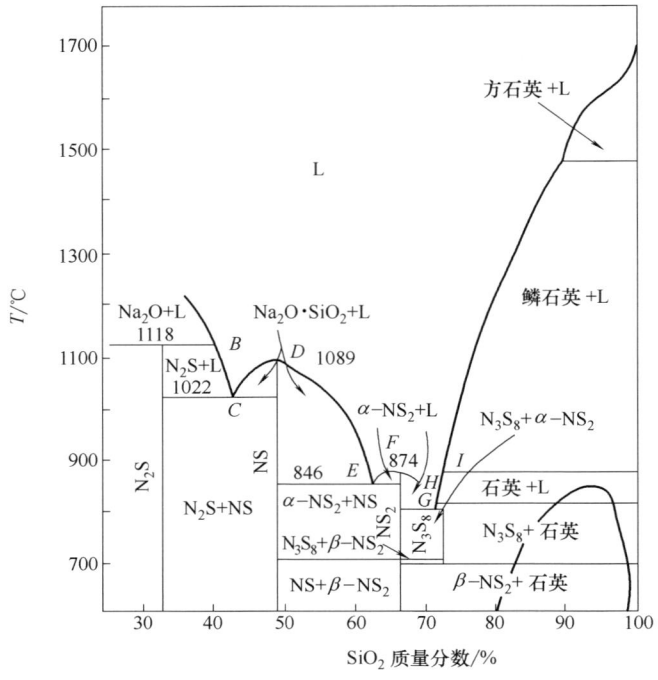

图 2-4　Na_2O-SiO_2 二元系统相图

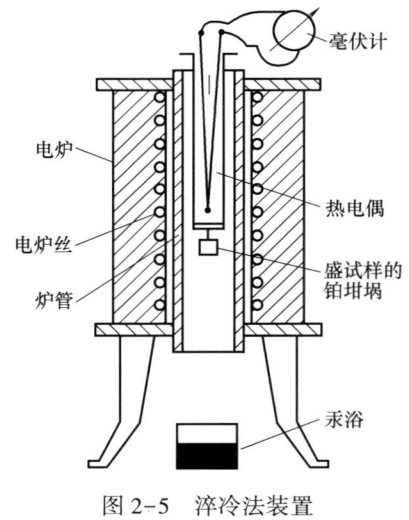

图 2-5　淬冷法装置

此方法应注意的几点：

① 硅酸盐物系达到平衡状态的方法。通常采用先加热到较高温度（超过要求的温度指标），然后冷却到所需要的温度进行保温，这样才能达到目的。因为若先加热到所需要的温度进行保温，则由于有些组分还没有熔化而处于固体状态，通过固相反应来达到相平衡是很难办到的。

② 此方法对炉温的控制也是非常重要的。因此应采用灵敏的自动定温控制器，调节输入功率，使发热和炉体散热达到平衡来获得稳定的温度条件。

③ 试样要达到均匀，否则影响结果。要把试样经过混合熔融冷却，磨细后再熔融冷却，然后再磨细重复三次。

④ 所取试样量要少，这样有利用于冷淬，取 0.01g。

四、实验药品与器材

（1）实验药品：碳酸钠、石英砂。
（2）实验器材：研钵，装水容器，铜丝，小坩埚，淬冷法相平衡实验装置。

五、实验步骤

（1）采用 Na_2O-SiO_2 物系，按照 Na_2O/SiO_2 摩尔比计算 Na_2O 和 SiO_2 的质量分数。

（2）以 Na_2CO_3 和 SiO_2 进行配料，并混合均匀，在 1000℃ 熔融制成玻璃液，水淬磨细，以得到组成均匀的样品。

（3）把少量试样（1.0g 左右）装入铂金料斗内，再用细铜丝把两个装料斗挂在熔断装置上（注意两个挂钩不能相碰），然后把样品放入高温炉中，盖好炉的上、下盖。

（4）将炉温升到 900℃，保温 40min～2h，然后将水浴杯放至炉底，打开电炉下盖，按下熔断按钮，使铜丝烧断，让样品掉进水浴中淬冷。

（5）重复实验，再次将少量试样装入另一个铂金料斗内，盖上电炉底盖，在 600～800℃ 保温 40min～2h，同样熔断熔丝，使样品迅速掉入水浴杯中淬冷。

（6）将铂金料斗打开，取出试样，烘干，在研钵内砸成粉末（注意，不能研磨），做成油浸试片，在偏光显微镜下观察有无晶体析出。

（7）记录观察结果，写出实验报告。

六、实验结果与分析

观察样品表面光泽度，并根据样品在偏光显微镜下观察的结果，判断 900℃ 和 600～800℃时，Na_2O-SiO_2 二元物相各以什么状态存在，并与 Na_2O-SiO_2 二元系统相图（图 2-4）进行比较，结合 Na_2O-SiO_2 二元系统相图，分析温度对物相结构和状态的影响。

思考题

（1）根据 Na_2O-SiO_2 二元系统相图，分析推断当 Na_2O/SiO_2 摩尔比为 1：1 时，Na_2O-SiO_2 二元物相在 900℃ 和 1100℃ 保温足够时间时的结构与状态。

（2）如何保证系统达到平衡状态？

（3）如何鉴定样品内是否含有晶相？如何确定晶相的组成和结构？

实验 7　材料扩散综合性实验

一、实验意义

扩散现象是由于物质中存在浓度梯度、化学位梯度、温度梯度和其他梯度所引起的物质输运过程。无机非金属材料制备、使用中很多重要的物理化学过程都与扩散有密切的联系，如半导体的掺杂、离子晶体的导电、固溶体的形成、相变过程、固相反应、烧结、材料表面处理、玻璃的熔制、陶瓷材料的封接、耐火材料的侵蚀性等。化学钢化处理和玻璃表面着色是体现离子扩散及其重要应用的典型案例，因此，研究玻璃化学钢化处理和玻璃表面着色过程中离子扩散的基本规律，对研发新材料或提高材料的性能具有重要意义。

二、实验目的

（1）掌握和理解影响玻璃中离子扩散的因素。
（2）认识和理解离子扩散和离子交换在玻璃化学钢化处理中的重要应用。
（3）认识和理解离子扩散在玻璃着色中的重要应用。

三、实验基本原理

1. 玻璃化学钢化处理原理

玻璃化学钢化处理是一种在玻璃表面形成压应力的处理工艺，通过此处理可以提高玻璃的机械强度和热稳定性。玻璃化学钢化的原理是利用碱金属离子在玻璃表面的吸附和扩散，在表面形成压应力层。玻璃化学钢化的方法主要有两种：一种是溶胶-凝胶法，另一种是离子交换法。溶胶-凝胶法是将碱金属化合物和硅酸盐混合，通过水解和缩聚反应形成凝胶，然后将凝胶涂在玻璃表面，通过干燥和热处理形成压应力层。离子交换法是将碱金属离子交换到玻璃表面，形成压应力层。

玻璃化学钢化处理对玻璃的性能提高具有重要作用，如通过化学钢化处理提高玻璃的强度和热稳定性，增加玻璃的安全性，提高玻璃的耐磨性和耐腐蚀性。从 20 世纪 60 年代，Kistler 以硅酸盐玻璃为原料首先研究了 K^+ 与 Na^+ 交换增强玻璃，离子交换工艺的原理是在一定温度的碱盐溶液中，使玻璃表层中半径较小的离子与溶液中半径较大的离子交换，比如玻璃中的 Li^+ 与溶液中的 K^+ 或 Na^+ 交换，玻璃中的 Na^+ 与溶液中的 K^+ 交换，利用离子体积上的差别在玻璃表层形成嵌挤压应力，使玻璃的强度得以提高。因为离子交换温度一般在玻璃形变温度以下，所以不会像物理钢化玻璃那样存在翘曲，表面平整度与原片玻璃一样。离子交换处理后，由于玻璃的表面应力增加，其强度和抗温度急变性有较大提高，并可作切裁处理。由于离子交换层较薄，所以化学钢化玻璃方法用于增强薄玻璃效果显著，对厚玻璃的增强效果不太明显，特别适合增强 2～4mm 厚的玻璃。玻璃化学钢化的应用非常广泛。在建筑行业，化学钢化玻璃常用于幕墙、天窗、阳光房等；在汽车行业，化学钢化玻璃常用于挡风玻璃、车窗等；在家具行业，化学钢化玻璃常用于餐桌、茶几、书架等。

2. 铜离子扩散着色原理

利用金属离子扩散使玻璃表面着色已有很久历史。通常使用的有银离子、铜离子或其混合离子。将含有银离子、铜离子的交换剂粘附在玻璃表面，对玻璃加热，使其表面活化，以使交换剂中的着色离子与玻璃中的碱离子进行交换，然后在氧化或还原气氛下处理，使之显色。一般来说，用 Ag^+ 可将玻璃着色为黄色到褐色，根据所用铜盐的种类、玻璃的组成以及不同的控制条件可得红色、橙色、黄色、绿色或蓝色。影响铜离子扩散着色的因素很多，加热温度、时间和气氛以及玻璃的组成对铜碱离子交换速度和玻璃最终显示的颜色都有直接影响。其中，气氛对铜离子扩散着色的影响至关重要。通常，在氧化气氛下，玻璃中的铜主要以 Cu^{2+} 状态存在，显蓝色或绿色；而在还原气氛下，玻璃中的铜主要呈 Cu 或 Cu_2O 胶体状态，显红色或黄色。用铜离子扩散在钠钙硅玻璃上着红色须分为三个阶段进行。首先是离子交换阶段，此阶段需要较缓和的还原气氛，使交换剂中的 Cu^{2+} 还原成 Cu^+ 并与玻璃中的 Na^+ 离子交换，进入玻璃中的 Cu^+ 并不显色，其中一部分转变为 Cu^{2+}，一部分转变为 Cu_2O 使玻璃略带黄色。其次是还原阶段，此阶段用在玻璃中渗透性好的强还原剂，例如 H_2，使玻璃中的铜离子尽可能还原为铜原子。由于刚刚形成的铜金属晶体微粒极细，故表面呈黑褐色。最后的显色阶段，将经前段工序处理的玻璃在空气中重新加热，使铜金属晶体长大成胶体分散，玻璃便显红色了。玻璃成分对铜离子扩散着色的影响比较复杂，据报道，高 Al_2O_3、高 B_2O_3 含量玻璃易显红色，而高 Na_2O 含量的钠钙硅玻璃常常显绿色或蓝色。玻璃中（或表面层）含有微量的 SnO 对铜红玻璃的生产有极大帮助。玻璃中的 SnO 不仅能有效地将 Cu^+、Cu^{2+} 还原为铜原子，而且能控制铜原子晶体生长过大。

硫酸亚铁对着色效果具有重要影响。$FeSO_4 \cdot 7H_2O$ 是制备铜红扩散着色玻璃的主要原料之一，其作用是往着色浆料中引入具有还原性的 Fe^{2+}。Fe^{2+} 作为将 Cu^+ 还原为铜单质的还原剂之一，其还原铜离子的程度与其在浆料中的含量有关。随着 $FeSO_4 \cdot 7H_2O$ 用量增加，玻璃制品颜色将逐渐加深；当 $FeSO_4 \cdot 7H_2O$ 用量达到一定值后，又会使玻璃制品的颜色变浅。其原因主要是，在其他条件不变时，$FeSO_4 \cdot 7H_2O$ 在浆料中的含量越多，铜离子被还原越充分，玻璃制品的颜色就会越深；当 $FeSO_4 \cdot 7H_2O$ 的用量超过与 CuCl 反应的化学计量比时，附着在试样表面上多余的 $FeSO_4 \cdot 7H_2O$ 会阻碍铜离子向试样表面扩散，导致玻璃制品的颜色由红色变成浅红色。因此，应适当控制 $FeSO_4 \cdot 7H_2O$ 的用量。此外，SnO 用量过多或过少都会使玻璃制品的透光率增大，即颜色变浅。这是因为，当 SnO 用量过少时，铜离子不能被充分还原，导致浆料着色能力减弱，颜色变浅；当 SnO 的用量超过与 CuCl 反应的化学计量比时，附着在试样表面上的多余 SnO 会阻碍铜离子向试样表面扩散，导致玻璃制品的颜色由红色变成浅红色。

四、实验药品与器材

（1）实验药品：硝酸钾、碳酸钾、氢氧化钾、氯化亚铜、七水合硫酸亚铁（$FeSO_4 \cdot 7H_2O$）、氧化亚锡（SnO）、甘油、糊精、去离子水。

（2）实验器材：坩埚、马弗炉、载玻片、玻璃刀。

五、实验步骤

（1）玻璃化学钢化处理实验

① 将载玻片裁剪成 10mm×20mm 的小玻璃片，洗净，吹干待用。

② 称取一定质量的硝酸钾和碳酸钾粉体混匀后加入到坩埚中。

③ 将坩埚置于马弗炉中，同时将玻璃片样品放入马弗炉内，加热升温，在 450～550℃保温 1h 后，将玻璃片放入熔化了的硝酸钾/碳酸钾混合熔盐中，进行热处理 2～4h 后，将玻璃片从熔盐中取出，随炉冷却。

④ 冷却到室温后，清洁玻璃片，并测试其抗折强度。

（2）铜离子着色实验

① 将载玻片洗净，吹干待用；

② 按如下质量比进行配料：

氯化亚铜：氧化亚锡：七水合硫酸亚铁：水：甘油：糊精 =（10~15）：（3~5）：（5~8）：（8~15）：（1~5）：（1~2），称取各原料，先将一定比例的水、甘油、糊精放入烧杯中搅拌混合均匀，再加入到 $CuCl$、SnO、$FeSO_4 \cdot 7H_2O$ 的混合料中进行搅拌，搅拌均匀后，将该浆料倒入球磨罐中球磨 2~5h 后过 200 目筛，获得浆料待用；

③ 将制好的浆料均匀涂抹在洗净的玻璃表面，自然干燥；

④ 待浆料自然干燥后移入马弗炉或管式炉中，以 3~5℃/min 的速率从室温升到 400℃，保温 30min；然后以 5~10℃/min 速率升温至 580~600℃，保温 30min 后关掉电源；

⑤ 随炉冷却至 50℃ 以下取出玻璃，用软织物将表面多余的铜盐洗掉，即得表面平滑光洁的着色玻璃；

⑥ 观察颜色变化。

实验中，可以通过改变 $FeSO_4 \cdot 7H_2O$、SnO 含量或增加碳粉等，调控玻璃着色效果。例如，改变 $FeSO_4 \cdot 7H_2O$ 含量的实验参数如表 2-2 所示。

表 2-2　　　　　　　　　　玻璃着色浆料的配方组成

样品编号	水/mL	甘油/mL	糊精/g	氯化亚铜/g	七水合硫酸亚铁/g	氧化亚锡/g	碳粉/g
B1	8~15	2	1.5	12	6	4	0~8
B2	8~15	2	1.5	12	7	4	0~8
B3	8~15	2	1.5	12	8	4	0~8

六、实验结果与分析

1. 化学钢化处理结果分析

选用 6 个玻璃片进行化学钢化处理，抗折强度测试结果表明，未进行化学钢化处理的玻璃片的抗折强度（MPa）为：_____；进行化学钢化处理后的玻璃片的抗折强度（MPa）分别为：_____、_____、_____、_____、_____、_____，平均抗折强度（MPa）为：_____。

对上述结果进行分析，结合影响玻璃中离子扩散和化学钢化处理的因素，分析上述结果产生的原因。

2. 玻璃着色实验结果分析

选用 3 个玻璃片进行玻璃着色实验，着色浆料的配方为：_____。

通过改变_____的含量，发现所制备着色玻璃的颜色变化规律为_____。

结合影响玻璃中离子扩散和玻璃着色效果的因素，分析说明配方组成对玻璃着色效果的影响规律。

思考题

（1）实验过程中影响玻璃钢化程度的因素有哪些？
（2）如何理解玻璃钢化过程中表面应力对玻璃强度的影响？
（3）影响铜离子着色的因素与机理？

实验8　相变实验

一、实验意义

相变在传统的硅酸盐工业与新材料研发和生产中十分重要。例如玻璃中防止失透或通过控制析晶过程制备各种微晶玻璃；陶瓷结晶釉的析晶过程；以及新型铁电材料中由自发极化产生的压电、热释电、电光效应等都称为相变过程。微晶釉是在微晶玻璃基础上发展出来的一种新型材料，它是釉料在可控条件下经热处理得到的、具有微晶体和玻璃相均匀分布的复合结构。传统玻璃态釉主要由无定形结构和玻璃相组成，其釉面化学稳定性差、机械性能低、力学性能差。而微晶釉与传统玻璃态釉区别在于微晶釉不仅包含无定形结构，其内部还存在大量规则排列的微晶区域，微晶相与玻璃相共存的结构赋予了釉面更优异的性能，如高硬度值、高耐磨性能、良好的耐腐蚀性和热稳定性能等，因而被广泛应用于日用陶瓷和建筑陶瓷材料中。掌握玻璃的析晶过程对于研发高性能微晶玻璃或制备装饰性很强的结晶釉具有重要意义。

二、实验目的

（1）通过微晶釉的制备，掌握玻璃的析晶过程和相变的本质。
（2）掌握成核-生长相变过程，理解在一定温度下，熔体内部从一相的原始状态产生成核-生长相变的过程。

三、实验基本原理

相变是指物质从一相转变为另一种相的过程。玻璃析晶指由于玻璃的内能较同组成的晶体为高，在一定条件下存在着自发地析出晶体的倾向，玻璃析晶又称为玻璃失透或反玻璃化。成核-生长相变是高温熔体内的原子、分子，由于热运动（布朗运动），使原子、分子及其分子团相互撞击，不断聚集，不断分解。在温度 T_G（转变温度）下，聚集的原子群超过某一临界尺寸后就能稳定存在，不再分解。具有临界尺寸的原子基团，即为形成新相的核胚，此过程即为成核。在合适的温度下该核坯超过临界尺寸后进一步长大，形成有一定大小的晶体，这就是生长过程。成核和晶体生长过程总括称为成核-生长相变。

一般从玻璃态中出现析晶，是在黏度为 $10 \sim 10^5 \text{Pa} \cdot \text{s}$ 的温度范围（该玻璃系统液相线温度以下）内进行的。当熔体过冷却到析晶温度时，由于粒子动能降低，液体中粒子的"近程有序"排列得到了延伸,为进一步形成稳定的晶核准备了条件,这就是"核胚",也有人称之为"核前群";如果继续冷却,可以形成稳定的晶核,并不断长大形成晶体。因而玻璃中的析晶过程是由晶核形成过程和晶粒长大过程共同构成的。根据塔曼(Tamman)理论,析晶主要决定于晶核形成速率、晶体生长速度以及熔体的黏度,同时与玻璃液在该温度下的保温时间有关。

四、实验药品及器材

(1) 实验药品:石英砂、氧化铝、碳酸钙、碳酸镁、碳酸钾、碳酸钠、Fe_2O_3、TiO_2、熔块、10%的聚乙烯醇(聚合度1500)水溶液。

(2) 实验器材:高铝球磨罐、高铝球、行星式球磨机、干燥用搪瓷盘、干燥箱、釉面砖素坯、硅碳棒电炉、200目筛。

五、实验步骤

选择一个微晶釉的配方(质量分数):SiO_2 50%~58%,Al_2O_3 18%~20%,CaO 17%,MgO 0%~5%,K_2O 3.5%~4.0%,Na_2O 1.5%~2.0%,Fe_2O_3 0.10%,TiO_2 0.05%。按照上述配方配料,将各原料称重后加入球磨罐中,按照 $m_{料}:m_{球}:m_{水}=1.0:2.0:(0.6~0.8)$ 比例混合后置于行星式球磨机中以380r/min转速球磨1h,将球磨后的釉浆过250目筛,取出釉浆,在釉面砖素坯上涂上结晶釉浆,一定温度(1150~1250℃)下烧成,保温1h,然后随炉冷却得到微晶釉。

也可以采用 Na_2O-CaO-ZnO-B_2O_3-ZrO_2-SiO_2 多元系粉体在温度1050~1250℃时保温30min,充分进行分相,产生大量的微小晶核并长大,生成微细晶体产生乳浊效果。

六、实验结果与分析

观察并用文字表述微晶釉面光泽度、颜色等效果,运用所学的析晶过程理论对观察的实验结果进行分析、讨论,探讨影响玻璃析晶的因素。

思考题

(1) 推测所制备的微晶釉配方体系中主要的晶体种类,分析其析晶过程。
(2) 分析所制备的微晶釉配方体系中MgO等氧化物的作用。

实验9 固相反应实验

一、实验意义

固相反应是固体间发生化学反应生成新固体产物的过程。固相反应是一系列金属合金材料、传统硅酸盐材料以及各种新型无机材料制备所涉及的基本过程之一。广义地讲,凡是有固相参与的化学反应都可称为固相反应，例如固体的热分解、氧化以及固体与固体、固体与液体之间的化学反应等都属于固相反应范畴之内。但在狭义上，固相反应常指固体与固体间发生化学反应生成新的固相产物的过程。近年来，利用固相反应合成新材料日益受到重视，与其它反应方法相比，固相反应法的突出优点是操作方便，工艺简单，污染少，由于固相反应中不需要溶剂来溶解反应物，因此可以避免从溶剂等反应的废弃物中引入有害物质。因此，固相反应成为特殊功能材料发展的基础，在材料合成和制备中具有重要应用。

二、实验目的

（1）了解固相反应速度常数的测定方法。
（2）了解测定固相反应速度常数的仪器的原理及使用方法。

三、实验基本原理

从热力学的观点看，系统自由焓的下降就是促使一个反应自发进行的推动力，固相反应也不例外。对于不同的固相反应系统，几乎都包括以下3个过程：①反应物之间的混合接触并产生表面效应；②化学反应和新相形成；③晶体成长和结构缺陷的校正。

固相反应具有不同的分类方式，按反应机理不同，分为扩散控制过程、化学反应速度控制过程、晶核成核速率控制过程和升华控制过程等；按反应物状态不同，可分为纯固相反应、气固相反应（有气体参与的反应）、液固相反应（有液体参与的反应）及气液固相反应（有气体和液体参与的三相反应）；按反应性质不同，分为氧化反应、还原反应、加成反应、置换反应和分解反应。

固相反应一般都伴随着物质的迁移。由于在固相结构内部扩散速率通常较为缓慢，因而在多数情况下，扩散速率控制着整个反应的总速度。由于反应截面变化的复杂性，扩散控制的反应动力学方程也将不同。

金斯特林格认为当反应速度决定于扩散过程时，由理论推导在等温条件下的速度方程：

$$F_K(G) = 1 - \frac{2}{3}G - (1-G)^{2/3} = K_K t \tag{2-11}$$

式中　G——反应物的转化率；

　　　t——时间，s；

　　　K_K——金斯特林格动力学方程速度常数。

大量实验研究表明，金斯特林格方程比杨德尔方程能适用于更大的反应程度。例如，碳酸钠与二氧化硅在820℃下的固相反应，根据金斯特林格方程拟合实验结果，在转化率从0.2458变到0.6156区间内，$F_K(G)$关于t有相当好的线性关系，其速率常数K_K恒等于1.83。

本实验所用反应体系为$CaCO_3$-SiO_2系统，其反应方程式为：

$$CaCO_3 + SiO_2 \longrightarrow CaSiO_3 + CO_2 \uparrow$$

反应温度为900℃，反应过程中放出CO_2使原试样减轻。

根据 CO_2 质量可求出生成的 CO_2 的分子数，即：

$$\frac{m_{CO_2}}{M_{CO_2}} = N_{CO_2} \tag{2-12}$$

式中　　m_{CO_2} ——CO_2 质量，g；

　　　　M_{CO_2} ——CO_2 摩尔质量，g/mol；

　　　　N_{CO_2} ——CO_2 摩尔数，mol。

根据生成的 CO_2 摩尔数，可求出 $CaSiO_3$ 摩尔数和生成量，即：

$$N_{CaSiO_3} = N_{CO_2}, \quad m_{CaSiO_3} = M_{CaSiO_3} \times N_{CaSiO_3} \tag{2-13}$$

再求出转化率 $G = m_{CaSiO_3} \div (m_{SiO_2} + m_{CaCO_3})$，其中 $(m_{SiO_2} + m_{CaCO_3})$ 为所取原始试样质量。
根据下式：

$$1 - \frac{2}{3}G - (1-G)^{2/3} = K_K t \tag{2-14}$$

由所得的 G，以 $1 - \frac{2}{3}G - (1-G)^{2/3}$ 与 t 作图，得一直线，其斜率即为 K_K。

反应参与物的颗粒直径与反应速度有密切关系。一般来说反应速度与颗粒直径成反比。实验中要保证重复实验的粉体颗粒大小一致。

四、实验药品与器材

（1）实验药品：碳酸钙、石英砂。

（2）实验药材：固相反应装置（WTG-热天平）、WTG1 温度控制器、氧化铝小坩埚、研钵。

五、实验方法与步骤

（1）按照 $CaCO_3 : SiO_2$（摩尔比）= 1 : 1 进行称量配料，研磨混合均匀，放入玻璃器皿中备用。

（2）调试固相反应装置，取 $CaCO_3/SiO_2$ 混合料 1g 左右，加入到热天平的小坩埚中，并尽量使粉体上表面平整，以便利于粉体均匀受热，记录初始反应物 $CaCO_3/SiO_2$ 混合料的准确质量。

（3）按动固相反应装置后面的"升"按钮，使小坩埚处于加热套中间位置（可由加热套后面摇杆相对位置判断），盖上坩埚盖。

（4）点击"转换"按钮，设置升温峰值"900℃"；按"转换"钮，设置保温时间"40min"，长按"RUN"键，运行即可。

（5）双击打开电脑"热天平"软件，进入界面对话框；单击左上角"实验"→"开始实验"。

（6）失重停止，即可结束实验。

实验结束后，拷贝电脑中的实验数据，从重量开始减轻时取点，根据不同反应时间下的质量，换算出转化率 G，以 $1 - \frac{2}{3}G - (1-G)^{2/3} \sim t$ 作图，即可推算出该反应在此温度下的反应速度常数。

六、实验数据处理及结果分析

（1）固相反应（失重）开始后至少选 10 个时间点，记录不同时间 t 下的失重，并根据失重数值计算转化率 G 和 $1-\frac{2}{3}G-(1-G)^{2/3}$，记录相关实验数据和计算结果填入表 2-3 中。

表 2-3　　反应开始后不同时间 t 时的相关数据和转化率等计算结果

时间 t/min	初始反应物质量/g	CO_2 生成量/g	$CaSiO_3$ 生成量/g	转化率 G	$1-\frac{2}{3}G-(1-G)^{2/3}$
30					
40					
50					
70					
90					
110					
130					
150					
170					
190					
⋮					

（2）以 $1-\frac{2}{3}G-(1-G)^{2/3}$ 与 t 作图，得一直线。其斜率即为固相反应速度常数 K_K。

思考题

（1）分析反应 $CaCO_3+SiO_2 \longrightarrow CaSiO_3+CO_2\uparrow$，反应温度为 900℃，反应速度常数的大小对反应的影响。
（2）分析实验误差对结果的影响。
（3）分析影响固相反应的因素。

实验 10　陶瓷坯釉润湿结晶釉烧结成核-生长相变综合性实验

一、实验意义

陶瓷结晶釉是在陶瓷制品表面形成的一种色彩艳丽的人造晶体，是产品烧制过程中，由于釉内含有足量的结晶性物质，经熔融后处于饱和状态，在缓冷过程中形成析晶。它是一种装饰性很强的艺术釉，源于我国古代的颜色釉。结晶釉区别于普通釉的根本特征在于釉中含有一定数量的可见结晶体。作为一种高级陶瓷艺术釉，结晶釉美丽、新颖的自然晶花，及其外观的多种多样、色彩的缤纷，给人以强烈的艺术效果和视觉震撼，深受大众的欢迎和喜爱。结晶釉按其晶体形态区分，可呈星形、棒形、扇形、球形以及纤维状。

二、实验目的

（1）通过陶瓷结晶釉的设计及制备实验，掌握陶瓷结晶釉的制备工艺和原理。
（2）从结晶釉的析晶过程，掌握相变的本质。
（3）培养材料配方设计和制备工艺调控的综合能力，培养学生的科学研究能力和创新性实践能力。

三、实验基本原理

结晶釉的基本特征是：在釉中或釉表面析晶出各种形状的晶花，通过控制其成分和工艺可以在陶瓷制品上形成独特的晶体效果。结晶釉的制备过程包括釉料配制、施釉、干燥和烧结等步骤。结晶釉的釉料主要由硅酸盐和金属氧化物组成，其中硅酸盐作为玻璃相，金属氧化物则起到结晶和着色的作用。在釉料配方一定的基础上，控制析晶过程对于获得特定效果的结晶釉至关重要。析晶过程包括晶核形成过程和晶粒长大过程，成核-生长相变是玻璃析晶的基本原理。成核-生长相变是指高温熔体内的原子，在一定温度下不断聚集形成新的结晶相的核胚，即成核过程；核胚进一步长大形成一定大小的晶体，即晶体生长过程，成核和晶体生长过程总体称为成核-生长相变。

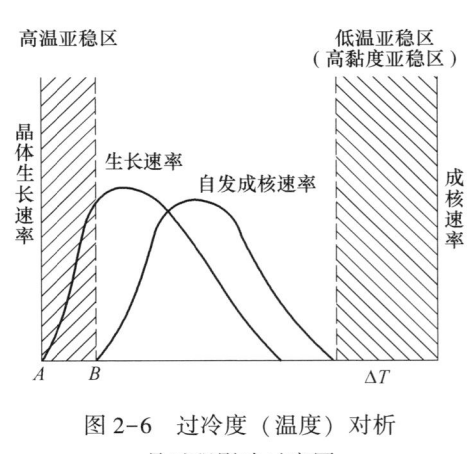

图 2-6 过冷度（温度）对析晶过程影响示意图

晶核形成速率是指在一定温度下在单位时间内单位容积中所形成的晶核数目（个数/min）。晶体生长速度是指在单位时间内晶体增长的直线长度（微米/min）。成核和晶体生长两个过程都各自需要有适当的过冷却程度。过冷却程度 ΔT 对晶核形成和长大速率的影响必有一最佳值，如图 2-6 所示。一方面当过冷度增大，温度下降，熔体质点动能降低，粒子间吸引力相对增大，因而容易聚结和附在晶核表面上，有利于晶核形成。另一方面，由于过冷度增大，熔体黏度增加，粒子移动能力下降，不易从熔体中扩散到晶核表面，对晶核形成和长大过程都不利，尤其对晶粒长大过程影响更甚。

成核速率与晶体生长速率两曲线峰值的大小、它们的相对位置（即曲线重叠面积的大小）、亚稳区的宽窄等都是由系统本身性质所决定的，而它们又直接影响析晶过程及制品的性质。如果成核与生长曲线重叠面积大，析晶区宽，则可以用控制过冷度大小来获得数量和尺寸不等的晶体。若 ΔT 大，控制在成核速率较大处析晶，则往往容易获得晶粒多而尺寸小的细晶，如搪瓷中 TiO_2 析晶；若 ΔT 小，控制在生长速率较大处析晶则容易获得晶粒少而尺寸大的粗晶，如陶瓷结晶釉中的大晶花。如果成核与生长两曲线完全分开而不重叠，则无析晶区，该熔体易形成玻璃而不易析晶；若要使其在一定过冷度下析晶，一般采用移动成核曲线的位置，使它向生长曲线靠拢。可以加入适当的核化剂，使成核位垒降低，用非均匀成核代替均匀成核，使两曲线重叠而容易析晶。

四、实验材料与设备

（1）用于制备陶瓷坯体的各种原料，如：长石、石英、宽城土、水曲柳、更刻土、碳酸钠、水玻璃等。

（2）用于制备结晶釉的各种原料，如：石英、长石、氧化锌、氧化钛、玻璃粉、氧化钴、氧化铜、聚乙烯醇水溶液等。

（3）实验设备：高铝球磨罐、高铝球、干燥用搪瓷盘、干燥箱、高温电炉（1300℃以上）、温度控制器。

五、实验方法与步骤

首先选用一定的坯体配方，进行配料球磨（湿磨），通过注浆成型制备坯体，干燥、烧结（1250℃）后获得陶瓷坯体；然后选定（或设计）一个结晶釉的配方，配料、加水、混合、球磨、过250目筛，获得结晶釉的釉浆，在所制备的陶瓷坯体上涂覆结晶釉的釉浆，一定温度制度下（1250℃→960℃保温→1150℃保温→随炉冷却）烧成、保温1h，随炉冷却后取出，观察其晶花大小形态。同时，还可以比较不同烧结温度下得到的结晶釉中晶花的大小。同样，也可以磨片，进行显微镜观察，观察形成晶花的晶体部分和釉中的玻璃相部分。

实验中要求学生根据文献参考下面配方自行设计结晶釉配方，并进行配料、球磨、涂覆、烧结后，获得结晶釉（配方中物质均为质量分数）。

陶瓷坯体配方：石英30%，长石27%，宽城土25%，水曲柳10%，更刻土5%，西丰土2%，碳酸钠0.5%，水玻璃0.5%。

结晶釉配方：石英19%，长石9%，氧化锌20%，氧化钛1%，玻璃粉48%，碳酸钾3%，氧化铜0.3%。

具体实验步骤如下：

① 进行陶瓷坯体配料（参考质量150g）、球磨。
② 将球磨后的浆料进行注浆成型，获得陶瓷坯体。
③ 成型后的陶瓷坯体在1250℃下进行烧结，获得陶瓷坯体样品。
④ 设计结晶釉配方。
⑤ 根据结晶釉配方进行计算、配料（参考质量20g）、球磨，加入少量10%的聚乙烯醇（聚合度1500）水溶液，获得结晶釉浆。
⑥ 在釉面砖素坯或烧结好的配体上涂覆结晶釉浆，要求均匀且有一定厚度（釉层厚

度太薄不利于结晶）。

⑦ 将涂有结晶釉的陶瓷坯体放入电炉内，在一定温度制度下（如：1250℃→960℃→1150℃）进行保温，随炉冷却后取出，观察其晶花大小形态。

⑧ 分析结晶釉配方和烧结温度制度对晶花大小的影响。还可以在不同的温度下比较晶花的大小。

六、实验结果与分析

（1）用文字描述结晶釉的形态，包括晶花数量、晶花大小、光泽度和颜色。

（2）分析结晶釉配方中主要组成对晶花形态的影响。

（3）结合过冷度对析晶过程（成核和晶体长大速率）的影响，分析烧结温度制度对结晶釉中晶花数量和大小的影响。

思考题

（1）分析总结影响玻璃析晶的因素，包括玻璃配方、温度制度等。

（2）根据结晶釉实验结果，如果再做一次实验，应该在配方和烧结温度制度方面如何改进，分析其原因。

实验 11 烧 结 实 验

一、实验意义

烧结是无机材料制备过程中的一个重要工艺过程，烧结的目的是将粉状物料转变为致密的烧结体，并赋予材料特殊的性能。当原料配方、粉体粒度、成型等工序完成以后，烧结是使材料获得预期的显微结构以使材料性能充分发挥的关键工序。一般说来，粉体经过成型后，通过烧结得到的致密体是一种多晶材料，其显微结构由晶体、玻璃体和气孔组成。烧结过程直接影响显微结构中晶粒尺寸、气孔尺寸及分布以及晶界体积分数等。无机材料的性能不仅与材料组成（化学组成和矿物组成）有关，还与材料的显微结构有密切关系。因此，研究烧结过程及烧结机理，对指导无机材料生产和研发新型材料具有重要意义。

二、实验目的

（1）根据烧结时坯体的变化过程，分析烧结过程发生的各种物理化学变化。

（2）掌握烧结机理和烧结活化能的测定方法。

三、实验基本原理

粉体原料经过成型、加热到低于熔点的温度，发生固结，气孔率下降，收缩加大，致密度提高，晶粒增大，变成坚硬的烧结体，这个现象称为烧结。烧结的微观定义为：固态中分子（或原子）间存在相互吸引，通过加热使质点获得足够的能量进行迁移，使粉末体产生颗粒黏结，产生强度并导致致密化和再结晶的过程称为烧结。烧结体宏观上出现体积收缩、致密度提高和强度增加，因此烧结程度可以用坯体收缩率、气孔率、吸水率或烧结体密度与理论密度之比（相对密度）等指标来表示。

基于烧结过程中晶粒以及气孔的形状与尺寸的变化，将烧结过程划分为烧结初期、中期、后期三个阶段。烧结初期一般是指颗粒和空隙形状未发生明显变化阶段。中期和后期由于烧结历程不同，烧结模型各样，很难用一种模型描述。烧结初期因为是从初始颗粒开始烧结，可以看成是圆形颗粒的点接触。描述烧结程度或速率一般用颈部生长率 x/r 和烧结收缩率 $\Delta L/L_0$ 来表示，因实际测量 x/r 比较困难，故常用烧结收缩率 $\Delta L/L_0$ 来表示烧结的速率。通过分析可知，烧结收缩率与时间 t 的关系为：

$$Y^p = Kt \tag{2-15}$$

式中　Y——烧结收缩率 $\Delta L/L_0$；

　　　K——烧结速率常数；

　　　p——常数。

上式两边取对数，得到：

$$\lg Y = \frac{1}{p}\lg t + K' \tag{2-16}$$

用收缩率 Y 的对数和时间对数作图，应得一条直线，其截距为 K'（K' 随烧结温度升高而增加），而斜率为 $1/p$（斜率不随温度变化）。

烧结速率常数和温度关系与化学反应速率常数与温度关系一样，也服从阿仑尼乌斯方程，即

$$\ln K = A - \frac{Q}{RT} \tag{2-17}$$

式中　Q——相应的烧结过程活化能，J/mol；

　　　A——常数；

　　　R——气体常数，J/(mol·K)；

　　　T——烧结温度，K。

通过测定不同温度下的烧结速度常数，作 $\ln K$ 与 $1/T$ 直线，即可由直线斜率获得烧结活化能 Q。

四、实验药品与器材

（1）实验药品：低温烧结用陶瓷粉、10%的聚乙烯醇水溶液。

（2）实验器材：Φ5mm 的成型模具、压片机、高铝球磨罐（含高铝球）、干燥用搪瓷盘及干燥箱、影像式烧结点测定仪或高温显微镜电炉（1300℃以上）。

五、实验步骤

（1）取少量事先准备好的低温烧结的陶瓷坯体粉料，加入少量 10%的聚乙烯醇水溶

液混合均匀造粒。

（2）用 Φ5mm 的成型模具成型，作成 Φ5mm×5mm 的柱状，干燥，在 500℃ 下预烧 1h。

（3）将试样两端磨平（尽量平行），垫上底座，置于炉口。

（4）测出试样初始尺寸。

（5）影像式烧结点测定仪开始升温，升温至 900℃ 或 1100℃，保温 2~5min。

（6）将试样推入炉中热电偶附近，迅速记录时间及试样尺寸的变化，每隔 5min 观察记录坯体的宽度或直径等尺寸，根据坯体性质不同，测定时间可以为 20min~1h，最后取出试样。

（7）再升温至 1200℃，保温 2~5min，用另一试样，重复步骤 4。

（8）测定完毕，关掉电源，进行数据处理。

六、实验结果与分析

（1）测定在一定的温度下，不同时间下的成型坯体的收缩尺寸。测得的数据以 $\ln(\Delta L/L_0)-\ln t$ 作图，图中的直线斜率为 $1/p$，截距为 K'。由此可以求出 p 值和 K'。运用实验原理对观察记录的实验数据进行整理计算，分析该坯料的烧结机理。

（2）对试样在不同温度下的线收缩率进行线性回归分析，作 $\ln K$ 与 $1/T$ 直线，由直线斜率获得烧结活化能 Q。

思考题

（1）对实验结果进行分析，分析影响烧结的因素。

（2）坯体气孔率和收缩率在烧结初期、中期和后期有哪些不同？

拓展阅读　手机玻璃与化学钢化处理

随着移动通信技术的不断进步，手机的发展日新月异，而手机的更新换代推动了手机玻璃发展。手机玻璃是指用于手机上的部件（配件），分为狭义的手机玻璃和广义的手机玻璃。狭义的手机玻璃仅指手机上的盖板玻璃，或称为外屏（外盖），是手机最外层的保护玻璃，起到保护手机内部结构的作用。广义的手机玻璃除了盖板玻璃外，还包括触摸屏（触摸模块），一般为电容式，通过触摸效应，实现人机交流。由于手机盖板和基片很薄，传统的热钢化不适用，即使采用导热系数大的淬冷介质，得到的表面压应力比较低，仅为 95~150MPa，而且会发生自爆。手机玻璃的强度与玻璃配方以及化学钢化处理用的熔盐配方和交换工艺制度密切相关。用化学钢化（离子交换）增强，表面压应力可达 850MPa 以上。手机触摸屏玻璃就是一种通过钠、钾离子交换提升玻璃强度的化学钢化玻璃。

化学钢化处理法又称离子交换增强法，是玻璃强化的方法之一，采用化学钢化法可以钢化厚度小于 1mm 的超薄玻璃，钢化后玻璃不会弯曲变形和产生光学畸变，且具有可切割性，是薄及超薄玻璃较为理想的强化方法，目前用于盖板及保护的薄玻璃均用化学钢化法进行强化。为满足各领域对玻璃不断提高的性能要求，在使用化学钢化法进行玻璃强化时，必须提高化学钢化效率，即在相同的离子交换时间及温度下得到更高的表面压应力和更深的应力层深度。目前工业上较为成熟的提高化学钢化效率的方法有两段处理法、电化学法和在熔盐中添加加速剂的方法。其中两段处理法分别采用高温离子交换与低温离子交换相结合的方式来提高离子交换后应力层深度与表面压应力，电化学法采用外加电场等方式来加快离子扩散和交换过程，过程复杂，成本较高。因此，熔盐中添加加速剂的方法在工业上运用最为广泛。

化学钢化处理后的主要指标是表面压应力和应力层深度，表面压应力低于300MPa，则化学钢化后玻璃强度不足，很容易破碎；应力层也应维持一定深度，低于20μm也不符合要求，但并不是表面压应力愈大愈好，表面压应力增加，中心张应力也升高。内部张应力升高，裂纹在玻璃内部容易扩展，导致强度降低。同时表面压应力与应力层深度呈反比关系，应力层深度增加，压应力降低。此外表面压应力太高，玻璃裁切也困难，边角抛光时易产生缺陷。因此应维持适当的表面压应力，通常为750~1100MPa，应力层深度一般为20~50μm。

化学钢化后表面硬度有所提高，一般可达$5787.9 \sim 6867.0 N/mm^2$（$590 \sim 700 kgf/mm^2$）。通常，玻璃化学钢化处理方法包括：一次离子交换法、两阶段离子交换法和三阶段离子交换法。一次离子交换法是将玻璃在纯硝酸钾熔盐中于435~450℃交换6~8h，交换时间过长，不仅成本增加，而且会产生应力松弛；另外，交换温度超过450℃，因硝酸钾挥发，化学钢化质量不稳定。当硝酸钾中含$0.005 wt\% Li^+$时，交换后表面压应力下降，因此熔盐中不应有Li^+存在。为了得到比较高的表面压应力、比较深的应力层以及要求的应力分布，可以采用两阶段或三阶段离子交换处理。

目前两阶段和三阶段离子交换法与以往要求目的和工艺有所区别。例如钠钙成分的玻璃化学钢化很难达到高铝高镁玻璃的表面压应力，同时化学钢化后不容易裁切。为了解决此问题，国外改进了两步钢化法。对成分SiO_2 71.6%、Al_2O_3 2.1%、Fe_2O_3 0.10%、CaO 8.5%、MgO 3.6%、Na_2O 12.5%、K_2O 1.3%、SO_3 0.3%（质量分数）的钠钙玻璃，第1步将玻璃放在KNO_3 80mol%和$NaNO_3$ 20mol%混合熔盐中离子交换120min，然后取出，清洗表面和干燥；第2步在100%KNO_3熔盐中交换60min。利用此两步化学钢化后表面压应力达到720MPa，应力层深度15μm。该两步交换法制成的化学钢化基片用超硬质刀具进行划线，裁切性能良好。应用两阶段和三阶段离子交换法，还能得到多个表面应力层，应力层比单阶段离子交换法要深，可提高硬度与弯曲强度。

熔盐添加剂按其作用可分为除杂剂、加速剂和保护剂三类。除杂剂是指通过吸附杂质或与熔盐中杂质反应的添加剂；加速剂是指与玻璃表面发生作用使离子交换加速的添加剂；保护剂是指可保护或降低玻璃受熔盐腐蚀而产生微裂纹程度的添加剂。KOH和K_2CO_3对玻璃化学钢化效果具有较大影响。据报道，相对于其他添加剂而言，在硝酸钾熔盐中加入KOH或KCl作为熔盐添加剂可较大幅度增加玻璃的应力层深度，加入KOH或K_2SO_4作为熔盐添加剂下可较大幅度提高玻璃的表面压应力，在硝酸钾熔盐中同时加入

KOH、K_2CO_3 及 KCl 作为熔盐添加剂,可大幅度提高玻璃的表面压应力。

参 考 文 献

[1] 伍洪标. 无机非金属材料实验［M］. 北京：化学工业出版社，2001.
[2] 王杰. Zeta 电位对水体固体悬浮物微粉絮凝及分散性的研究［J］. 当代化工，2023，52（1）：137-140.
[3] 李正任. 聚铁絮凝剂合成及油田聚合物稳定水系脱稳研究［J］. 当代化工，2019，48（5）：1000-1003.
[4] 李耘霆，王寅超，甘浩然，等. 用光伏硅切割粉体制备高品质碳化硅的研究［J］. 冶金与材料，2020（4）：5-9.
[5] 王晓燕，艾娇燕，李修华，等. 实时在线测定 zeta 电位的方法及其系统集成［J］. 化工自动化及仪表，2016（4）：431-434.
[6] 陈华，应益明，陈金栋. 玻璃表面铜离子扩散着色的几个问题［J］. 玻璃，1987（1）：22-25.
[7] 郭宏武，付定军，郭宏伟. 组成对铜离子扩散着色玻璃光谱性能的影响研究［J］. 玻璃，2009（1）：3.
[8] 姜妍彦，杜兴科，王承遇，等. 一种高硼硅玻璃的褐色着色方法：CN102910831B［P］. 2015-02-04.
[9] 王思璐，包镇红，苗立锋. MgO 含量对钙长石微晶釉析晶与性能的影响［J］. 陶瓷学报，2023，44（5）：1024-1030.
[10] 王少华，彭诚，吴建青. 微晶釉中晶粒的成核与生长［J］. 佛山陶瓷，2015（1）：1-6.
[11] 仝元东，陈拥强，李家科，等. 铁红微晶釉的制备及影响工艺研究［J］. 陶瓷学报，2021，42（4）：639-644.
[12] 胡志强. 无机材料科学基础教程［M］. 北京：化学工业出版社，2011.
[13] 王承遇，汤华娟. 手机玻璃发展历程和未来趋势［J］. 玻璃，2023（9）：1-11.
[14] 王承遇，卢琪，陶瑛. 手机玻璃面板化学钢化若干问题的探讨［J］. 玻璃与搪瓷，2015，43（4）：15-19.
[15] 李婷，卢琪，王承遇. 手机用超薄玻璃研制方案若干问题的探讨［J］. 玻璃，2020（10）：7-12.
[16] 张喆颖，田月梅，陈发伟，等. 高铝硅酸盐玻璃化学钢化用熔盐添加剂研究［J］. 燕山大学学报，2018，42（1）：44-47.

第三章 无机非金属材料物理性能实验

本章主要是围绕无机材料物理性能课程理论知识开设的相关实验，实验项目包括无机材料的力学性能测试、无机材料的热学性能测试、无机材料的电学性能测试和无机材料的光学性能测试。

实验 12 无机材料的力学性能测试

一、实验意义

材料的力学性能，是指材料在受到不同性质的载荷作用时所表现出来的性能，包括强度、硬度、塑性、韧性和抗疲劳强度等性能指标。材料力学性能是材料应用过程中一项重要的性能指标，在不同领域应用的材料需要具有不同的功能，但是力学性能是满足材料在各个领域应用的基础。材料力学性能常用的测试方法为拉、剪、扭、弯，通过记录材料抵抗形变和破坏时所需要的最大应力，可以计算材料的力学性能。

二、实验目的

（1）通过对不同材料的力学性能进行测试，使学生进一步理解无机材料的力学性能及参数的基本原理、特性和应用。

（2）使学生能够根据无机材料产品及工程需求，得到对无机材料力学性能的综合表征，满足无机非金属材料特定产品的力学性能需求。

三、实验基本原理

1. 抗折强度测试原理

抗折强度是指材料断裂时承受的最大力，测试方法包括三点抗折强度测试和四点抗折强度测试。三点抗折强度一般采用简支梁法进行测定。对于均质弹性体，将其试样放在两支点上，然后在两支点间的试样上施加集中载荷时，试样将变形或断裂，如图3-1所示。

由材料力学间支梁的受力分析可得抗折强度的计算公式：

$$f = \frac{3PL}{2bd^2} \quad (3-1)$$

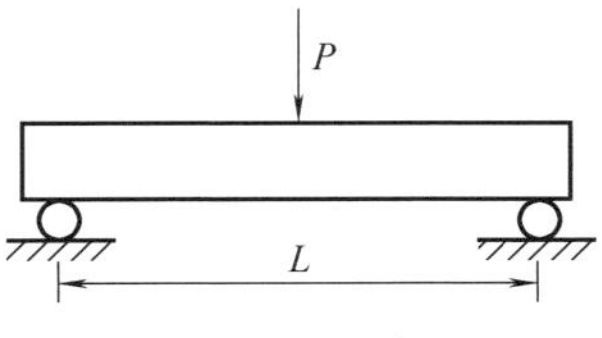

图 3-1 三点抗折强度测试示意图

式中 f——抗折强度，MPa；

P——材料破坏时的载荷，N；

L——支座间距离（样品跨距），mm；
b——试样宽度（垂直于载荷），mm；
d——试样厚度（平行于载荷），mm。

同一样品测量五次，去除误差较大数据后计算平均值。

2. 四点抗折强度测试

四点抗折强度测试是将试样放置在两支座上，在其上方施加两个垂直于试样的载荷，形成简支梁形式，载荷间距可调，如图3-2所示。

四点抗折强度公式为：

$$f = \frac{PL}{bd^2} \quad (3-2)$$

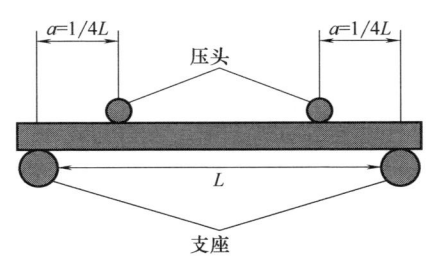

图3-2 四点抗折强度测试示意图

式中 P——材料破坏时的载荷，N；
L——样品跨距，mm；
b——材料的宽度（垂直于载荷），mm；
d——材料厚度（平行于载荷），mm。

同一样品测量五次，去除误差较大数据后计算平均值。三点抗折强度测试较为简单，但是加载方式集中，弯曲分布不均匀，某处部位的缺失可能显示不出来，达不到效果；四点抗折强度测试结果较准确，但是压夹结构复杂，工业中使用较少。

3. 抗压强度测试原理

抗压强度测试的原理是将试样置于压缩机上，通过施加一定的压缩力，使试样发生变形直至破坏。在试验过程中，通过测量试样的变形量和所施加的力，可以计算出试样的抗压强度、弹性模量等力学性能参数。

抗压强度计算公式为：

$$\sigma = \frac{F}{A} \quad (3-3)$$

式中 σ——抗压强度，MPa；
F——垂直试样的力，N；
A——受力面积，cm^2。

4. 拉伸试验原理

拉伸试验是指在承受轴向拉伸载荷下测定材料特性的试验方法。利用拉伸试验得到的数据可以确定材料的弹性极限、伸长率、弹性模量、比例极限、面积缩减量、拉伸强度、屈服点、屈服强度和其他拉伸性能指标。

在拉伸试验中，对试样所受的拉力与相应应变所作的坐标曲线图，能形象地表示出应力与应变的对应关系，试验常在恒定的应变速率与伸长率下进行，拉伸试验可以得到应力-应变曲线。

四、实验材料和仪器

（1）实验材料：玻璃片、地板瓷砖、芳纶纳米纤维、复合纤维板等材料。

（2）实验仪器：YG004单纤强力拉伸机、YRT电子万能试验机。

五、实验方法和步骤

通过选定实验样品或通过不同工艺设计制备样品，采用不同的测试仪器对无机材料的力学性能参数进行测试，根据对实验设计的材料特性或相关的工艺过程和材料物理性能的关系进行分析，对样品的测试结果进行计算和数据处理，并运用所学的理论知识分析实验结果，得出正确结论。

水泥是混凝土的重要胶结材料，水泥强度是水泥胶结能力的体现。本实验通过测试水泥砂浆胶凝一定龄期后的抗折强度，理解水泥的胶凝过程及其对水泥抗折强度的影响。通过测试不同陶瓷、玻璃材料的抗折强度，对不同材料的抗折强度进行比较和分析。

（1）三点抗折强度测试。测量两支座间距、试样的宽度和厚度，将试样放置在仪器支座上，尽量保证刀头（载荷）位于试样中间位置，将刀头下降至轻触试样表面位置，设置刀头（载荷）下降速度为5mm/min，清零仪器载荷和位移，按运行键进行测试，记录试样断裂时最大力，根据公式（3-1）计算样品抗折强度。

（2）抗压强度测试。测量样品一面边长，计算样品面积，测量面垂直于载荷下降方向放置于仪器载物面上，将载荷面下降至轻触试样表面位置，清零仪器载荷和位移，按运行键进行测试，载荷下降速度为5mm/min，记录试样破坏时最大的力，根据公式（3-3）计算样品抗压强度。

（3）拉伸试验。测量芳纶纤维试样细度（每100m的质量），输入到测试软件内，调整测试力降为50%，先使用仪器上夹头夹住试样，将试样抻直后用下夹头夹住试样，清零仪器位移和载荷，记录试样断开时最大的力。

六、实验结果与分析

三点抗折强度实验数据总结到表3-1中，抗压强度试验记录数据列到表3-2中，拉伸试验需记录试样细度和力降，拉伸断裂曲线计算机可以直接生成。

对实验得到的抗折强度和拉伸实验数据进行计算和数据处理，并运用所学的力学性能理论知识分析实验结果。

表3-1　　　　　　　　　　三点抗折强度测试数据记录表

试样序号	跨距/mm	样品宽度/mm	样品厚度/mm	载荷/N	抗折强度/MPa
1					
2					
3					
4					
5					
⋮					

表 3-2	抗压强度测试数据记录表	
样品序号	受力面面积/m²	峰值力/N
1		
2		
3		
⋮		

思考题

（1）通过实验，你认为有哪些实验因素会影响材料的力学性能参数？
（2）在你选择的性能测试方法中，如何减小误差？
（3）在此次力学性能实验中，你有何收获和感想？

实验 13　无机材料的热学性能测试

一、实验意义

材料的热学性能包括热容、热膨胀、热传导、热稳定性等。当固体材料一端的温度比另一端高时，热量会从热端自动地传向冷端，这个现象称为热传导。隔热材料是指能阻滞热流传递的材料，又称热绝缘材料。隔热材料通常具有轻质、疏松、多孔、导热系数小的特点，工业上广泛用于防止热工设备及管道的热量散失，或者在冷冻和低温条件下使用，因此又被称为保温隔热或保冷材料。航空航天工业不但对隔热材料的重量、体积有严格要求，而且往往还要求其兼有隔音、减振、防腐蚀等性能。与隔热材料相反，导热材料是指具有优良导热性能的材料，适用于散热和导热性能需求比较高的领域，主要用于导热器、散热器、热管、散热片等热传导场合。导热系数是衡量保温隔热材料性能优劣的主要指标，导热系数越小，则通过材料传送的热量越小，保温隔热性能就越好，材料的导热系数决定于材料的成分、内部结构和容重等。

二、实验目的

（1）通过测试材料的导热系数，进一步理解无机材料的热学性能及参数的基本原理、特性和应用。
（2）使学生能够根据无机材料产品及工程需求，得到对无机材料热学性能的表征，满足无机非金属材料特定产品的性能需求。

三、实验基本原理

1. 导热系数的定义

当材料两面存在温度差时（图 3-3），热量从材料一面通过材料传导至另一面的性质,称为材料的导热性。衡量导热性的指标为导热系数,又称为热导率(λ),单位为 W/(m·K)。

导热系数计算公式为:

$$\lambda = \frac{Qd}{At(T_2-T_1)} \quad (3-4)$$

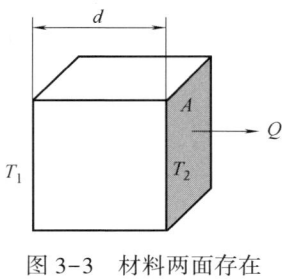

图 3-3　材料两面存在温度差示意图

式中　λ——导热系数,W/(m·K);
　　　Q——传导的热量,J;
　　　d——材料厚度,m;
　　　A——热传导面积,m²;
　　　t——热传导时间,s;
(T_2-T_1)——材料两面温度差,K。

2. 导热系数的测定方法

测定导热系数的方法很多,大致可分为稳定热流法和非稳定热流法。本实验采用的瞬态热线法属于非稳态法中的瞬态热流法。

瞬态热线法可用于测定固体、粉末和流体的导热系数,适用于各向同性和各向异性材料。可测量的温度范围从低温到大约1800K。瞬态热线法的理想模型为无限大介质中的径向一维非稳态导热问题,具体为无限长的热线在无限大介质中处于初始热平衡状态下受到瞬间加热脉冲而引起的热传导过程。

四、实验材料与仪器

(1) 实验材料:平板玻璃片、块状硅气凝胶、芳纶气凝胶薄膜、保温泡沫砖。
(2) 实验仪器:TC3000E 便携式导热系数仪,FLIR 红外热成像仪、平板电加热台、镊子。

五、实验方法与步骤

通过选定已有的实验样品或通过不同工艺设计制备样品,采用不同的测试仪器对无机材料的热学性能参数进行测试,根据对实验设计的材料特性或相关的工艺过程和材料物理性能的关系进行分析,对样品的测试结果进行计算和数据处理,并运用所学的理论知识分析实验结果,得出正确结论。

通过使用便携式导热系数仪测量出不同种类的材料的导热系数,判断该材料属于导热材料或绝热材料。并用红外热成像仪拍摄照片,观察不同种类的材料在加热台上相同的加热时间内,材料表面的温度和材料的状态。

1. 材料导热系数测试

(1) 打开 TC3000E 便携式导热系数仪电源开关,打开配套电脑并打开配套软件 hotwire 3.6。

(2) 将测试传感片用两块标准石英板夹住并用砝码压住,进行热平衡监控,等到监测曲线没有明显上升或下降趋势时可结束热平衡监控。

(3) 将需要测试的材料尽可能包覆住传感片(如果无法完全包覆,要做到保证样品有足够的长度覆盖传感片中间的黑线正反面)。然后用标准石英板上下夹住，如果夹得不够紧密，可在石英板上加砝码压住。

(4) 点击左上方"测量"→"导热系数测量"，弹出参数设置界面，根据所测物质，更改物质名、形状、重复次数（一般为 3 次）、采集模式（采集时间<1s，用快速；采集时间>5s，用慢速）、电压（非金属材料电压不超过 2.5V，金属材料电压不超过 4.5V），调节完毕后点击测量即开始测试。

2. 材料热传导性能

将不同材料放置在热台上，利用红外热成像测试仪测试不同材料的热传导性能。

(1) 将测量样品放置在加热台上，将红外热成像仪移动到距离样品表面 0.5m 左右的上方，拍摄一张照片，记录样品的初始状态及温度。

(2) 设置热台需要加热到的最高温度（热台最高温度为 200℃），开始加热。

(3) 加热过程中，每隔 20~30s 拍摄一张照片，保持拍摄间隔，直到热台达到最高温度后，温度稳定 1~2min。

六、实验结果与分析

请对通过实验得到的热导率数据和热传导性能测试结果进行总结和整理（表 3-3），并运用所学的热学性能理论知识分析实验结果。

表 3-3　　　　　　　　材料导热系数测试数据记录表

序号	样品名称	规格/形状	环境温度	测量电压	采集模式	采集时间间隔	导热系数
1							
2							
3							
⋮							

思考题

(1) 通过实验，你认为有哪些实验因素会影响材料的导热系数和热学性能参数？

(2) 在你选择的性能测试方法中，如何避免误差产生？

实验 14　无机材料的电学性能测试

一、实验意义

军事、医学、航空航天等高精尖领域的高速发展，离不开无机功能材料的迭代发展，电子材料是现代电子工业和科学技术发展的物质基础，包括电绝缘材料、半导体材料、超导体材料、离子导体材料、介电材料、压电材料与铁电材料以及热电材料等。电学性能测试是指对电子材料的导电性、电阻率、电容率等电学性质进行测试。用于评估材料在电气设备中的应用，如电阻器、电容器等。电学性能测试的主要方法有电桥法、四探针法、高频参数测量等。导电性能是无机电子材料的重要物理性能之一。物体的导电现象，其微观本质是载流子在电场作用下的定向迁移。金属导体中的载流子是自由电子，而无机材料中载流子可以是电子（负电子、空穴），称为电子电导，也可以是离子（正、负离子、空位），称为离子电导。无机材料自身不同的电学性能，在电学领域中有着截然不同的应用，表征测试无机材料的电学性质，才能更加高效地研发或利用材料来达成实际应用目标。

二、实验目的

（1）通过测试某种无机材料的电学性能，进一步理解无机材料电学性能及参数的基本原理、特性和应用。

（2）掌握无机材料电学性能的测试方法和综合表征，满足无机非金属材料特定产品的性能需求。

三、实验基本原理

物体之所以导电是由于内部存在的各种载流子在电场作用下沿电场方向移动的结果。衡量材料导电难易程度的物理量为电阻率（ρ）或电导率（σ）。一般电阻率小于 $100\Omega \cdot m$ 的固体材料称为导体；电阻率大于 $10^{12}\Omega \cdot m$ 的固体材料称为绝缘体；电阻率介于两者之间的材料称为半导体。电阻率和电阻的关系为：

$$\rho = \frac{RS}{L} \tag{3-5}$$

式中 ρ——电阻率，$\Omega \cdot m$；

R——电阻，Ω；

S——横截面面积，m^2；

L——长度，m。

电阻率（electric resistivity）是用来表示各种物质电阻特性的物理量，某种材料制成的长为1m、横截面积为$1m^2$的导体的电阻，在数值上等于这种材料的电阻率。电阻率是反映物质对电流阻碍作用的属性，它不仅与物质的种类有关，还受温度、压力和磁场等外界因素影响。电阻率的常用单位是$\Omega \cdot mm$和$\Omega \cdot m$。电阻率的倒数为电导率。

四、实验材料与仪器

（1）实验材料：石墨粉，Cs_xWO_3等半导体粉体，碳气凝胶，电子陶瓷圆片等。

（2）实验仪器：ST2722-SZ型四探针法粉末电阻率测试仪，VC9805A数字万用表。

五、实验方法与步骤

通过选定石墨粉、Cs_xWO_3等半导体粉体、碳气凝胶等材料，采用不同的测试仪器对材料的电阻率进行测试，对样品的测试结果进行计算和数据处理，并运用所学的无机材料电学性能理论知识分析实验结果。

利用粉末电阻测试仪测试电阻的方法为：将一定质量的粉末样品（1~2g）装入测量模具中，将模具装入预振实仪中，启动预振实仪振实15s后，将模具装回粉末电阻率仪启动软件开始测试，仪器自动采集压强、电阻、电阻率、电导率、样品厚度、压实密度、温度、湿度等参数，测试完毕用退模装置进行脱模。测试数据保存为 .csv 格式。

利用数字万用表测试电阻的方法：选取合适的万用表电阻量程，将待测试样品固定于平整的台面，将万用表的探针放置在样品的两端，探针与样品紧密接触，在表盘上读出所测试的电阻值，并进行记录。

六、实验结果与分析

总结整理实验测得的电学性能数据（表3-4），并对其结果进行比较和分析。

表 3-4　　　　　　　　　　　电阻率测试数据表

序号	样品名称	电阻 R/Ω			长度 L/m	横截面积 S/m^2	电阻率 $\rho/(\Omega \cdot m)$
		1	2	3			
1							
2							
3							
⋮							

思考题

（1）利用粉末电阻测试仪测试粉体的电阻率时，你认为有哪些因素会影响到测试结果的准确性？

（2）通过查阅相关文献，总结测试材料电阻率的方法，以及导电材料的种类及应用？

实验 15　无机材料的光学性能测试

一、实验意义

材料的光学性能是材料对外来光源所作出的选择性和特异性反应，包括材料对光传播的影响以及在光吸收或光激发后的光发射现象。结合光学性能参数的影响因素，将控制和调整光学性能的主要方法应用于材料的设计、工艺问题的解决等实际工程应用中。

二、实验目的

（1）通过测试某种无机材料的光学性能，进一步理解无机材料光学性能及参数的基本原理、特性和应用。

（2）掌握无机材料光学性能的测试方法和综合表征，满足无机非金属材料在特定产品中的性能需求。

三、实验基本原理

无机材料的光学性能包括折射、反射、光泽、吸收、透射和散射等。介质材料可以看作许多线性谐振子的集合，在光波场的作用下，极化的原子或分子辐射的次波与入射光波的相互干涉决定了光在介质中的传播规律。反射率和透射率是由两种介质的折射率决定的。如果 n_1 和 n_2 相差很大，那么界面反射损失就严重。这意味着：在光学系统中，当折射率增大时，反射损失增大。可以测量不同波长的光透过材料之后的透射率。例如分光光度法，它是指在特定波长处或一定波长范围内光的吸收度，可对该物质进行定性或定量分析。常用的波长范围为：①200~380nm 的紫外光区；②380~780nm 的可见光区；③2.5~25μm 的红外光区。所用仪器为紫外分光光度计、可见光分光光度计（或比色计）、红外分光光度计或原子吸收分光光度计。不同溶液和不同物体的光学透射率性能不同。

四、实验材料与仪器

实验所需材料与仪器为染料溶液、载玻片、分光光度计。下面对分光光度计进行介绍。

分光光度计是一种常用的光谱测量仪器，用于测量物质的吸光度或透射率。分光光度计的基本部件包括以下几种。

（1）光源：通常使用可见光源，如白炽灯或钨丝灯，可以发射连续光谱的光线。

（2）分光装置：将光源发出的光谱分解成不同波长的组成部分，常见的分光装置有棱镜或光栅。

（3）样品室：放置待测物体的区域，光线通过样品室时与样品发生相互作用，并产生吸收或透射。

（4）探测器：用于测量经过样品室的光的强度，常见的探测器有光电二极管或光电倍增管。

五、实验方法与步骤

分光光度计用于测量物质对光的吸收或透过程度。通过测量不同波长下的光吸收，可以得到物质的吸收光谱，进而推断出物质的性质或浓度。分光光度计广泛应用于化学、生物、医学、环境科学等领域。

1. 准备工作

（1）仪器准备：确保分光光度计处于良好状态，检查波长调整器、光源、检测器等部件是否正常工作。

（2）样品准备：根据实验需求，准备适当的样品溶液，确保溶液清澈透明，无气泡和杂质。

（3）波长调整：根据实验需求，选择合适的测试波长。

2. 操作步骤

（1）开机预热：开启分光光度计，让其预热一段时间，通常建议预热 30min 以达到稳定工作状态。

（2）波长调整：转动波长调整器，调整至所需测试波长。注意观察波长显示器，确保波长调整准确。

（3）设置测试模式：根据需要选择适当的测试模式，如"功能键""测试模式键"等。

（4）设置测试参数：根据实验需求，设置测试参数，如测试模式、测试波长、测试速度等。

（5）放入空白对照：将空白对照溶液放入测试槽，按下"功能键"进行测试。此步骤是为了获取背景吸光度值。

（6）放入样品测试：将待测样品溶液放入测试槽，按下"功能键"进行测试。观察并记录测试结果。

（7）数据处理：根据测试结果，进行数据处理和分析。可以通过计算吸光度、浓度等参数来评估样品的性质。

3. 注意事项

（1）仪器维护：定期对分光光度计进行维护和保养，确保仪器处于良好状态。

（2）样品处理：注意样品的处理和保存，避免污染和变质。

（3）波长校准：定期进行波长校准，确保测试结果的准确性。

六、实验结果与分析

详细记录实验过程中的数据，包括测试波长、吸光度等，以便后续分析和比较。总结整理实验测得的透过率数据，并对其结果进行比较和分析。

思考题

（1）通过实验，你认为有哪些实验因素会影响溶液或材料的光学透过性能？

（2）在你选择的性能测试方法中，如何避免误差产生？

拓展阅读　气凝胶隔热材料在航空航天领域的应用

近年来，中国的航空航天事业飞速发展。航空航天领域载人飞船的成功离不开高科技材料产业的快速发展。"一代材料，一代技术，一代装备"，材料是科技进步的基石。新材料发展对航空航天事业的发展起着重要推动作用。气凝胶作为一类轻质多孔材料，因其高效的隔热特性在航空航天领域受到越来越多的关注。气凝胶具有超轻、超细的多孔结构和极佳的隔热性能，作为隔热材料应用在航空器飞机舱室的舱壁、加热设备的隔热套及航天服的夹层，能有效保护航天器和宇航员免受高温或低温的影响。图 3-4 列出了气凝胶材料的演变及应用历程。

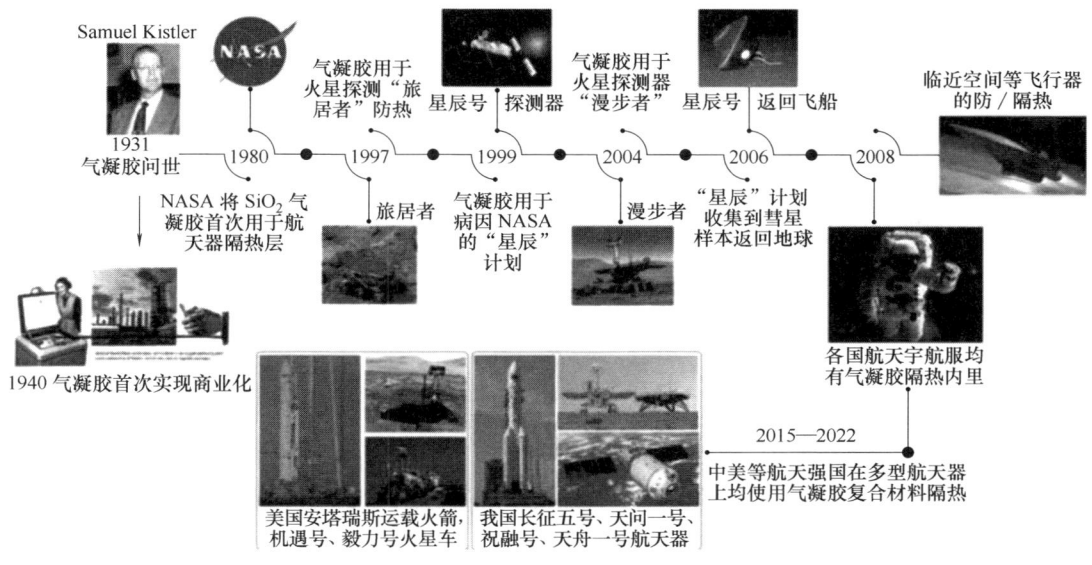

图 3-4 气凝胶材料的演变及应用历程

2023 年 5 月 30 日上午 9 时 31 分，由航天科技集团五院研制的神舟十六号载人飞船从酒泉卫星发射中心点火升空。神舟十六号航天飞船使用了多种隔热材料来保护航天器和宇航员免受剧烈的温度波动和辐射的影响。其中，最重要的隔热材料是多层外包隔热层，主要由以下三种材料构成：①玻璃纤维，玻璃纤维是一种低密度、高强度、防火、抗化学腐蚀、绝缘、抗辐射等特性的材料，它拥有非常优秀的隔热性能。玻璃纤维隔热材料被广泛应用于航天器中。②陶瓷纤维，陶瓷纤维作为一种高温隔热材料，具有良好的隔热、抗氧化、抗辐射和耐热性能。在神舟十六号航天器中，陶瓷纤维主要被用于高温部件的隔热。③气凝胶，气凝胶具有轻质、多孔、超低导热系数特点，能够达到极高的隔热效果。在神舟十六号航天器中，气凝胶被用来作为隔热层的填充材料。上述隔热材料都具有卓越的隔热性能，可以有效保护航天器和宇航员免受高温或低温的影响。

SiO_2 气凝胶是最早报道的气凝胶，由 Kistler 在 1931 年合成。随着气凝胶的发展，气凝胶经历了从以 SiO_2 气凝胶为核心的氧化物气凝胶到碳气凝胶、碳化物气凝胶和硼化物气凝胶等非氧化物气凝胶，从单一组元气凝胶到多组元气凝胶的发展历程。其中，SiO_2 气凝胶的导热系数为 0.013~0.016W/(m·K)，比相应的无机绝缘材料的导热系数低 2~3 个数量级。美国宇航局（NASA）最早将 SiO_2 气凝胶用于空间飞船的宇宙尘和空间碎片的捕集器中，这是因为它不仅能收集到完整的宇宙尘粒，而且还能得到空间碎片样品。他们还开发了陶瓷纤维增强气凝胶防热瓦复合材料，将其用作航天飞机隔热材料，其隔热性能比相同条件下热塑性高分子材料的隔热性能提高了 10~100 倍。SiO_2 气凝胶是由原子团簇在空间相互缠结形成的三维网络结构组成，纳米团簇间通过较弱的物理或化学结合力组成相对稳定的微观或亚微观聚集体。在 650℃ 或更高温度时，该聚集体连接处易发生断裂乃至坍塌，给材料带来破坏性灾难。因此，降低气凝胶材料的脆性、提高材料整体的力学性能、满足其在 1000℃ 乃至更高温度的使用需求是当前科学研究的重点和难点。大连工业大学无机功能材料课题组对 SiO_2 气凝胶具有较深入的研究，为了获得高透明的抗弯折 SiO_2 气凝胶，采用基于预聚合-水解-缩聚法的溶胶-凝胶和超临界干燥工艺制备了一种具有低热导率［0.026W/(m·K)］、高透明度（可见光透光率>69%，红外透过率可达 90%）和一定抗弯折能力（可承受 30°弯折）的 SiO_2 气凝胶，如图 3-5 所示。

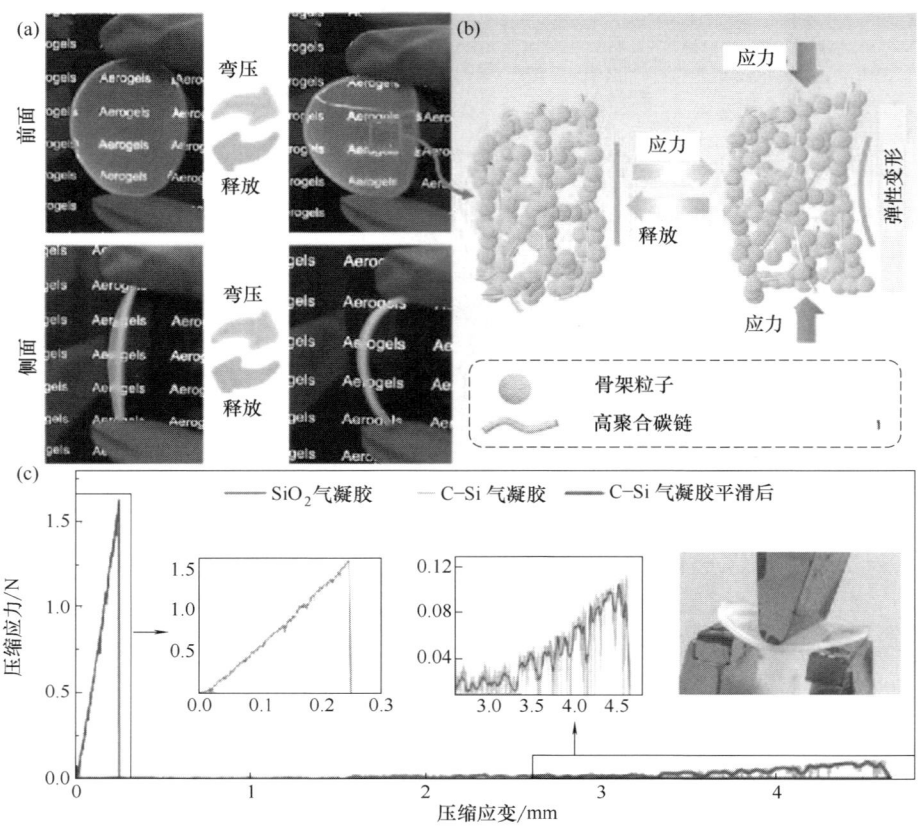

图 3-5 （a）C-Si 交联网络二氧化硅气凝胶拥有优异的抗弯折能力；（b）C-Si 交联网络二氧化硅气凝胶的力学模型；（c）SiO_2 气凝胶与 C-Si 交联网络二氧化硅气凝胶的三点弯曲实验的应力-应变曲线

与 SiO_2 相比，ZrO_2 具有高熔点、高硬度、高化学稳定性和优异的力学性能，在航空航天、先进制造等领域受到广泛关注。ZrO_2 的熔融温度约为 2700℃，同时其热导率低，如立方相的 ZrO_2 热导率在 100℃ 下为 1.7W/(m·K)、1300℃ 下为 2.1W/(m·K)。因此，ZrO_2 一直是重要的热障涂层材料和耐高温材料。ZrO_2 气凝胶材料除有优异的隔热性能外，还有高熔点特性，在高温隔热领域有极大的应用潜力。据报道，采用非醇类溶胶-凝胶法制备氧化钇稳定的氧化锆粉体，通过环氧丙烷交联、超临界干燥和 500℃ 热处理后可以获得比表面积为 409m^2/g 的 ZrO_2 气凝胶。通过向 ZrO_2 溶胶中加入 SiO_2 溶胶，可以获得具有较好隔热和力学性能的 ZrO_2-SiO_2 复合气凝胶，其热导率和压缩强度分别为 0.0235 ~ 0.0306W/(m·K) 和 0.51~3.11MPa。

氧化物气凝胶材料在室温下具有超低热导率的特点，在隔热保温领域具有巨大的发展潜力和应用前景，但其高温下的红外透明性会影响其在高温下的应用。在气凝胶中加入红外遮光剂有利于降低其红外辐射传热。遮光剂的加入可以抑制部分红外辐射，但是目前遮光剂掺杂气凝胶材料体系的高温热导率还是偏高。因此首先需进一步研究遮光剂的种类、粒径、体积分数及掺杂方式对不同体系气凝胶材料的影响。其次，设计诸如壳核结构的遮光剂，在一定程度上可能对遮光剂的缺陷进行互补，使其能够降低更多高温热导率。另一方面，由于遮光剂容易形成团聚，因此需要选择更合适的工艺使遮光剂均匀分布于气凝胶中，以进一步降低热导率。

此外，纤维的加入在一定程度上可以降低气凝胶的高温热导率，但是受限于材料自身的缺陷（如石英纤维最高使用温度一般不超过1000℃），限制了其在更高温度下使用。因此，对纤维表面进行改性（如包覆和表面生长纳米线），以及将遮光剂颗粒直接复合于纤维的基体，以进一步降低高温热导率，或许是未来主要发展方向之一。气凝胶材料结构/形貌的变化对热导率有一定的影响，因此从这一角度对气凝胶材料进行改性处理也能够使其服役温度提高。

随着计算机性能的发展，计算材料学已经逐步应用于指导材料的研发过程。目前已有研究人员通过模拟仿真对气凝胶隔热改性进行了探索，但国内外关于提高气凝胶高温隔热性能的研究仍多以试错型实验方法为主。其次，部分实验结果无法较好解释性能变化的原因，需要结合模拟结果从根本上探寻改性机理。因此，将模拟仿真与实验有机结合或许是气凝胶领域新的研究方向。

参 考 文 献

[1] 邢悦，井致远，陈永雄，等. 航空航天用气凝胶材料的研究进展［J］. 材料导报，2022，36（22）：133-147.
[2] LIU J Y, LIU J X, SHI F, et al. Transparent and bendable silica aerogels integrated with Cs_xWO_3 films for photothermal temperature self-regulating systems［J］. ACS Applied Nano Materials，2023，6：22968-22978.

第四章　无机非金属材料工程基础实验

本章主要是围绕"无机材料工程基础"课程理论知识开设的系列实验。实验项目包括燃烧热的测定、导热系数的测定、综合传热实验、流体流动阻力的测定、两相流粉体流动性测定。通过上述实验项目，学生进一步学习、掌握和运用学过的基本理论，掌握相关仪器的操作和相关材料工程领域的测试研究方法，具备解决复杂工程实践问题的能力。

实验16　燃烧热的测定

一、实验意义

化石燃料的热值是燃料的重要热工性质，不同燃料的热值不同，同一种燃料的热值也因产地而变化。热值是燃料在实际生产应用中参考的必备热工参数，掌握燃料热值的测试方法，并学会相应的分析、计算和工程设计方法，可帮助获取工程实践中有效的正确结论，提升学生解决无机材料热行为领域的复杂工程问题的能力。

二、实验目的

（1）学习煤的燃烧热的测定原理和测定方法，掌握绝热式热量计的使用方法。

（2）掌握燃料实际燃烧温度的计算方法，并通过燃烧温度的计算讨论燃料热值是否达到工业使用要求，掌握燃料选用的理论依据。

三、实验基本原理

单位质量或体积的燃料完全燃烧，当燃烧产物冷却到燃烧前的温度时所放的热量称为燃烧的发热量或热值，单位为 kJ/kg 或 MJ/kg。热值作为燃料重要的热工参数，通常通过实验获得。本实验利用智能型量热仪测试固体燃料煤的低位热值，其核心为氧弹瓶燃烧技术。实验的设计遵循能量守恒原理，即燃料在氧弹瓶中燃烧释放热量，包括引火丝燃烧和酸生成的化学反应热，经绝热系统中水介质的吸收，通过测量水温升高的温差，自动计算获得燃料的热值，包括低位热值、高位热值、干基高位热值、弹筒发热量。然后通过燃烧温度的设计计算，验证此燃料能否作为陶瓷生产用燃料来使用，掌握燃料选用判定的理论依据。

采用内插法进行燃料温度计算：

$$\frac{Q_1-Q}{Q_1-Q_2}=\frac{t_1-t_{th}}{t_1-t_2} \tag{4-1}$$

$$t_p = t_{th}\eta \tag{4-2}$$

式中　Q——燃料热值与燃料显热及助燃空气显热之和，kJ/kg；

　　　t_{th}——理论燃烧温度，℃；

　　　t_p——实际燃烧温度，℃；

　　t_1、t_2——假设温度，℃；

　　Q_1、Q_2——假设温度 t_1、t_2 时对应的燃烧产物的热量（$Q=CVt$），kJ/kg。

四、实验药品与器材

（1）实验药品：煤粉，氧气。

（2）实验器材：智能量热计，分析天平。

五、实验步骤

（1）称取燃料煤样（1±0.1）g。

（2）氧弹瓶中加入10mL蒸馏水，拧紧氧弹盖，充氧仪上充氧，至压力2.8~3.0MPa，保持30s。

（3）内筒加水2100mL左右，将氧弹瓶放入内筒，水应淹没氧弹盖的顶面10~20mm，盖上顶盖，并注意电极应对准氧瓶相应位置。

（4）按［测量］键，输入编号、样重，选择测定煤炭或生料，搅拌器搅拌，测试开始。

（5）听到第二次"嘟嘟"提示音，测试结束，记录实验数据结果，取出氧弹瓶，打开放出气体，观察燃料燃烧是否充分，测试液体的pH。

六、实验结果与分析

（1）分析所获得测试数据中四种热值表示方法的差别，解释实验过程中燃烧是否充分等观察到的实验现象。

（2）利用获得的低位热值实验数据，进行实际燃料温度的计算，并验证所测定燃料是否可以作为1320℃陶瓷窑炉的燃料。所用相关参数如下：空气过剩系数1.2，高温系数0.8。

思考题

（1）实验中哪些物质燃烧释放了热量？

（2）弹筒发热量和低位热值区别在哪？

（3）简述燃料选用的理论计算依据。

实验17　导热系数的测定

一、实验意义

导热是热量传递三种（传导、对流和辐射）形式之一，导热系数是描述材料热传导的重要物理量，是代表材料导热能力的物性参数，是工程热物理、材料科学、固体物理及能源、环保等各个研究领域的课题之一，导热系数在涉及热传导领域的工程设计和新材料研制方面是必不可少的参数。不同种类材料的导热系数相差较大，高导热系数材料应用于散热的技术领域，而低导热系数材料应用于保温隔热的技术领域。材料的导热系数常受材料结构、温度、压力及杂质含量等因素影响，常常通过实验的方法来测定。总的来说，测量材料的导热系数，目的是评估材料的热性能，以及使用该材料的可行性。

二、实验目的

（1）理解并掌握稳态平板法测量材料导热系数的基本原理和方法，并能够利用该方法测量导热系数。

（2）理解并掌握实验中传热速率的测量方法，领会贯通应用基本理论解决复杂工程问题。

（3）探讨材料不同、结构不同对导热系数的影响。

三、实验基本原理

1882年法国科学家傅里叶奠定了热传导理论，目前各种测量导热系数的方法都是建立在傅里叶热传导定律基础之上，从测量方法来说，可分为两大类：稳态法和动态法，本实验采用稳态法测量材料导热系数，其示意图如图4-1所示。

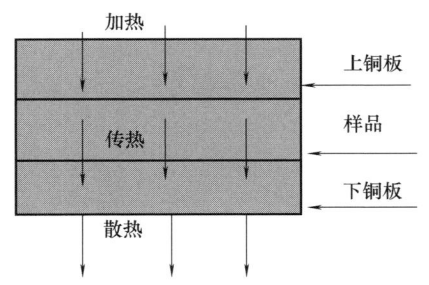

图4-1 稳态法测量导热系数示意图

根据热传导定律，如热量沿着z方向传导，那么z轴上任意一个位置z_0处取一个垂直截面积ds，以$\dfrac{dT}{dz}$表示在z处的温度梯度，以$\dfrac{dQ}{dt}$表示在该处的传热速率（单位时间内通过截面积ds的热量），那么热传导定律可表示为：

$$dQ = -\lambda \left(\dfrac{dT}{dz}\right)_{z_0} \cdot ds \cdot dt \tag{4-3}$$

式中的负号表示热传导的方向与温度梯度方向相反，即热量从高温区向低温区传导，λ即为导热系数，其物理意义为单位时间内，每单位长度上温度降低1℃通过单位面积截面的热量。利用式（4-3）测量材料导热系数λ，需解决两个关键问题：一是在材料内造成温度梯度$\dfrac{dT}{dz}$，并确定其数值；二是测量材料内由高温区向低温区的传热速率$\dfrac{dQ}{dt}$。即导热系数的计算可表示为：

$$\lambda = -\dfrac{\dfrac{dQ}{dt}}{\left(\dfrac{dT}{dz}\right)_{z_0} \cdot ds} \tag{4-4}$$

（1）温度梯度$\dfrac{dT}{dz}$，即样品热传导方向单位长度温差。实验中将样品夹在两个热的良导体（铜板）之间，保持两铜板温度稳定 T_1 和 T_2，可在垂直样品表面方向上形成温度的梯度分布。利用游标卡尺测量样品的厚度 d，要求样品制作时厚度 d 远小于 D（样品直径），因此样品侧面的径向散热可忽略不计，热量只沿着垂直于样品平面方向上传导，产生温度梯度。上、下铜板为热的良导体，因此上、下铜板的温度即为样品上、下表面温度（T_1、T_2），且各自表面温度分布均匀，此时测量的温度梯度为 $\frac{(T_1-T_2)}{d}$。实验过程中注意铜板与样品表面的紧密接触（无缝隙），以消除由此产生的空间热阻而造成测量误差。

（2）传热速率 $\frac{dQ}{dt}$，即单位时间通过一截面传递的热量。该热量无法直接测量，需要转化为容易测量的量。稳态法要求在测量时维持一个稳定的温度梯度分布，必须不断地给高温上铜板加热，热量通过样品传到低温下铜板，通过低温下铜板将热量不断向周围环境散出。当上铜板的加热速率、样品的传热速率和下铜板的散热速率相等时，系统就达到了一个动态平衡状态，称为稳态。此时，下铜板的散热速率就是样品的传热速率。这样，只要测量出低温下铜板在稳定温度 T_2 下的散热速率，也就间接测量出了样品内的传热速率。

众所周知，低温下铜板的散热速率无法直接测定，需要通过参量转换利用温度变化来进行测量，其表达式为：

$$\frac{dQ}{dt}\bigg|_{T_2} = -mc\frac{dT}{dt}\bigg|_{T_2} \tag{4-5}$$

式中　m——低温下铜板质量，g；

　　　c——铜板的比热容，385J/(kg·K)。

负号代表热量由高温向低温传递，与温度梯度方向相反。下铜板的冷却速率测量方法如下：移去样品，让上铜板对下铜板直接辐射加热至比稳定温度 T_2 高约 10℃，再让其在环境中自然冷却，直到温度低于 T_2，测出温度在大于 T_2 到小于 T_2 区间内的随时间的变化关系，绘制 T-t 曲线，曲线在 T_2 位置处的斜率就是铜板在稳态温度时 T_2 下的冷却速率。

需要注意的是，此时得出的 $\frac{dT}{dz}$，是在铜板表面全部暴露于空气中的冷却速率，其散热面积为 $2\pi R_p^2 + 2\pi R_p d_p$（其中 R_p 和 d_p 分别为下铜板的半径和厚度）。然而实验中稳态传热时，下铜板的上表面是由样品全覆盖的，物体的散热速率与面积成正比，因此下铜板的散热速率（也就是传热速率）表达式应修正为：

$$\frac{dQ}{dt} = -mc\frac{dT}{dt} \cdot \frac{\pi R_p^2 + 2\pi R_p d_p}{2\pi R_p^2 + 2\pi R_p d_p} = -mc\frac{dT}{dt} \cdot \frac{R_p + 2d_p}{2R_p + 2d_p} \tag{4-6}$$

将式（4-6）代入式（4-4）中，其中 $ds = \pi R^2$，可得到导热系数：

$$\lambda = -mc \cdot \frac{R_p + 2d_p}{2R_p + 2d_p} \cdot \frac{1}{\pi R^2} \cdot \frac{h}{T_1 - T_2} \cdot \frac{dT}{dt}\bigg|_{T_2} \tag{4-7}$$

式中　R——样品的半径，m；

　　　d——样品厚度，m；

　　　m——下铜板的质量，kg；

　　　c——铜板的比热容，J/(kg·K)；

R_p——下铜板的半径，m；
d_p——下铜板的厚度，m。

四、实验材料与器材

（1）实验材料：硅橡胶、电木板、陶瓷片。
（2）实验器材：导热系数测定仪，游标卡尺、塞尺。

五、实验步骤

（1）测量样品、下铜板的厚度、半径和质量。
（2）将样品置于两铜板之间，检查测温热电偶是否完全插入铜板孔中，设定上铜板加热温度，采用自动控温，开始加热。
（3）温度梯度的测量：上、下铜板温度恒定时，记录上铜板温度 T_1、下铜板温度 T_2。测量样品厚度 d，计算温度梯度。
（4）传热速率的测量：稳态传热时，样品的传热速率等于下铜板的散热速率，因此本实验通过测量下铜板的散热速率间接获得传热速率。方法是利用上铜板对下铜板直接辐射加热，使下铜板的温度加热到比稳定温度 T_2 高 10℃，然后移开上铜板开始自然散热冷却，每隔 30s 记录一次温度数值，直到比稳定温度 T_2 低后停止，利用最后两组数据并通过面积修正系数来计算散热速率。

六、实验结果与分析

（1）利用所测数据计算样品的导热系数。
（2）比较两种材料导热系数的大小，探讨导热系数不同的原理。

思考题

（1）通过查阅文献，讨论影响导热系数大小的因素。
（2）实验中传热速率为何可以用下铜板的散热速率来确定？

实验 18　综合传热实验

一、实验意义

换热器是一种在不同温度的两种或两种以上流体间实现物料之间热量传递的节能设备，它可以使热量从高温流体传递给低温流体，使流体温度达到流程规定的指标，满足工艺条件的需要，同时提高能源利用率。换热器是导热、对流换热和辐射换热同时作用的设备，因此换热器的设计需要冷、热流体与固体壁面间已知的对流换热系数。利用综合传热装置，测定流体的努赛尔特数（Nu）和雷诺数（Re）的关系式，可以计算出对流换热系数,从而可以实现工程应用上的换热器设计。

二、实验目的

(1) 利用综合传热实验装置测定空气在圆形直管中作强制湍流流动时的对流传热准数关联式。

(2) 掌握实验的基本原理,学会利用 Excel 的自动计算功能处理实验数据,得到实验结果。

三、实验基本原理

传热过程包括传导、对流换热和辐射换热三种基本方式,自然界中存在的换热过程往往是几种基本传热方式同时起作用的过程,称为综合传热。生产实践中存在许多综合传热现象,如窑内气体通过窑墙壁向周围空间的散热,换热器内烟气与空气之间的换热以及窑内火焰与物料之间的换热等都是综合传热现象。

换热器内烟气与空气之间的换热过程主要是以冷、热流体与固体壁面的对流换热过程及固体冷、热面间的导热为主,综合传热系数由固体导热系数和对流换热系数决定。一般来讲参与导热的固体材料确定,导热系数就可以确定,因此对流换热系数的确定是关键,而对流换热系数的确定是一个复杂的工程问题,需要采用相似理论研究,建立相似准数方程,即努赛尔特数与其他准数的关系式,从而计算获得对流换热系数。

通过理论推导发现流体在圆形直管中作强制湍流流动时,其努赛尔特数(Nu)方程可表示为:

$$Nu = aRe^b Pr^c \tag{4-8}$$

式中 Nu——努赛尔特数;
Re——雷诺数;
Pr——普朗特数;
a,b,c——常数。

Pr 大小与构成气体的原子个数相关,其中单原子气体为 0.67,双原子气体为 0.72,三原子气体为 0.8,四原子气体为 1,本实验冷流体为空气,$Pr = 0.72$,可看作常数,式 (4-8) 可简化为线性方程式:

$$Nu = a'Re^b \tag{4-9}$$

$$\lg Nu = \lg a' + b \cdot \lg Re = A + b \cdot \lg Re \tag{4-10}$$

$$Y = A + bX \tag{4-11}$$

式中 A,a',b——常数。

本实验采用综合实验装置,即热流体(水蒸气)通过金属管道将热量传给冷流体(空气),通过测量计算得到多组努赛尔特数(Nu)和雷诺数(Re)的数据,作图可获得线性方程式(4-11)的斜率 A 和截距 b,就可确定准数关系式。

(1) 关于冷流体努赛尔特数(Nu)

$$Nu = \frac{\alpha d}{\lambda} \tag{4-12}$$

式中 α——对流换热系数,W/(m^2·K);
　　d——管内径,m;
　　λ——流体导热系数,$\lambda = 0.02494312e^{0.002491t}$,W/(m·K),其中 t 为流体的温度。

根据换热器的原理,推导可得:

$$\alpha_2 = \frac{Q}{A \cdot \Delta t_m} \tag{4-13}$$

式中 Q——换热量,J;
　　A——直管换热面积,m^2;
　　Δt_m——平均温差,℃。

公式(4-13)中各物理量可通过式(4-14)~式(4-18)进行计算。

$$Q = \rho V c_p (t_2 - t_1) \tag{4-14}$$

$$V = 0.006598 \sqrt{\frac{\Delta P}{\rho}} \tag{4-15}$$

$$\rho = \frac{P}{RT} \tag{4-16}$$

$$R = \frac{8314.3}{M} \tag{4-17}$$

$$\Delta t_m = \frac{\Delta t_1 - \Delta t_2}{\ln \frac{\Delta t_1}{\Delta t_2}} = \frac{(t_3 - t_1) - (t_3 - t_2)}{\ln \frac{t_3 - t_1}{t_3 - t_2}} \tag{4-18}$$

式中 ρ——冷流体(空气)密度,kg/m^3;
　　V——冷流体(空气)体积流量,m^3/s;
　　c_p——冷流体(空气)比热容,J/(kg·K);
　　t_1——进气温度,℃;
　　t_2——出气温度,℃;
　　ΔP——孔板压差,Pa;
　　R——气体常数;
　　M——空气的摩尔质量,标准状态下取 29kg/mol;
　　t_3——水蒸气温度,℃。

(2)关于雷诺数(Re)

$$Re = \frac{du\rho}{\mu} = \frac{duA_2\rho}{\mu A_2} = \frac{dV\rho}{\mu A_2} \tag{4-19}$$

式中 μ——冷流体(空气)黏度,$\mu = 1.72 \times 10^{-5} + 4.77 \times 10^{-8} t$,Pa·s;
　　t——冷流体(空气)温度,℃;
　　d——管内径,m;
　　u——流动速度,m/s;
　　V——冷流体(空气)体积流量,m^3/s;
　　ρ——冷流体(空气)密度,kg/m^3;
　　A_2——管横截面积,m^2。

四、实验器材

综合传热实验装置、气压计、温度计。

五、实验步骤

（1）开启综合传热实验装置总电源开关；记录差压变送器初始值，大气压和环境温度。

（2）打开加热开关，生成水蒸气。

（3）设定风机频率，待进气温度 t_1、出气温度 t_2、水蒸气温度 t_3 稳定后记录三个温度值，差压变送器压力值 ΔP，U 形管左、右高度。

（4）改变风机频率 5 次，重复步骤（3）及记录相应数据。

（5）实验结束，先关闭加热电源，再关闭总电源开关。

六、实验结果与分析

（1）利用所测数据编制 Excel 表格（表 4-1）及自动计算公式，计算获得 Nu 和 Re。

表 4-1　　　　　　　　　　　　传热实验数据表

大气压：_____Pa，　　孔板初始压差：_____kPa，室温：_____℃，设备号：

序号	原始数据						计算结果								学号后两位-姓名
	孔板压差/kPa	U 形管压差/cmH₂O		温度/℃			ρ/(kg/m³)	V/(m³/s)	Q/W	Δt_m/℃	α/[W/(m²·℃)]	Nu	Re	$\lg Re$	$\lg Nu$	
		左	右	空气进口	空气出口	壁面										
1																
2																
3																
4																
5																
6																

（2）利用计算的多组 Nu 和 Re 作图，获取斜率和截距，回归出 $\lg Nu$ 和 $\lg Re$ 的线性趋势线。

思考题

（1）本实验的冷、热流体都是什么？各自流程是怎样的？

（2）为什么本实验中总传热系数等于对流换热系数？

（3）空气的体积流量是用什么仪器测量的？如何计算？

（4）平均温差 Δt_m 如何计算？

实验 19 流体流动阻力的测定

一、实验意义

流体流动阻力是研究流体力学中的重要问题之一，在工程实践中了解流体流动阻力的大小和特性，对于设计和优化各类流体系统具有重要意义。本实验旨在通过测量不同条件下流体流动阻力的大小，探究不同因素对流体流动阻力的影响，并分析实验结果。

二、实验目的

（1）掌握测定流体流经光滑直管、粗糙直管和阀门时阻力损失的一般实验方法。
（2）测定直管摩擦系数 λ 与雷诺准数 Re 的关系，验证一般湍流区内 λ 与 Re 的关系曲线。
（3）测定流体流经阀门时的局部阻力系数 ξ。
（4）学会压差计和流量计的使用方法。
（5）识辨组成管路的各种管件、阀门，并了解其作用。

三、实验基本原理

流体通过由直管、管件（如三通和弯头等）和阀门等组成的管路系统时，由于黏性剪应力和涡流应力的存在，要损失一定的机械能。流体流经直管时所造成的机械能损失称为直管阻力损失。流体通过管件、阀门时因流体运动方向和速度大小改变所引起的机械能损失称为局部阻力损失。

1. 直管摩擦因数 λ 的测定

流体在水平等径直管中稳定流动时，阻力损失

$$h_f = \frac{\Delta P_f}{\rho} = \frac{P_1 - P_2}{\rho} = \lambda \frac{l}{d} \frac{u^2}{2} \tag{4-20}$$

即，

$$\lambda = \frac{2d\Delta P_f}{\rho l u^2} \tag{4-21}$$

式中 λ——直管阻力摩擦因数，无量纲；
  d——直管内径，m；
  ΔP_f——流体流经 l 米直管的压力降，Pa；
  h_f——单位质量流体流经 l 米直管的机械能损失，J/kg；
  ρ——流体密度，kg/m³；
  l——直管长度，m；
  u——流体在管内流动的平均流速，m/s。

滞流（层流）时，有：

$$\lambda = \frac{64}{Re} \quad (4-22)$$

$$Re = \frac{du\rho}{\mu} \quad (4-23)$$

式中　Re——雷诺数，无量纲；
　　　μ——流体黏度，kg/(m·s)。

湍流时 λ 是雷诺数 Re 和相对粗糙度（ε/d）的函数，须由实验确定。

由式（4-21）可知，欲测定 λ，需确定 l、d，测定 ΔP_f、u、ρ、μ 等参数。l、d 为装置参数（装置参数表4-2给出），ρ、μ 通过测定流体温度，再查有关手册而得，u 通过测定流体流量，再由管径计算得到。本装置采用涡轮流量计测流量 V。

$$u = \frac{V}{900\pi d^2} \quad (4-24)$$

式中　V——流量，m³/h。

ΔP_f 可用 U 形管、倒置 U 形管、测压直管等液柱压差计测定，或采用差压变送器和二次仪表显示。也可以使用压力表或真空表来完成测试。

（1）当采用倒置 U 形管液柱压差计时

$$\Delta P_f = \rho g h_{水} \quad (4-25)$$

式中　$h_{水}$——水柱高度，m。

（2）当采用 U 形管液柱压差计时

$$\Delta P_f = (\rho_0 - \rho) g h_{液} \quad (4-26)$$

式中　$h_{液}$——液柱高度，m；
　　　ρ_0——指示液密度，kg/m³。

根据实验装置结构参数 l、d，指示液密度 ρ_0，流体温度 t_0（查流体物性 ρ、μ），及实验时测定的流量 V、液柱压差计的读数 $h_{液}$，通过式（4-24）、式（4-25）或式（4-26）、式（4-23）和式（4-21）求取 Re 和 λ，再将 Re 和 λ 标绘在双对数坐标图上。

2. 局部阻力系数 ξ 的测定

局部阻力通常有两种表示方法，即当量长度法和阻力系数法。

（1）当量长度法。流体通过某一管件或阀门时因局部阻力而造成的能量损失，相当于流体通过与其具有相同管径的若干米长度的直管能量损失。这个直管长度称为当量长度，用 Le 表示。这样可用直管阻力公式来计算局部阻力的能量损失。即：

$$h'_f = \lambda \frac{Le}{d} \frac{u^2}{2} \quad (4-27)$$

由式（4-27）可得：

$$Le = \frac{2d h'_f}{\lambda u^2} \quad (4-28)$$

（2）阻力系数法。流体通过某一管件或阀门时的机械能损失表示为流体在小管径内流动时平均动能的某一倍数，局部阻力的这种计算方法，称为阻力系数法。即：

$$h_{\mathrm{f}}' = \frac{\Delta P_{\mathrm{f}}'}{\rho g} = \xi \frac{u^2}{2g} \tag{4-29}$$

故
$$\xi = \frac{2\Delta P_{\mathrm{f}}'}{\rho u^2} \tag{4-30}$$

式中 ξ——局部阻力系数，无因次；

$\Delta P_{\mathrm{f}}'$——局部阻力压强降，Pa；

ρ——流体密度，kg/m^3；

g——重力加速度，$9.81m/s^2$；

u——流体在小截面管中的平均流速，m/s。

本装置中，所测得的压降应减掉两测压口间直管段的压降，直管段的压降由直管阻力实验结果求取。待测的管件和阀门由现场指定。本实验采用阻力系数法表示管件或阀门的局部阻力损失。

根据连接管件或阀门两端管径中小管的直径 d，指示液密度 ρ_0，流体温度 t_0（查流体物性 ρ、μ），及实验时测定的流量 V、液柱压差计的读数 $h_{液}$，通过式（4-24）、式（4-25）或式（4-26）、式（4-30）求取管件或阀门的局部阻力系数 ξ。

四、实验装置

流体流动的阻力测定装置如图 4-2 所示。

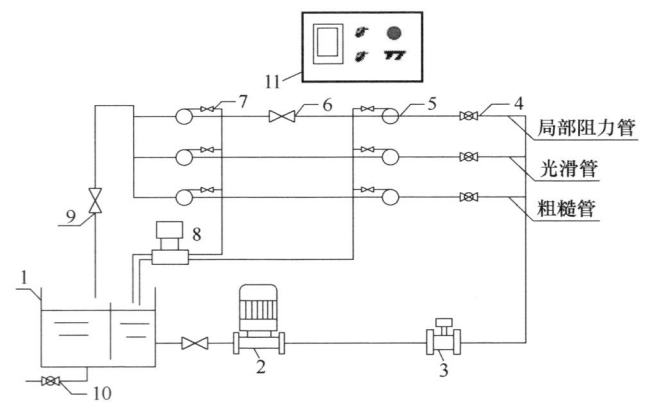

图 4-2 流体流动的阻力测定装置

1—水箱；2—管道泵；3—涡轮流量计；4——进口阀；5—均压阀；6—闸阀；7—引压阀；
8—压力变送器；9—出口阀；10—排水阀；11—电气控制箱

图 4-2 相关参数如表 4-2 所示。由于管材的材质会有不同，因而管内径也会有差别，表 4-2 给出相应的数据，以供参考。

五、实验步骤

（1）泵启动：首先对水箱进行灌水，然后关闭出口阀，打开总电源和仪表开关，启动水泵，待电机转动平稳后，把出口阀缓缓开到最大。

表 4-2　　装置参数

名称	材质	管路号	管内径/mm	测量段长度/cm
局部阻力	闸阀	1A	20.0	95
光滑管	不锈钢管	1B	20.0	100
粗糙管	镀锌铁管	1C	21.0	100

（2）实验管路选择：选择实验管路，把对应的进口阀打开，并在出口阀最大开度下，保持全流量流动5~10min。

（3）排气：在计算机监控界面点击"引压室排气"按钮，则差压变送器实现排气。

（4）引压：打开对应实验管路的手阀，然后在计算机监控界面点击"引压"按钮，则差压变送器检测该管路压差。

（5）流量调节：手控状态，变频器输出选择100，然后开启管路出口阀，调节流量，让流量在$1 \sim 4 m^3/h$变化，建议每次实验变化$0.5 m^3/h$左右。每次改变流量，待流动达到稳定后，记下对应的压差值；自控状态，流量控制界面设定流量值或设定变频器输出值，待流量稳定，记录相关数据即可。

（6）计算：装置确定时，根据ΔP和u的实验测定值，可计算λ和ξ，在等温条件下，雷诺数$Re = du\rho/\mu = Au$，其中A为常数，因此只要调节管路流量，即可得到一系列$\lambda-Re$的实验点，从而绘出$\lambda-Re$曲线。

（7）实验结束：关闭出口阀，关闭水泵和仪表电源，清理装置。

六、实验结果与分析

根据上述实验测得的数据填写到表4-3。

表 4-3　　实验记录表

实验日期		实验人员		学号	
装置号					
直管基本参数	光滑管径		粗糙管径		局部阻力管径
序号	流量/(m^3/h)	光滑管压差/kPa		粗糙管压差/kPa	局部阻力压差/kPa
1					
2					
3					

（1）根据粗糙管实验结果，在双对数坐标纸上标绘出$\lambda-Re$曲线，对照相关参考教材上有关曲线图，可估算出该管的相对粗糙度和绝对粗糙度。

（2）根据局部阻力实验结果，求出闸阀全开时的平均ξ值。

（3）对实验结果进行分析讨论。

思考题

（1）在对实验装置排气工作时，是否一定要关闭流程尾部的出口阀？为什么？

（2）如何检测管路中的空气已经被排除干净？
（3）以水做介质所测得的 λ-Re 关系能否适用于其它流体？如何应用？
（4）在不同设备上（包括不同管径），不同水温下测定的 λ-Re 数据能否关联在同一条曲线上？
（5）如果测压口、孔边缘有毛刺或安装不垂直，对静压的测量有何影响？

实验 20　两相流粉体流动性测定

一、实验意义

粉体无论是在流动状态还是在静止状态，都是一种两相并存的体系。颗粒本身的特性以及颗粒之间相互摩擦会产生一些特殊流动特性，研究这些特性对粉体加工、输送、包装、存储等方面的工作具有重要意义。

粉体流动性的研究不仅有助于提高粉体处理的效率和质量，还能够减少能耗和避免粉尘爆炸等安全问题。在制药领域，粉体流动性的研究对于确保药物的均匀混合和精确剂量控制至关重要。在电池制造中，粉体流动性影响电极材料的涂布和性能。在粉末涂料行业，粉体的流动性决定了涂层的均匀性和质量。此外，粉体流动性的研究还涉及金属与非金属粉的处理、生物制剂的制备以及食品安全等多个领域。

随着科技的进步，对粉体流动性的研究也在不断深入。例如，现代粉体流动性测试设备能够提供更加全面和精确的流动性表征。这些设备通常具有智能化操作、模块化设计和轻便化等特点，能够满足不同工业领域的需求。此外，随着对粉体物理特性认识的加深，新的理论和模型也在不断发展，这些进展有助于更好地理解粉体行为，优化工艺流程，提高产品质量。

二、实验目的

（1）了解粉体流动性测定的意义以及粒度、水分对粉体流动性的影响。
（2）掌握粉体休止角、压缩度、平板角、凝集率、均齐度的测定方法。

三、实验基本原理

粉体的流动性可以根据粉体的休止角 A、压缩度 B、平板角 C、凝集度 D、均齐度 E 的结果进行估量。五项指标均以 20 点为满点，把五项指标相加，以所得出的总点数的多少来评价其流动性。总点数在 40~60，易发生结拱；总点数在 40 以下其流动性不好，不易操作；总点数在 60 以上其流动性好。总点数越大，流动性越好。

四、实验药品与器材

（1）实验药品：纯碱、硅砂、石英粉、黏土、煤粉、小米等。

（2）实验器材：BT-1000粉体综合特性测试仪、电子天平、吸尘器。测试仪构造如图4-3所示。

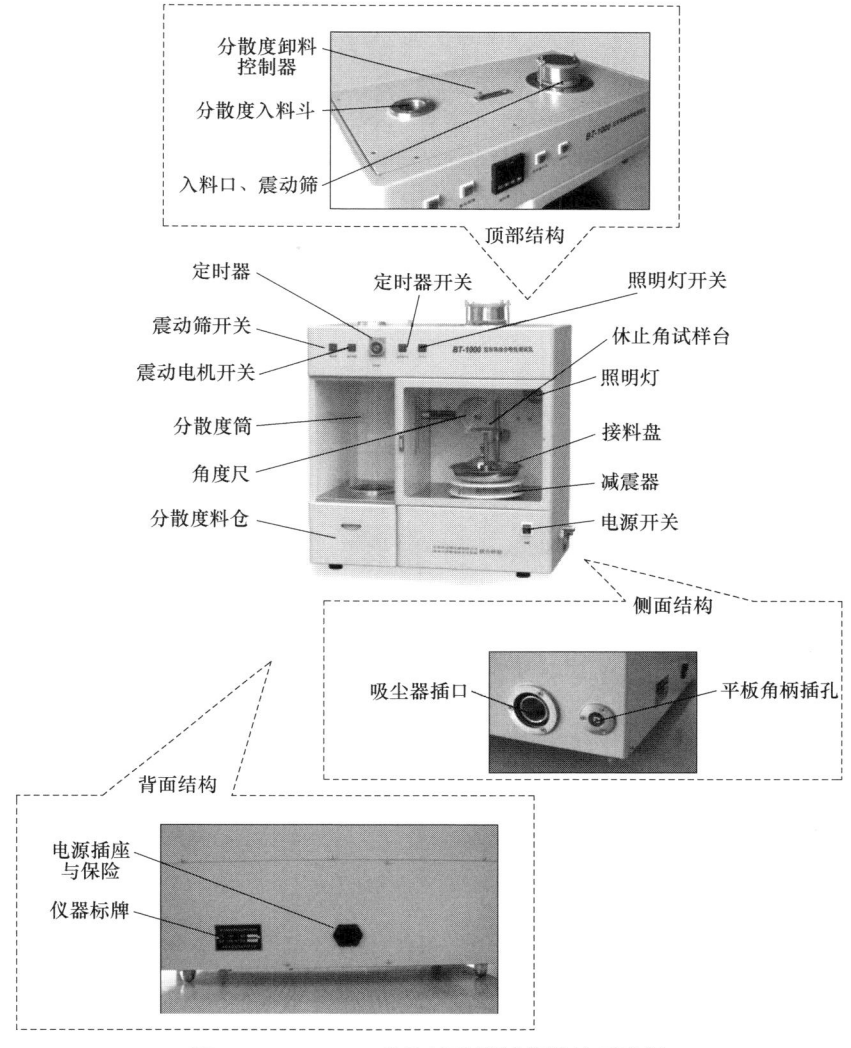

图4-3 BT-1000粉体特性测试仪结构示意图

五、实验步骤

1. 仪器准备与安装

BT-1000粉体综合特性测试仪放置与使用地点一般应具备以下条件：温度在5~40℃，相对湿度小于85%；环境整洁无烟尘；周围没有机械振动源或电磁干扰源；工作台必须牢固、水平，高度适当。

安装出料口漏斗，安装振实密度用升降导柱，安装振实密度套筒，安装减振器，如图4-4所示。检查振动筛是否安装好；检查分散度卸料控制器、各个开关、门等部位是否正常；对照装箱单检查附件是否齐全。

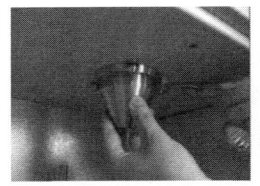 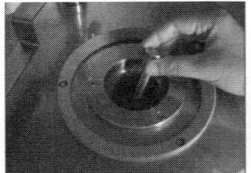 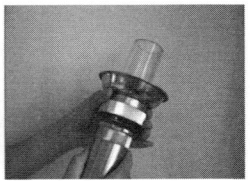 

安装出料口漏斗　　　安装振实密度升降导柱　　　安装振实密度套筒　　　安装减振器

图 4-4　各部分组件安装示意图

2. 休止角（θ_r）、崩溃角（θ_f）、差角（θ_d）的测定

（1）放置休止角器具：将减振器放到仪器中央的定位孔中、再放上接料盘和休止角试样台。如果发现休止角试样台不水平，请调整减振器上的三个螺丝的高度，使休止角试样台的上平面处于水平状态。

（2）加料：关上仪器前门，准备好试样，将定时器调到 3min 左右，打开振动筛盖，打开仪器的电源开关和振动筛开关，用小勺在加料口徐徐加料，物料通过筛网、出料口洒落到试样台上，形成锥体，如图 4-5 所示。

图 4-5　休止角测定过程示意图（从三个不同角度）

（3）休止角的测定：当试样落满试样台并呈对称的圆锥体后，停止加料，关闭振动筛电源，将测角器置于试样托盘左侧并靠近料堆，与圆锥形料堆的斜面平齐，测定休止角。测量休止角时应从三个不同位置测定，然后取平均值，该平均值为这个样品的休止角。

休止角的计算公式如下：

$$\theta_r = \frac{\theta_{r1} + \theta_{r2} + \theta_{r3}}{3} \tag{4-31}$$

（4）崩溃角的测定：测完休止角后，用两手指轻轻提起试样台中轴上的崩溃角振子，高度为距离顶部大约 10mm 左右，然后张开手指使振子自由落下，使试样台上的堆积的试样受到振动，圆锥体的边缘崩塌落下。如此振动三次，然后再用测角器测定三个不同位置的休止角，其平均值即为崩溃角，如图 4-6 所示。

图 4-6　崩溃角测定过程示意图（从三个不同角度）

崩溃角的计算公式如下：

$$\theta_f = \frac{\theta_{f1} + \theta_{f2} + \theta_{f3}}{3} \quad (4-32)$$

（5）差角的测定：差角（θ_d）即休止角与崩溃角之差。其计算公式如下：

$$\theta_d = \theta_r - \theta_f \quad (4-33)$$

3. 平板角（θ_s）的测定

（1）在升降台上放好托盘，平板伸入托盘中，将待测样品徐徐撒落在托盘中，直到埋没平板为止。加料时也可以先将样品加到1mm的筛子上，然后将样品筛到试样盘中。

（2）加完料以后，轻轻扭动升降台旋钮使升降台的高度缓缓降低，平板与试样盘完全分离，这时用测角器测定三处留在平板上粉体所形成的角度，取平均值θ_{s1}。

（3）用锤下落一次，冲击平板，再用测角器测定三处留在平板上粉体所形成的角度，取平均值θ_{s2}，如图4-7所示。

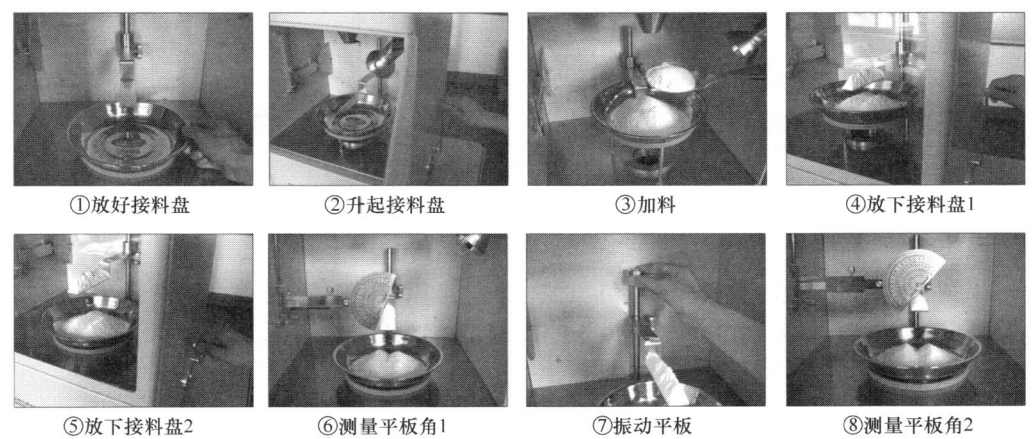

图4-7 平板角测定过程示意图

平板角的计算公式如下：

$$\theta_s = \frac{\theta_{s1} + \theta_{s2}}{2} \quad (4-34)$$

4. 分散度（D_s）的测定

（1）将分散度卸料控制器拉到右端并卡住，关闭料斗。

（2）用天平称取试样10g，通过漏斗把试样均匀加到仪器顶部的分散度入料料斗中。

（3）将小接料盘（Φ100mm）置于分散度测定筒正下方的分散度测定室内的定位圈中，关上抽屉。然后瞬间开启卸料阀，使试样通过分散度筒自由落下。

（4）这样试验两次，取出接料盘，称量残留于接料盘的粉末，取其平均值，再用式（4-35）求分散度D_s。

分散度的计算公式如下：

$$D_s = \frac{10-m}{10} \times 100\% \quad (4-35)$$

式中　　m——落在接料盘中粉体的质量，g；

　　　　D——分散度，%。

5. 通用松装密度（ρ_a）的测定方法

（1）将透明套筒与密度容器卡口对正后，右旋拧紧就为接好状态。

（2）将减振器、接料盘、通用松装密度垫环、密度容器、出料口漏斗安装好（如果粉体的流动性差，可以不安装出料口漏斗）。打开振动筛开关，在振动筛上加料，使样品通过筛网、出料口，使粉体撒落到密度容器中，当充满密度容器后停止加料。

（3）当粉体充满密度容器后即可停止加料，关闭振动筛。取出密度容器，用刮板将多余的料刮出，并用毛刷将外面的粉扫除干净，用天平称量容器与粉体的总质量。

（4）连续试验3次。设3次的平均总质量为m，密度容器的质量为m_1（该质量应事先称量好），用式（4-36）计算松装密度ρ_a。

$$\rho_a = \frac{m-m_1}{100} \quad (4-36)$$

6. 通用振实密度（ρ_p）的测定方法

（1）将透明套筒与密度容器连接好，将振实密度用升降顶棒和密度容器组件安装好，打开振动筛开关。在振动筛上加料，使样品通过筛网、出料口、透明套筒充满密度容器。如果试样过筛困难，可用料铲直接装入。

（2）当试样高度达到透明套筒中央时即可停止加料，关闭振动筛。将定时器调整到6min位置，打开振动电机开关，连续振动，待振动自动停止后再重新启动振动电机。在振动过程中观察透明套筒中的粉体表面。如果粉体表面还在下降，就继续振动下去，直到粉体表面不再下降后停止振动。取出透明套筒，用刮刀刮平，并用毛刷将容器外面的粉轻轻扫除干净，用天平称量容器与粉体的总质量。

（3）对于同一个样品，每次的振动时间或振动次数要相同。即记录好第一次测试时的振动时间或振动次数，以后测试时就不必观察粉体表面的下降情况了。

（4）连续测试3次。设3次的平均总质量为m，密度容器的质量为m_1（该质量应事先称量好），用式（4-37）计算振实密度ρ_p。

$$\rho_p = \frac{m-m_1}{100} \quad (4-37)$$

7. 压缩度（C_p）的计算

压缩度反映粉体的流动特性。压缩度越大，粉体的流动性就越差。测定松装密度ρ_a和振实密度ρ_p后，就可以计算压缩度C_p了。

压缩度的计算公式如下：

$$C_p = \frac{\rho_p - \rho_a}{\rho_p} \times 100\% \quad (4-38)$$

8. 均齐度的测定与计算

用粒度测定仪测出D_{60}和D_{10}，用式（4-39）计算均齐度：

$$均齐度 = \frac{D_{60}}{D_{10}} \quad (4-39)$$

9. 空隙度（ε_n）的测定方法

空隙度的计算公式如下：

$$\varepsilon_n = \frac{\left(V_n - \dfrac{m_1 - m_0}{\rho}\right)}{V_n} \quad (4-40)$$

式中　V_n——n 次振动后粉体的容积；

　　　n——振动次数（$n=0$ 时为初期空隙率，$n=\infty$ 为最终空隙率），测试空隙率时的振动次数以粉体表面不再下降为限；

　　　m_1——填充粉体的后粉体与容器的总质量；

　　　m_0——容器质量；

　　　ρ——样品比重。

六、实验结果与分析

1. 两相流粉体测定数据（表 4-4）

表 4-4　　　　　　　　两相流粉体测定数据记录与计算

内容	次数			
	1	2	3	4
休止角 A				
压缩度 B				
平板角 C				
凝集度 D				
均齐度 E				
总点数				

2. 粉体流动性指数分析

（1）流动性指数与部分粉体的物性值。流动性指数的计算方法是英国人 Carr 在 20 世纪 60 年代确定的。他对大量粉体进行测量后，用类似模糊数学中综合评分的方法对定性的概念进行模糊量化。简单地说，流动性指数是休止角、压缩度、平板角、均齐度、凝集度五个指数的加权和。用附录 9 分别查得休止角、平板角、压缩度、凝集度、均齐度的指数，即可得到流动性指数。注：流动指数与压缩度有关。

（2）喷流性指数。喷流性指数是流动性指数崩溃角、差角、分散度等项指数的加权和。从附录 11、附录 12 查得流动性指数、崩溃角指数、差角指数、分散度指数。即可得到喷流性指数。

思考题

（1）测定两相流粉体流动性有何意义？

（2）影响两相流粉体流动性的因素有哪些？

拓展阅读　富氧燃烧技术进展

化石燃料燃烧需要助燃空气，助燃空气由21%O_2和79%N_2组成，其中氧气与燃料中的可燃成分反应生成烟气产物，如CO_2、H_2O、SO_2、NO_x等，N_2直接形成烟气产物，随烟气（200℃以上）排放，产生热量损失。富氧燃烧是以高于空气氧气含量（21%）的含氧气体进行燃烧，是一种高效的节能燃烧技术。在玻璃工业、冶金工业及热能工程领域均有应用。富氧燃烧节能效果显著，应用于各个燃烧领域均能大幅提高燃烧热效率，如在玻璃行业中平均节油（气）为20%~40%，在工业锅炉、加热炉、炼铁和水泥厂机械立窑等应用节能为20%~50%，显著提高热能使用效率；燃烧环境的优化使得炉内温度分布更加合理，有效延长窑炉、锅炉的使用寿命；有利于提高产品产量、质量，在玻璃行业燃烧状况的改善使得熔化率提高、升温时间缩短、产量提高，同时次品率降低、成品率提高；环保效果突出，烟气中携带的固体未燃尽物充分燃烧，排烟黑度降低，燃烧分解和形成的可燃有害气体充分燃烧，减少有害气体的产生，排烟量明显降低，减少热污染。所以该技术在生产中的成熟应用有助于我国"碳达峰""碳中和"双碳目标的实现。

富氧燃烧的概念第一次出现于Yaverbaum的著作《*Fluidized bed combustion of coal and waste materials*》一文中，其主要内容包括：①以纯氧代替空气进行燃料燃烧，以获得高浓度的CO_2；②为控制炉内火焰温度以及维持合适的传热特性，需要部分烟气进行再循环；③利于CO_2的捕获和压缩。

与普通的空气燃烧相比，富氧燃烧具有以下优点：①高火焰温度和黑度；②加快燃烧速度，促进燃烧完全；③降低燃料的燃点温度和减少燃尽时间；④降低空气过剩系数，减少燃烧后的烟气量；⑤NO_x生成量显著减少；⑥为整合其他污染物的控制，提供了一条新的途径。

参 考 文 献

［1］ 伍洪标. 无机非金属材料实验［M］. 北京：化学工业出版社，2001.
［2］ 陈泉水，郑举功，任广元. 无机非金属材料物性测试［M］. 北京：化学工业出版社，2013.
［3］ 石常军，张大康. 水泥粉体流动性的表征与应用［J］. 中国建材，2008（8）：91-94.
［4］ 奚新国，张耀金. 粉体流动性能的测试研究［J］. 盐城工学院学报（自然科学版），2003，16（1）：3-7.

第五章 无机非金属材料研究方法实验

本章实验主要包括 X 射线衍射分析、差热分析、扫描电子显微分析、红外光谱分析、荧光光谱分析、紫外分光光度计分析和原子力显微分析。X 射线衍射分析作为无机材料研究的核心手段之一，能够揭示材料的晶体结构、晶胞参数以及物相组成；差热分析则用于研究材料在加热过程中的热学性质变化，通过测量材料在不同温度下的热效应，揭示材料的热稳定性、相变过程等关键信息；扫描电子显微分析能够直观地展示材料表面的微观形貌和结构特征，为研究者提供直观的材料形貌信息；红外光谱分析则通过测量材料对不同波长红外光的吸收情况，揭示材料中的化学键类型和振动状态；荧光光谱分析和紫外分光光度计分析则分别针对材料在特定激发条件下的发光特性和紫外吸收特性进行研究，为材料的光学性能评估提供依据；原子力显微分析作为一种高分辨率的表面成像技术，能够揭示材料表面的纳米级结构和力学性质。学生将在本章多次实验中明晰各种分析技术的原理和应用，掌握基本的材料成分与结构表征方法，学会根据表征需求选用适当的检测技术来反映材料信息，为无机材料的设计和优化提供有力的技术保障。

实验 21 X 射线衍射分析

一、实验意义

X 射线衍射分析，简称 XRD，是基于 X 射线作用于材料的相干散射，通过测量物质对 X 射线的衍射强度和角度，反映物质的晶格结构、晶格常数、结晶度以及晶体尺寸等重要参数。

XRD 是材料物相鉴别不可替代的重要表征手段，精准深入掌握该分析技术原理和实验方法并活学活用，可为工程材料有效设计与工艺控制提供保障。通过比较样品衍射峰的位置和强度与已知物相的标准卡片，可以确定样品中存在的物相及其相对含量，对研究多组分材料、合金、陶瓷等具有复杂相组成的体系有重要借鉴作用。例如，在合金制备中，通过调整合金成分和热处理工艺，针对性得到特定晶体结构产品，从而优化其性能，典型的如，热处理过程中 Fe 的奥氏体向马氏体的转变以及转变程度。其次，可以定性以及定量确定晶体的结构类型、晶胞参数以及原子或分子的位置，这对于研究材料的物理、化学性质以及设计和合成新材料具有重要意义。此外，可通过测量衍射峰的宽度、采用谢乐 Scherrer 方程来估算晶粒尺寸，用于针对力学、磁、电等性能应用的纳米材料研发；在非晶态材料、聚合物以及玻璃等研究中，还可通过高斯、洛仑兹拟合精准获得衍射峰面积比并得出材料的晶化程度。

二、实验目的

（1）学习和掌握 XRD 的分析原理，了解 X 射线和材料相互作用、衍射原理以及衍射结果和材料信息的对应关系，明确 XRD 对材料分析的应用。

（2）了解 XRD 实验仪器，掌握实验方法，能够根据 XRD 图谱特征分析无机材料的物质组成、晶体结构、晶粒大小和结晶度等信息并进行有效解析，服务于高性能无机材料的合成与制备。

三、实验基本原理

X 射线是一种波长很短（约为 0.01～100Å）的电磁波，具有波粒二象性。在用电子束轰击金属"靶"产生的 X 射线中，包含与靶中各种元素对应的具有特定波长的 X 射线，称为特征（或标识）X 射线。考虑到 X 射线的波长和晶体内部原子间的距离相近，1912 年德国物理学家劳厄（Max von Laue）提出一个重要的科学预见：晶体可以作为 X 射线的空间衍射光栅，即当一束 X 射线通过晶体时将发生衍射，衍射波叠加的结果使 X 射线的强度在某些方向上加强，在其他方向上减弱，分析在照相底片上得到的衍射花样，便可确定晶体结构。1913 年，英国物理学家布拉格父子 W. H. Bragg 和 W. L. Bragg 成功测定了 NaCl、KCl 等的晶体结构，并提出了晶体衍射的著名公式——布拉格公式：$2d\sin\theta = n\lambda$，式中，λ 为 X 射线的波长，n 为整数。当 X 射线以掠角 θ（入射角的余角）入射到某一点阵平面间距为 d 的原子面上时（图 5-1），在满足布拉格方程且不产生结构消光的条件下，将在反射方向上得到衍射线。

X 射线衍射仪（图 5-2）的工作原理如下。

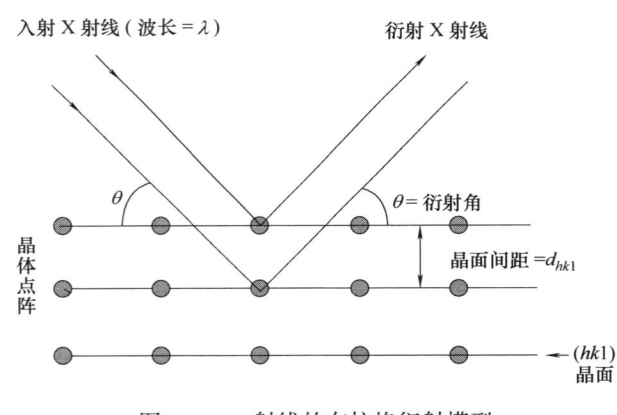

图 5-1　X 射线的布拉格衍射模型

测角仪是衍射仪的重要部分。X 射线源焦点与计数管窗口分别位于测角仪圆周上，样品位于测角仪圆的正中心。在入射光路上有固定式梭拉狭缝和可调式发射狭缝，在反射光路上也有固定式梭拉狭缝和可调式防散射狭缝与接收狭缝。试样固定在测角仪圆的中心轴上，以 θ 角连续转动；探测器则沿着测角仪圆相应作 2θ 转动，二者的角速比为 1∶2。当给 X 光管加以高压，产生的 X 射线经由发射狭缝射到样品上，晶体中各晶面对 X 射线产生衍射而被计数管接收。

因此，X 射线发生器产生的特征 X 射线从低角度到高角度（一般 2θ 为 10°～90°）入射到样品上，当试样和计数管连续转动时，衍射仪就能自动描绘出衍射强度随 2θ 角的变化情况，得到 X 射线谱。

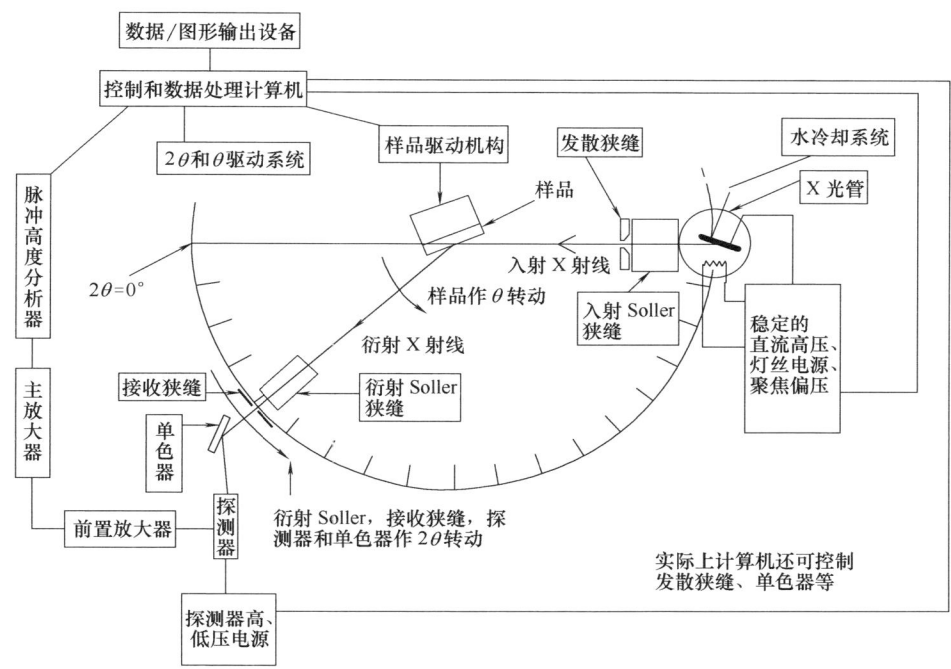

图 5-2　X 射线衍射仪构造示意图

四、实验药品与器材

（1）实验药品：典型无机粉体或块体，如：煅烧前后的碳酸锰、碳酸钙、氢氧化铝、碱式碳酸锌、碱式碳酸钴等。

（2）实验器材：X 射线衍射仪（D/max-3B）或（XRD-7000）。

五、实验步骤

（1）样品准备：对于粉末样品，通常要求其颗粒的平均粒径控制在 5μm 左右，即过 320 目（约 40μm）的筛子，应用玛瑙研钵对粗颗粒样品进行充分研磨。对于块状样品应切割出合适的大小，即不超过铝制样品架的矩形孔洞尺寸。

（2）装载试样：将适量粉末试样填入样品槽中，使其均匀分布，并用平整光滑的玻片压紧；将槽外或高出样品架的多余粉末刮去，然后重新将样品压平实，使样品表面与样品架边缘在同一水平面上。块状样品直接用橡皮泥或石蜡粘在铝制样品架的矩形孔洞中，要求样品表面与铝制样品架表面平齐。

（3）测试的主要参数

① 靶材：选用 Cu 靶，产生 Cu 的 Kα 射线。

② 管电压：激发电压为 8.86kV，工作电压在 3~5 倍激发电压之间选择。

③ 扫描速度：2°/min~4°/min。

六、实验结果与分析

根据 XRD 图谱的衍射峰位置、强度、数目以及形状特征、结合试样原始信息进行分析。

（1）定性分析：
① 对照 PDF 卡片，采用三强线法进行分析。
② 采用 Jade 软件、计算机自动检索。

（2）定量分析：根据物质晶相对应衍射峰的强度或面积进行其相对含量分析。

思考题

如何根据 XRD 进行结晶度与晶粒尺寸计算？

实验 22　差 热 分 析

一、实验意义

差热分析（DTA）是一种研究材料在加热或冷却过程中温度变化与时间关系的实验技术，可以用来结合热重分析识别材料制备或使用中的热行为，差热分析（DTA）基于测量程序控温下的温差随温度变化，精准反应材料的升温放热或吸热温度和程度，结合热重分析（TG）可以有效鉴别无机材料的升温氧化、分解、玻璃转变、析晶或其他物理化学变化，服务于先进无机材料的工艺控制与性能优化。

二、实验目的

（1）学习和掌握差热分析的基本原理、仪器和实验操作。
（2）分析差热曲线、解析材料的升温热行为，判定材料成分与结构信息。

三、实验基本原理

热分析（Thermal Analysis，TA）是在程序控温和一定气氛下，测量试样的某种物理性质与温度或时间关系的技术，包括差热分析和热重分析。

差热分析（Differential Thermal Analysis，DTA）是测量试样和参比物的温度差与温度（或时间）的关系，得出差热分析曲线（DTA 曲线）。曲线的纵坐标是试样和参比物的温度差（ΔT），横轴是温度。按惯例，向上峰表示放热效应，向下峰表示吸热效应。热重（TG）曲线是试样的质量（重量）随温度或时间变化的曲线，揭示分解、升华、氧化还原、吸附、解吸附、蒸发等伴有质量改变的热变化。

仪器的加热炉内有差热杆，上有两个试样台，放置待测试样和参比物（图 5-3）。试样台装有热电偶，两个热端分别与试样坩埚和参比物坩埚相连，冷端连接记录仪表。在升温或降温过程中，当试样因物理化学变化而产生放热或吸热反应时，其温度将高于或低于参比物的温度，由此产生差热电势。用热电偶测量其值，并经放大后传入记录仪，即得到差热电势与温度的关系曲线，从而测量温度差 ΔT。$\Delta T>0$ 时为放热反应；$\Delta T<0$ 时为吸热反应；$\Delta T=0$ 时无热效应产生。差热曲线中的放热峰或吸热峰的形状和大小及对应的加热温度都与被测试样的物性有关。

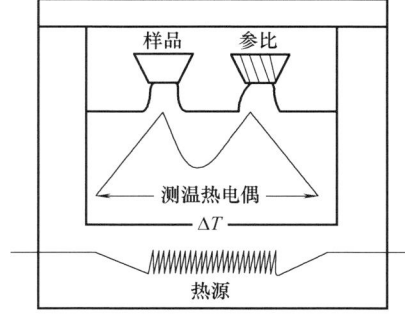

图 5-3　热电偶以及试样台构造示意图

四、实验药品与器材

（1）待测试样：煅烧前后的无机粉体，如碳酸锰、碳酸钙、氢氧化铝、碱式碳酸锌、碱式碳酸钴等。

（2）参比试样：选择在整个测温范围内不产生热效应的中性物质作为参比物，其比热容、导热性能、粒度、质量和装填密度应尽可能与试样接近，一般采用经 1450℃ 煅烧的高纯 Al_2O_3 粉。

（3）测量仪器：HCT-4 同步热分析仪（北京恒久）。

五、实验步骤

（1）试样装载：装填体积一般不超过坩埚的三分之二，可根据热反应行为调整。装填密度将影响传热过程，尤其对表面反应和受扩散控制的反应影响更大，若试样粒度大、用量大、装填密度低，会使反应速度减慢；反之，会使反应过快，易造成相邻峰、谷重叠。因此，实验中要确定合适的参数，对比试样的各项参数应一致。

（2）测试参数设置：为了使差热曲线上的吸热峰与放热峰清晰明显、峰值温度准确，应注意合适的实验条件。对比热容大、导热性差且准确度、分辨率要求较高的样品，选择较低的升温速率 2~10℃/min；反之，可选择较高的速率 10~20℃/min。

（3）操作步骤

① 检查接线，打开电脑和仪器开关预热。

② 检查冷却水路，打开水源（通气氛的打开气体阀门）。

③ 安装试样和参比物。

④ 进行温度、升温速率、保存位置等参数设定。

⑤ 仪器预热 20min 后，点击运行进行测试。

⑥ 观察差热曲线，监测仪器运行情况。

⑦ 测试结束（曲线记录结束，导出数据）。

整个实验结束，等待炉温降到室温，断开各部分电源，关闭水源，抬升加热炉取出试样、清理周边卫生，做好实验记录。

六、实验结果与分析

（1）根据采集数据绘制差热以及热重曲线。

（2）标注差热曲线上的吸热峰、放热峰的起始、终止、峰值温度及外推起始温度。

（3）根据差热分析原理解释差热曲线上各峰的归属和起因，对试样进行初步鉴定。

（4）按照规范要求完成实验报告。

思考题

某物质升温只有热量变化而没有质量变化，可能是何种转变？

实验 23　扫描电子显微分析

一、实验意义

扫描电子显微分析（SEM）是一种在材料科学、化学、生物学等领域广泛应用的分析技术，它能够提供高分辨率的图像，观察样品的三维形貌，并且可以在较宽的范围内放大样品。

在材料科学领域，SEM 可以提供材料的表面形貌信息，这对于理解材料的微观结构和性能之间的关系至关重要。通过 SEM，可以观察到材料的微观缺陷、裂纹、孔洞等，这些缺陷往往会影响材料的应用性能。例如，在陶瓷材料中，孔洞和裂纹会影响其强度和韧性；在金属材料中，微观缺陷会影响其疲劳寿命和腐蚀性能。此外，采用 SEM 还可以观察材料的微观形貌变化，从而为材料的设计和制备提供指导。例如，采用 SEM 观察纳米颗粒的形状、大小和分布，可以优化纳米材料的制备工艺并帮助理解其独特的物理和化学性能。

二、实验目的

（1）学习和掌握扫描电子显微镜分析的基本原理和操作方法，了解 SEM 的构造、工作原理、样品制备技术等基本知识，并能够熟练操作 SEM 仪器进行实验。

（2）利用扫描电子显微分析研究材料的表面形貌和微区化学组成，能够根据实验得到的 SEM 图像，分析材料的表面形态、颗粒大小、纤维直径等物理参数，并利用 EDS 等功能分析特定区域的元素组成。

三、实验基本原理

扫描电子显微镜装置示意图如图 5-4 所示。由电子枪发射出来的电子束经栅极聚焦后，在加速电压作用下，经过 2~3 个电磁透镜所组成的电子光学系统，汇聚成一个细的电子束聚焦在样品表面。在末级透镜上边装有扫描线圈，在它的作用下使电子束在样品表面扫描。由于高能电子束与样品物质的交互作用，产生二次电子、背反射电子、吸收电子、X 射线、俄歇电子、阴极发光和透射电子等。这些信号被相应的接收器接收，经放大后送到显像管的栅极上，调制显像管的亮度。由于经过扫描线圈上的电流与显像管相应的亮度一一对应，电子束打到样品上一点时，在显像管荧光屏上就出现一个亮点，这样采用逐点成像的方法，把样品表面不同的特征按顺序，成比例地转换为视频信号，从而使我们在荧光屏上观察到样品表面的各种特征图像。

扫描电子显微镜所需的加速电压比透射电子显微镜要低得多，一般约在 1~30kV，实验时可根据被分析样品的性质适当地选择，最常用的加速电压约 20kV 左右。图像放大倍数等于荧光屏上显示的图像横向长度与电子束在样品上横向扫描的实际长度之比，在一定范围内（几十倍到几十万倍）可以实现连续调整，其电子光学系统与透射电子显微镜不同，作用仅仅是为了提供扫描电子束，作为使样品产生各种物理信号的激发源。扫描电子显微镜最常使用的是二次电子信号和背散射电子信号，前者用于显示表面形貌衬度，后者用于显示原子序数衬度。聚焦的电子束在样品表面扫描，激发样品产生各种物理信号，经过检测、视频放大和信号处理，在荧光屏上获得能反映样品表面特征的图像。

扫描电子显微镜由下列五部分组成（图 5-4），主要作用简介如下：

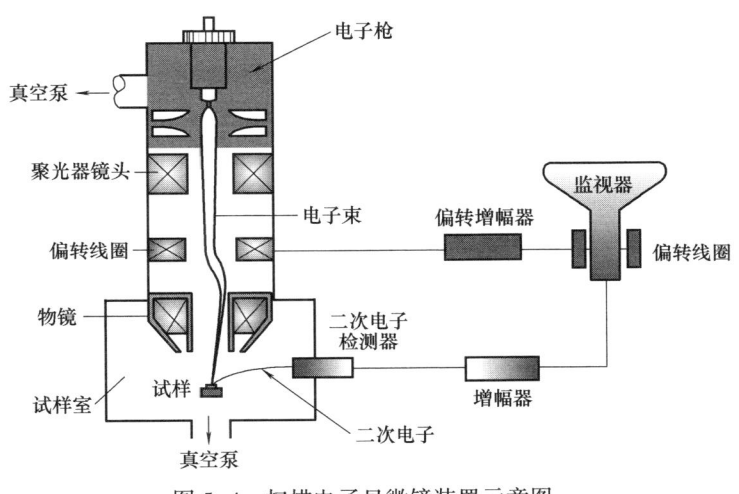

图 5-4　扫描电子显微镜装置示意图

（1）电子光学系统。由电子枪、电磁透镜、光阑、样品室等部件组成。为了获得较高的信号强度和扫描像，由电子枪发射的扫描电子束应具有较高的亮度和尽可能小的束斑直径。常用的电子枪有三种：普通热阴极三极电子枪、六硼化镧阴极电子枪和场发射电子枪。前两种属于热发射电子枪，后一种则属于冷发射电子枪，也叫场发射电子枪，其亮度最高、电子源直径最小，是高分辨扫描电镜的理想电子源。电磁透镜的功能是把电子枪的束斑逐级聚焦缩小，因照射到样品上的电子束斑越小，其分辨率就越高。扫描电镜通常有三个磁透镜，前两个是强透镜，缩小束斑，第三个透镜是弱透镜，焦距长，便于在样品室和聚光镜之间装入各种信号探测器。为了降低电子束的发散程度，每级磁透镜都装有光阑。为了消除像散，装有消像散器。样品室中有样品台和信号探测器，样品台还能使样品做平移、倾斜、转动等运动。

（2）扫描系统。扫描系统的作用是提供入射电子束在样品表面上以及阴极射线管电子束在荧光屏上的同步扫描信号。

（3）信号检测、放大系统。样品在入射电子作用下会产生各种物理信号，有二次电子、背散射电子、特征X射线、阴极荧光、透射电子等。不同的物理信号要用不同类型的检测系统，它大致可分为三大类，即电子检测器、阴极荧光检测器和X射线检测器。

（4）真空系统。镜筒和样品室处于高真空下，它由机械泵和分子涡轮泵来实现。开机后先由机械泵抽低真空，约20min后由分子涡轮泵抽真空，约几分钟后就能达到高真空度。此时才能放试样进行测试，在放试样或更换灯丝时，阀门会将镜筒、电子枪室和样品室分别分隔开，这样保持镜筒处真空不被破坏。

（5）电源系统。由稳压、稳流及相应的安全保护电路所组成，提供扫描电镜各部分所需要的电源。

四、实验药品与器材

（1）实验药品：以实际实验需求为准，如无机粉体。

（2）实验器材：JEOLJSM-6460LVSEM扫描电子显微镜（日本电子株式会社）；OXFORDX-max50能谱仪（英国牛津仪器公司）；JFC-1600离子溅射仪（日本电子株式会社）。

五、实验步骤

（1）样品准备基本要求：试样在真空中能保持稳定，含有水分的试样应先烘干除去水分。表面受到污染的试样，要在不破坏试样表面结构的前提下进行适当清洗，然后烘干。有些试样的表面、断口需要进行适当的侵蚀，才能暴露某些结构细节，在侵蚀后应将表面或断口清洗干净，然后烘干。

（2）块状试样的制备：用导电胶把试样黏结在样品座上，即可放在扫描电镜中观察。对于非导电或导电性较差的材料，要先进行镀膜处理。

（3）粉末样品的制备：在样品座上先涂一层导电胶或火棉胶溶液，将试样粉末撒在上面，待导电胶或火棉胶挥发把粉末粘牢后，用吸耳球将表面上未粘住的试样粉末吹去。或在样品座上粘贴一张双面胶带纸，将试样粉末撒在上面，再用吸耳球把未粘住的粉末吹去。也可将粉末制备成悬浮液，滴在样品座上，待溶液挥发，粉末附着在样品座上。试样粉末粘牢在样品座上后，需再镀导电膜，然后才能放在扫描电镜下观察。

（4）仪器的基本操作：开启稳压器及水循环系统；开启扫描电镜及能谱仪控制系统；样品室放气，将已处理好的待测样品放入样品支架上；当真空度达到要求后，在一定的加速电压下进行微观形貌的观察；对于样品上感兴趣的区域进行能谱微区成分分析。

六、实验结果与分析

根据扫描电子显微镜所观察的样品微观形貌与能谱仪所测的能谱曲线对样品进行综合分析，并写出实验报告。

思考题

如何利用SEM分析晶粒大小与组分信息，各自基于什么衬度？

实验 24　红外光谱分析

一、实验意义

红外光谱分析（IR）在材料科学领域发挥着重要的作用。红外光谱分析通过观察不同波数处的吸收峰，可以定性定量提供材料表面的官能团类型和含量信息，从而推断材料的分子结构和化学成分，这对于材料的合成、表征和性能优化至关重要。例如，在新型聚合物材料的设计中，通过红外光谱分析可以确定不同官能团的存在数量，从而了解其结构特征，指导材料设计和改进。此外，红外光谱分析还可以用于研究材料的表面性质和表面反应，如材料的表面吸附性能、催化活性等，这对材料科学中的催化剂设计、吸附材料研究等都具有重要意义。

二、实验目的

（1）了解傅里叶变换红外光谱仪的基本构造及工作原理。
（2）掌握红外光谱分析的基础实验技术。
（3）学会用傅里叶红外光谱仪进行样品测试。
（4）掌握几种常用的红外光谱解析方法。

三、实验基本原理

红外光是一种波长介于可见光区和微波区之间的电磁波谱，波长在 $0.78 \sim 300 \mu m$。通常又把这个波段分成三个区域，即近红外区（波数在 $12820 \sim 4000 cm^{-1}$）、中红外区（波数在 $4000 \sim 400 cm^{-1}$）、远红外区（波数在 $400 \sim 33 cm^{-1}$）。其中，中红外区是研究、应用最多的区域。

当红外光振动频率与材料分子基团振动频率相同时，产生红外吸收，获得的红外光谱中每一个特征吸收谱带都对应于化合物的质点或基团振动的形式，特征吸收谱带的数目、位置、形状及强度取决于分子中各基团（化学键）的振动形式和所处的化学环境，因此只要掌握了各种基团的振动频率（基团频率）及其位移规律，即可利用基团振动频率与分子结构关系，来确定吸收谱带的归属，确定分子中所含的基团或键，进而由其特征振动频率的位移、谱带的强度和形状的改变，来推断分子结构。

傅里叶变换红外光谱仪是基于光相干性原理而设计的干涉型红外光谱仪。它不同于依据光的折射和衍射而设计的色散型红外光谱仪。它与棱镜和光栅的红外光谱仪相比较，光源发出的红外辐射经干涉仪转变成干涉光，通过试样后得到含试样信息的干涉图，由电子计算机采集，并经过快速傅里叶变换，得到吸收强度或透光度随频率或波数变化的红外光谱图，其工作原理如图 5-5 所示。

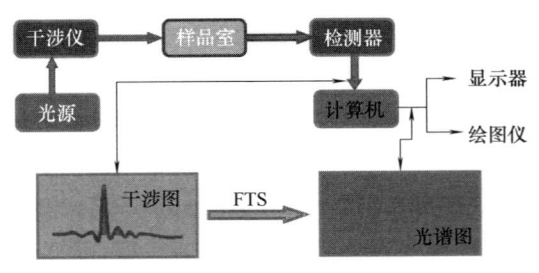

图 5-5 傅里叶变换红外光谱仪原理

四、实验药品与器材

（1）实验药品：碳酸物、氢氧化物等。

（2）实验器材：Spectrum One-B 型傅里叶变换红外光谱仪（美国 PE 公司）。

五、实验步骤

（1）样品制备

① 压片法：样品与 KBr 混合研磨（比例约为 1∶100），经红外灯烘烤后压片，上机测试。

② 涂膜法：用玻璃棒取少许丙三醇溶液，涂在 KBr 窗片上，然后，由上至下均匀展开，厚度约为 0.02mm，上机测试。

（2）注意事项

① 试样的浓度和测试厚度应选择适当，浓度太小，厚度太薄，会使一些弱的吸收峰和光谱的细微部分不能显示出来；过大，过厚，又会使强的吸收峰超越标尺刻度而无法确定它的真实位置。

② 试样中不应含有游离水。水分的存在不仅会侵蚀吸收池的盐窗，而且水分本身在红外区有吸收，将使测得的光谱图变形。

③ 用压片法时，一定要用镊子从锭剂成型器中取出压好的薄片，不能用手拿，以免玷污薄片。

④ 用薄膜法时，在薄膜风干的过程中，可在允许的温度下，用红外灯或热风干燥，除去溶剂。但蒸发速度不宜过快，以防薄膜起泡，影响测试效果。另外成膜介质的选择应以试样溶液不与其发生化学反应或污染，且较易脱膜为宜。

⑤ 用涂膜法时，用玻璃棒在 KBr 窗片上展开溶液的顺序一定是由上至下，不能上下均匀摊开，否则堆积在窗片上方的溶液在测试的过程中会自动流下，使涂膜增厚，影响测试效果。

⑥ 用液膜法时，要注意被测溶液一定要滴在两个窗片之间的铅隔片内，否则测试时液体容易泄漏；另外要注意一定要采用对角线法旋转螺钉，以免将窗片挤裂。

六、实验结果与分析

所谓谱图解析就是根据实际上测绘的红外光谱所出现的吸收谱带的位置、强度和形状，利用基团振动频率与分子结构的关系，来确定吸收谱带的归属，确认分子中所含的基团或键，进而由其特征振动频率的位移、谱带强度和形状的改变，来推定分子结构。未解析前一定要根据试样的来源和制备方法以及试样的性质来区分和确认谱图的可靠性。其谱图解析的程序可大体分为两步：

（1）所含的基团或键的类型。每种分子都具有其特征的红外光谱，谱图上的每个吸收谱带是代表分子中某一基团或键的一种振动形式，并可由特征吸收谱带的位置、强度和形状确定所含基团或键的类型。以甲基为例，在 2960cm^{-1}、2870cm^{-1}、1460cm^{-1}、1380cm^{-1} 附近出现了四个特征吸收谱带，分别归属甲基的 C—H 反对称和对称伸缩振动（2960cm^{-1} 和 2870cm^{-1}）以及弯曲振动（1460cm^{-1} 和 1380cm^{-1}）的吸收，且有其一定的相对强度顺序和形状。这四个特征吸收谱带就作为甲基的指纹，来确认试样中甲基存在与否。

（2）推定分子结构。根据特征吸收谱带和分子结构的关系，依据谱图上出现的特征吸收谱带的位置、强度、形状来确定分子中各个基团或键所邻接的原子或原子团（可参照各类化合物的特征振动频率图表和有关文献），并结合特征振动频率的位移、谱带强度和形状的改变，就可推断分子中原子的相互连接方式，即分子结构。但应着重指出，依据分子红外光谱推断分子结构主要是从基团或键的特征振动频率位移，来推断基团或键所邻接的原子或原子团，因而对其特征振动频率位移的规律要侧重地加以掌握和熟记，特别是对前人已做过的工作要尽可能地加以收集、归纳、总结和运用。

直接法是将未知物的红外光谱图与已知化合物的红外光谱图直接进行比较。这就要求样品与标准物在相同条件下记录光谱，既要使用性能相同（如所用仪器分辨率高，则在某些峰的细微结构上会有差别）和谱图的表示方式相同（等波数间隔或等波长间隔）的仪器，而且样品的制备方法也要一致（指样品的物理状态、样品浓度及溶剂等），若不同则谱图也会有差异，尤其是溶剂因素影响较大，须多加注意，以免得出错误的结论。如果只是样品浓度不同，则峰的强度会改变，但是每个峰的强弱顺序（相对强度）通常应该是一致的。固体样品，因结晶条件不同，也可能出现差异，甚至差异很大。

否定法是根据红外光谱与分子结构的关系，否定某种基团的存在。例如，在 2975～2845cm^{-1} 区域内不出现强吸收峰，就表示不存在 CH$_3$ 和 CH$_2$。肯定法是借助于红外光谱中的特征吸收峰，以确定某种特征基团存在的方法。例如，谱图中 1740cm^{-1} 处有吸收峰，且在 1260～1050cm^{-1} 区域内出现两个强吸收峰，波数高的表现为第一吸收，则可判断该化合物属于饱和脂类化合物。

思考题

（1）特征吸收峰的数目、位置、形状和强度取决于哪两个主要因素？
（2）如何用红外光谱鉴定化合物中存在的基团及其在分子中的相对位置？

实验 25　荧光光谱分析

一、实验意义

荧光光谱分析是一种高灵敏度、高选择性的分析技术，用来检测物质在特定波长光照射下发出的荧光信号，广泛应用于新型显示技术、生物成像技术、光电子器件等领域。通过荧光光谱分析，可以研究材料的激发态动力学、发光效率、发光寿命等关键参数，从而指导材料的合成和优化。此外，荧光光谱分析还可以用于研究材料的荧光探针和传感器，这对于开发新型检测技术和生物医学诊断具有重要意义。在纳米材料领域，荧光光谱分析是研究纳米颗粒的表面态、量子点的光学性质、纳米复合材料的荧光特性等关键技术。通过荧光光谱分析，可以深入理解纳米材料的电子结构和光学性质，从而优化纳米材料的制备工艺和性能。

二、实验目的

（1）了解荧光分析法的基本原理。
（2）学会荧光光谱仪的操作。
（3）通过实验了解荧光分析法的定性定量分析应用。

三、实验基本原理

在室温下分子大都处在基态的最低振动能级，当受到光的照射时，便吸收与它的特征频率一致的光线，其中某些电子由原来的基态能级跃迁到第一电子激发态或更高电子激发态中的各个不同振动能级，这就是在分光光度法中所述的吸光现象。跃迁到较高能级的分子，很快（约10^{-8}s）因碰撞而以热的形式损失部分能量，由所处的激发态能级下降到第一电子激发态的最低振动能级，能量的这种转移形式，称为无辐射跃迁。由第一电子激发态的最低振动能级下降到基态的任何振动能级，并以光的形式放出它们所吸收的能量，这种光便称为荧光。

荧光分析法是测定物质吸收了一定频率的光以后，物质本身所发射的光的强度。物质吸收的光，称为激发光。物质受激后所发射的光，称为发射光或荧光。如果将激发光用单色器分光后，连续测定相应的荧光的强度所得到的曲线，称为该荧光物质的激发光谱（Excitation Spectrum）。实际上荧光物质的激发光谱就是它的吸收光谱。在激发光谱中最大吸收处的波长处，固定波长和强度，检测物质所发射的荧光的波长和强度，所得到的曲线称为该物质的荧光发射光谱，简称荧光光谱（Fluorescence Spectrum）。在建立荧光分析法时，需根据荧光光谱来选择适当的测定波长。激发光谱和荧光光谱是荧光物质定性的依据。

荧光光谱仪及实验原理如图 5-6 所示。由光源发出的光，经单色器让特征波长的激

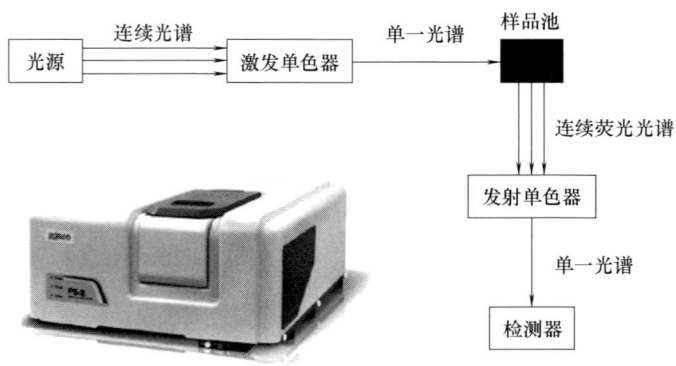

图 5-6　荧光光谱仪及分析原理

发光通过，照射到样品使荧光物质发射出荧光，经第二个单色器让待测物质所产生的特征波长荧光通过，照射到检测器产生光电流，经放大后以指针指示或用记录仪记录其信号。

四、实验药品与器材

（1）实验药品：稀土掺杂发光粉或纤维。
（2）实验器材：荧光光谱仪（F-7000）。

五、实验步骤

（1）样品准备：测量样本可为固体或液体，应尽量减少杂质，并根据样本选定激发光波长。
（2）测量步骤
① 开启计算机，开启仪器主机电源、预热20min。
② 打开运行软件，双击桌面图标 Solutions 2.1 for F-7000，按界面提示选择操作方式。
③ 测试模式的选择：点击扫描界面右侧"Method"，在"General"选项中的"Measurement"选择"Wavelength scan"，在"Instrument"选项中设置仪器参数和扫描参数。
④ 设置文件存储路径、保存文件。
⑤ 打开盖子，将样品置于试样槽中；放入待测样品，盖上盖子（请勿用力）。
⑥ 点击扫描界面右侧"Measure"窗口，在线出现扫描谱图。
（3）总结数据并进行数据处理。

六、实验结果与分析

（1）根据实验数据绘制激发和发射光谱图。
（2）观察光谱特征，在激发和发射光谱中找出特征波长，结合荧光强度分析荧光特性的影响因素。

思考题

（1）荧光光谱测试的波长范围怎么选择？
（2）上转换和下转换荧光光谱各有什么特征？

实验26 紫外分光光度计分析

一、实验意义

分光光度分析就是根据物质的吸收光谱研究物质的成分、结构和物质间相互作用的有效手段。紫外可见光光度计是一种常用的分光光度计，可用于测量材料对紫外可见光的吸收特性，对研究材料的光学性质、电子结构以及化学成分具有重要意义。在材料科学研究中，了解材料对特定波长的吸收能力可以帮助我们评估材料的光学性能、色谱特性以及光催化特性。例如，通过紫外可见光光度计分析，可以确定半导体材料的带隙能级，了解其光电特性，从而指导半导体器件的设计和发展。另外，紫外可见光光度计分析还可用于监测材料中的化学反应，通过监测材料在化学反应过程中发生的吸收变化，可以实时探测反应物质的浓度变化、产物生成以及反应动力学信息。这能为研究材料的催化性能、反应机理以及反应动力学提供数据支持。

二、实验目的

（1）了解无机粉体对染料的吸收特征。
（2）掌握紫外分光光度计的使用原理和方法。
（3）分析无机粉体对有机染料的降解效率。

三、实验基本原理

物质的吸收光谱本质上就是物质中的分子和原子吸收了入射光中的某些特定波长的光能量，相应地发生了分子振动能级跃迁和电子能级跃迁的结果。由于各种物质具有各自不同的分子、原子和不同的分子空间结构，其吸收光能量的情况也就不会相同。因此，每种物质就有其特有的、固定的吸收光谱曲线，可根据吸收光谱上的某些特征波长处的吸光度的高低判别或测定该物质的含量，这就是分光光度定性和定量分析的基础。紫外可见分光光度法的定量分析遵循朗伯-比尔（Lambert-Beer）定律，即物质在一定浓度的吸光度与它的吸收介质的厚度呈正比，其数学表达式为：

$$A = \varepsilon bc \tag{5-1}$$

式中　A——吸光度；
　　　ε——吸光系数或摩尔吸收系数；
　　　b——吸收介质厚度，cm；
　　　c——吸光物质浓度，g/L 或 mol/L。

如果液体厚度保持不变，即 b 一定，入射光波长和其他条件也保持不变，则在一定浓度范围内，所测得的吸光度与待测物质的浓度成正比。配制一系列浓度的标准溶液，在 λ_{max} 处分别测定吸光度，以标准溶液的浓度为横坐标，相应的吸光度 A 为纵坐标，绘出标准曲线。如果测出未知浓度样品的吸光度值，就可以从标准曲线中查出样品的浓度，用标准曲线法进行定量分析。

四、实验药品与器材

（1）实验药品和耗材：无机粉体、罗丹明 B、100mL 和 1000mL 容量瓶、10mL 移液管。
（2）实验器材：UV-1800 紫外可见分光光度计（日本分光计器株式会社）。

五、实验步骤

（1）准备无机粉体和染料溶液。

（2）检查仪器、电脑和打印机的电源线是否良好，确认样品室中无遮挡物；打开打印机电源，打开主机电源，然后打开计算机电源，打开工作站，进入光度计自检过程，自检无误后进入主工作程序；预热 15~30min，然后开始测量。

（3）用紫外光谱仪测量 550nm 处的吸光度。被罗丹名 B 吸附降解前的染料浓度记为 C_0，降解后的染料浓度记为 C，降解效率为：$D=(1-C/C_0)\times100\%$。

（4）整理数据、绘制图表，进行结果分析与讨论。

六、实验结果与分析

（1）观察光谱特征，描述样品对应的各吸收带位置和强度。

（2）定性定量分析光谱变化，讨论变化规律和原因。

思考题

（1）紫外-可见分光光度计由哪几部分组成？

（2）染料降解率和吸光度之间有什么关系？

实验27　原子力显微分析

一、实验意义

原子力显微分析（AFM）作为一种高分辨率的表面分析技术，在材料科学领域的发展中扮演着重要的角色。首先，AFM 能够提供材料表面的原子级拓扑结构信息，帮助科研人员深入了解材料的表面形貌特征，对纳米材料、薄膜材料等高表面积材料的结构与性质研究有关键意义。通过 AFM 技术，科研人员可以观察到材料表面的微观结构，如原子排列方式、晶面取向等，有助于揭示材料的表面性质和相互作用机制；其次，AFM 还可用于研究材料的力学性能和表面力学特性。

二、实验目的

（1）学习和掌握原子力显微镜分析的基本原理和操作方法。

（2）掌握原子力显微镜分析的实验方法。

（3）分析研究材料的表面形貌或粗糙度。

三、实验基本原理

原子力显微镜在工作时，微悬臂的一端固定，另一端安装一个探针，探针针尖的曲率半径非常小（在纳米量级），当探针针尖与样品表面轻轻接触时，针尖尖端的原子与样品表面的原子间存在极微弱的力（机械接触力、范德华力、毛吸力、化学键、静电力等等）。扫描时控制针尖与样品之间的作用力保持恒定，则微悬臂就会在垂直于样品表面的方向做上下起伏运动，利用光学检测法检测微悬臂对应于扫描各点的位置变化，则可获得样品表面的形貌和力学性能信息。由于是通过测量针尖尖端的原子与样品表面原子间的作用来进行测量的，所以原子力显微镜测定样品形貌的空间分辨率达到纳米（nm）级。

常用的原子力显微镜工作模式主要包括接触模式、非接触模式和轻敲模式等。接触模式工作时，探针的针尖始终与样品保持接触，针尖与样品间的作用力为库仑排斥力，其大小一般为 8~11N，这种模式可以获得稳定的高分辨率图像，但针尖在样品表面上的移动以及针尖与样品间的黏附力，会对针尖造成损坏，也会使样品产生形变，进而产生虚像。非接触模式工作时，控制探针针尖与样品表面的距离保持在 5~20nm 进行扫描，检测到的是探针针尖与样品表面的吸引力和静电力等，这种模式针尖不易被损坏，样品表面不易被破坏，但是由于针尖与样品之间的距离比较大，分辨率没有接触模式的高。实际上，由于针尖会被样品表面的黏附力所捕获，所以使得非接触模式的操作变得非常困难。在轻敲模式工作中，针尖与样品短时间接触，针尖和样品表面免遭破坏，轻敲模式下探针针尖在接触样品表面时有较大的振幅（大于 20nm），足以克服针尖与样品之间的黏附力，其作用力介于接触模式和非接触模式之间，分辨率和接触模式基本相近。在接触模式中针尖与样品距离短，工作在斥力区，非接触模式工作中针尖与样品距离较大，工作在吸引力区。轻敲模式中探针样品间隙接触，并以一定振幅振动，探针针尖与样品的距离在一定范围内变化，针尖和样品的作用力是引力和斥力的交互作用。

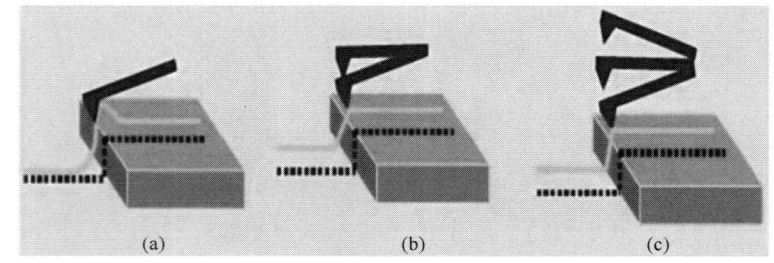

图 5-7 原子力显微测试的三种模式
(a) 接触模式 (b) 非接触模式 (c) 轻敲模式

四、实验药品与器材

（1）实验药品：以实验实际需求为准。
（2）仪器：CSPM5500 原子力显微镜。

五、实验步骤

（1）放置样品
① 打开电脑和控制器背后的电源。

② 卸掉显微镜保护盖上的螺丝，共四个。

③ 选取 19276nm 的探头。

④ 将显微镜中的扫描器放置在扫描器放置台上，并将镜头插入，锁好螺丝和插头。

⑤ 放入待测样品（注意表面粗糙度在合理范围内），关闭扫描器盒盖。

（2）软件操作

① 打开桌面上的操作软件。

② 进入操作界面，点击激光光斑。

③ 一般的情况下需要调整使光斑变成一个圆处于中心，通过扫描器上的四个旋钮进行调节。

④ 调整好后，点击一下界面上的进针。

⑤ 选择进针里面的正常进针，通过 2~3 次正常进针后，若视图中的当前电压还是没有改变，选择精细进针甚至超精细进针，使当前电压值保持在绝对值 40V 以内。

⑥ 完成后在页面中选择"进针"旁边的"扫描"，即开始扫描；这个页面下伸缩指示灯不能长时间处于"红色状态"，若长时间处于红色，就应该立即停止扫描，否则容易损坏探针。

⑦ 扫描完后，在图像缓存区中打开选中的形貌图像，选择三维图像就能得到三维的立体形貌。

⑧ 在视图中选择三维图像就能得到三维的立体形貌。

⑨ 按原顺序将部件放回，整理好设备，实验结束。

（3）注意事项

① 进样品前检查样品台有没有其他东西，以免卡住样品台。

② 进针前要看准探针夹与样品表面的距离，以免损坏针尖。

③ 轻拿轻放扫描头，避免扫描头磕碰。

④ 如果在对正激光时看不到激光，可能是激光打在旋臂上或者跑出视野。

六、实验结果与分析

根据所观察的样品表面形貌进行综合分析，并写出实验报告。

思考题

与传统的光学显微镜、电子显微镜相比，扫描探针的分辨本领主要受到什么因素的限制？

拓展阅读 "工业牙齿"硬质合金制备中的组分与结构检测

采用镍包覆硬质合金粉体进行超音速火焰喷涂，由于能够抑制碳化钨氧化脱碳，因而能够使涂层性能得到提升。以下示例是研究镍包覆前后 WC-10Ni 硬质合金粉体形貌和热稳定性变化、及其在钢基体上相应喷涂涂层的组织结构。从图 5-8 可以看出，镍包覆前的硬质合金粉体表面有大量孔洞、镍包覆后孔隙明显减少。其相应的 EDS 元素分布（图 5-9）表明，镍包覆粉体表面镍层较薄且相对比较均匀。

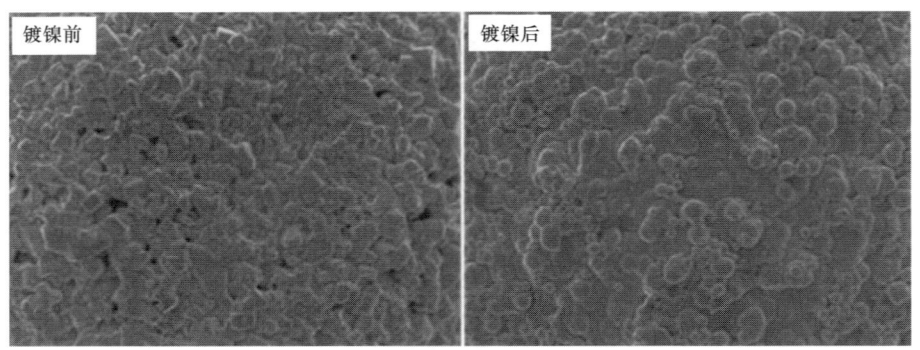

图 5-8 镀镍前后 WC-10Ni 粉体表面形貌

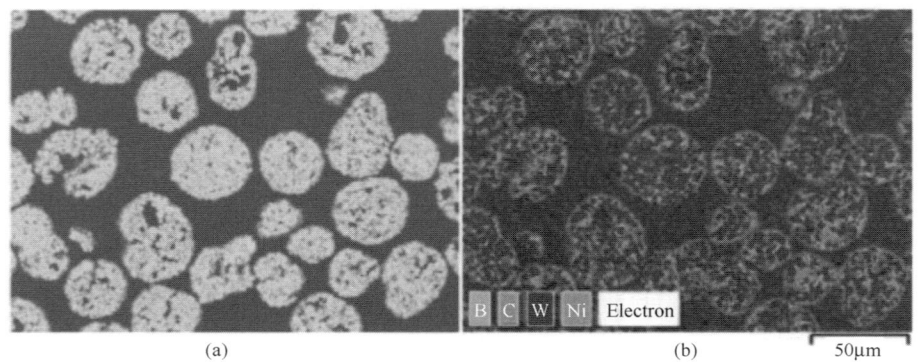

图 5-9 镍包覆 WC-10Ni 粉体截面元素分布图

镍包覆后粉体的 X 射线衍射图谱与包覆前粉体的图谱相比，Ni 衍射峰位置和强度基本变化不大，但镀镍后粉体对应的漫散射峰略显示出包覆镍的非晶状态（图 5-10）。

在氩气中的热分析（图 5-11）显示，采用两种镍盐镀镍后的粉体在 1090℃ 左右位置

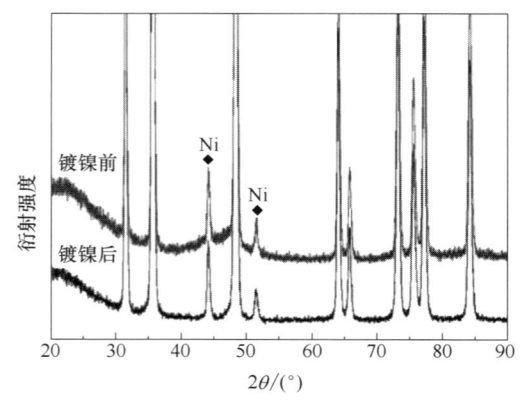

图 5-10 镀镍前后 WC-10Ni 粉体 XRD 图谱

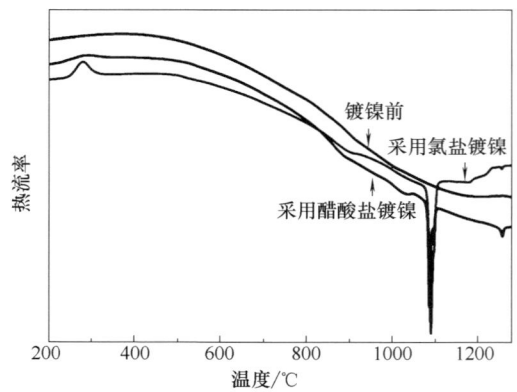

图 5-11 镀镍前后粉体的差热曲线

都呈现强吸热峰,而镀镍前粉体没有,说明可能是来自粉体表面包覆镍层的晶格转变。

图 5-12 是采用镀镍前后 WC-10Ni 粉体获得涂层的微观形貌。可以看出,采用镀镍后粉体获得涂层的孔隙率明显降低,说明喷涂粉体表面覆镍层起到了促进喷涂致密化的效果。

涂层的 XRD 图谱(图 5-13)表明,采用镀镍后粉体获得涂层中脱碳相 W_2C 的含量明显降低,说明达到了一定抑制脱碳作用,这将对涂层力学性能提升起到积极作用。

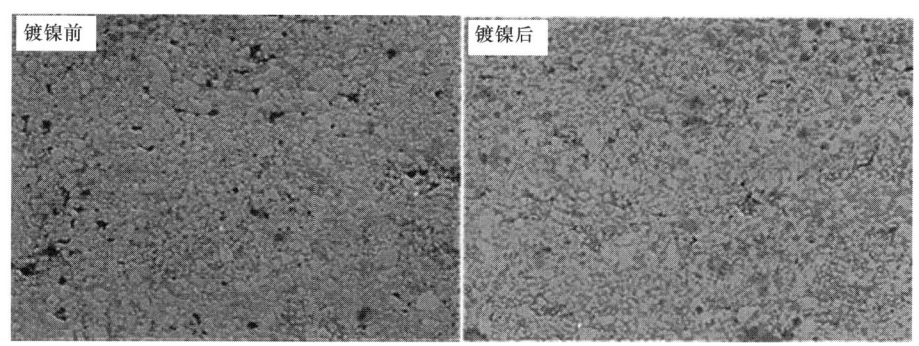

图 5-12 采用镀镍前后 WC-10Ni 粉体获得涂层的微观形貌

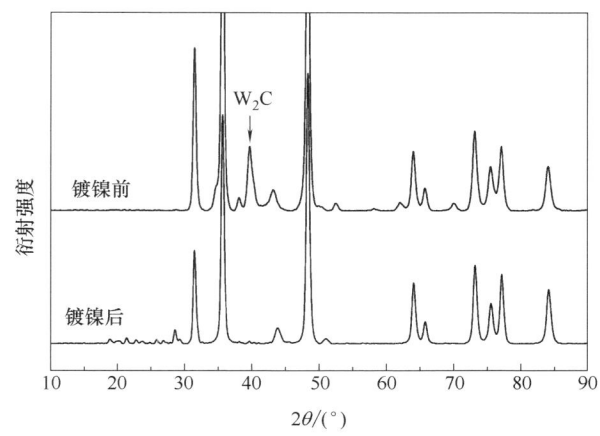

图 5-13 采用镀镍前后 WC-10Ni 粉体获得涂层的 XRD 图谱

参 考 文 献

[1] 杨南如. 无机非金属材料测试方法 [M]. 武汉:武汉理工大学出版社,2009.
[2] 朱和国,刘吉梓,尤泽升. 材料科学研究与测试方法 [M]. 南京:东南大学出版社,2019.
[3] 杨玉林,范瑞清,张立珠,等. 材料测试技术与分析方法 [M]. 哈尔滨:哈尔滨工业大学出版社,2023.
[4] 唐鹏. WC-10Ni 粉体表面化学镀镍以及对 HVOF 涂层沉积与组织特性的影响 [D]. 大连:大连工业大学,2021.

第六章　陶瓷工艺学实验

本章主要是围绕"陶瓷工艺学"课程理论知识开设的相关实验项目，包括陶瓷坯料配方的设计及坯料制备，陶瓷泥浆中的粒度分布测定，黏土或坯料可塑性的测定，黏土或坯料收缩率的测定，陶瓷坯体抗折强度的测定，陶瓷泥浆制备及其流动性的测定，电解质对泥浆流动性的影响，陶瓷坯体的成型，烧结温度与烧结温度范围的测定，陶瓷热稳定性的测定，陶瓷线性热膨胀系数的测定，陶瓷的吸水率、显气孔率、表观相对密度和容重的检测，陶瓷抗冲击性的检测，陶瓷白度、光泽度、透光度的测定，釉的熔融温度范围的测定，釉的最高熔体黏度的测定，陶瓷创意制品的制作。通过陶瓷工艺的实验项目，学生可以进一步加深对陶瓷生产工艺的基本概念、基本理论的理解，掌握陶瓷工艺实验相关仪器的操作，建立陶瓷结构、组成、工艺与性能之间的关系模型，具备解决复杂陶瓷工程实践问题的能力。

实验 28　陶瓷坯料配方的设计及坯料制备

一、实验目的

（1）巩固陶瓷产品科学配方应遵循的各项原则，了解各种原料的使用量对陶瓷产品的品质及其工艺制度确定的影响。

（2）掌握坯料配方的计算方法。

（3）学习实际坯料的制备方法。

二、实验基本原理

制定坯料配方，尚缺乏完善的方法，主要原因是原料成分变化很大，工艺制度不稳定，影响因素太多，以致对预期效果的预测没有把握。根据理论计算或凭经验摸索，经过多次试验，在既定的条件下，才能找到成功的配方，但条件一变则配方的性能也随之发生变化。根据产品性能要求，选用原料，确定配方及成型方法是常用的确定配料方法之一。例如，制造日用瓷则必须选用烧后呈白色的原料，包括黏土要求产品有一定的强度；制造化学瓷则要求有好的化学稳定性；制造地砖则必须有高的耐磨性和低的吸水性；制造电瓷则需有高的机电性能。

选择原料确定配方时既要考虑产品性能，还要考虑工艺性能及经济指标。各地文献资料所记载的成功经验配方均有参考价值，但决不能照搬。因黏土、瓷土、瓷石均为混合物，长石、石英常含不同的杂质，同时各地原有母岩及形成方式、风化程度不同，其理化工艺性能或不尽相同或完全不同,所以选用原料制定配方只能通过实验来决定。

三、坯料配料计算

(1) 确定所使用的原料种类并掌握每一种原料的化学成分。
(2) 依据长石质瓷普通陶瓷的化学组成范围确定所要设计的坯料配方的化学组成。
(3) 采用由化学组成计算坯料配料量的方法计算出所设计配方的配料量。

四、坯料制备

(1) 设定坯料配料量为 5kg,按配方的百分比称量出各种原料的粉料,投入到球磨罐中。
(2) 按球磨泥浆含水率 50%~60%的水量加入到球磨罐中。
(3) 以料重 2 倍的量向球磨罐中投放研磨球。
(4) 开机研磨 36h。
(5) 研磨至坯料粒度符合 0.5%的万孔筛筛余时,停机并出料。
(6) 将研磨好的泥浆干燥脱水至含水率为 24%~26%。以备其性能测试及样品制备用。

五、烧成温度的计算

当 Al_2O_3 的质量分数为 20%~50%时:

$$T = 360 + [w_A - w_{MO}]/0.228 \tag{6-1}$$

式中　T——耐火度,℃;
　　　w_A——黏土中 Al_2O_3 和 SiO_2 总量换算为 100%时, Al_2O_3 的质量分数,%;
　　　w_{MO}——黏土中 Al_2O_3 和 SiO_2 总量换算为 100%时,相应带入的 TiO_2、CaO、MgO 和 R_2O 等杂质的质量分数,%。

当 Al_2O_3 的质量分数为 15%~50%时:

$$T = 1534 + 5.5w_A - 30(8.3w_F + 2w_{MO})/w_A \tag{6-2}$$

式中　w_A——黏土中 Al_2O_3 和 SiO_2 总量换算为 100%时, Al_2O_3 的质量分数,%;
　　　w_F——Fe_2O_3 质量分数,%;
　　　w_{MO}——黏土中 Al_2O_3 和 SiO_2 总量换算为 100%时,相应带入的 TiO_2、CaO、MgO 和 R_2O 等杂质的质量分数,%。

六、实验结果与分析

总结配方计算及配料过程中出现的问题,分析其产生的原因,并根据配方计算烧成温度。

思考题

陶瓷各种原料的使用量对陶瓷产品的品质有哪些影响。

实验 29　陶瓷泥浆中的粒度分布测定

一、实验目的

（1）了解筛分法、沉降法、激光粒度法等测定细度和颗粒分布的原理及其使用上的局限性。

（2）了解陶瓷原料和坯釉料颗粒分布与可塑性、干燥收缩、干燥生坯强度、孔隙度、烧成收缩和烧结性等工艺性能的关系。

（3）掌握沉降和激光粒度等测定陶瓷原料和坯釉料细度及颗粒分布的操作方法。

二、实验基本原理

细度是指粉状物料分散的程度，通常是用粉料颗粒的尺寸大小来表示。颗粒组成、颗粒分散度、粒度是指粉料中各种不同粒径颗粒的相对含量。

陶瓷生产中，陶瓷原料和坯釉料的细度及颗粒分布影响着许多工艺性能和理化性能。测定细度和颗粒分布的方法很多，目前已经采用的有筛分法、分析法、沉降法、激光粒度法等。

1. 筛分法

筛分法是应用最广泛的一种，也是操作最简单、最方便的一种方法。通常用万孔筛筛余表示原料或坯釉料的细度。利用已知孔径的筛子，按一定的操作方法，将物料或泥浆过筛，称量出该试样中大于筛子孔径的颗粒质量，按筛余量公式计算，即可得到泥料的细度。

2. 沉降法

沉降法测定颗粒分布的基础是根据斯托克斯公式，即球形物料颗粒在黏性液体介质中的沉降速度与该颗粒半径的平方成正比。沉降法一般能分析 2~30μm 粒度范围的物料，2μm 以下有困难。沉降法包括天平法、离心法、浮球沉浮法、移液管法、压力法、光透过法等。

根据斯托克斯定律，球形固体颗粒因重力作用，在黏滞液体介质中沉降时，当颗粒沉降速度很大时，亦即颗粒与液体之间相对运动呈层流状态时，其沉降速度是一常数。

当球形颗粒在黏滞的液体介质中沉降时，其沉降速度为：

$$V = \frac{(\rho_s - \rho_d) \cdot g \cdot 4r^2}{18\mu} = \frac{2(\rho_s - \rho_d) \cdot g \cdot r^2}{9\mu} = \frac{H}{t} \tag{6-3}$$

$$t = \frac{9\mu H}{2(\rho_s - \rho_d) \cdot g \cdot r^2} \tag{6-4}$$

式中　V——球形颗粒下沉速度，m/s；

　　　r——球形颗粒半径，cm；

　　　H——沉降高度，cm；

　　　ρ_s——试样的真密度，g/cm³；

ρ_d——分散介质密度，g/cm^3；

t——颗粒在分散介质中按斯托克斯定律算出的沉降时间，s；

μ——分散介质黏度，$g/(cm·s)$；

g——重力加速度，m/s^2。

从上述公式可知，欲求得沉降颗粒的直径就必须知道颗粒的沉降速度，知道了颗粒直径即可计算出这个颗粒（或大小相同的颗粒）降到某一高度所需的时间。

欲测定不同的颗粒直径时，只要固定沉降高度，按不同时间取样就可测出不同颗粒直径的颗粒含量；同样，只要固定取样高度即可算出取样时间，取出一定相等容积的悬浮液，烘干称重则其重量就代表各粒级含量。再根据悬浮液的浓度就可算出各个粒级的百分率。

3. 激光粒度法

BT-9300H 型激光粒度仪是采用米氏（Mie）散射原理对粒度分布进行测量的。当一束平行的单色光照射到颗粒上时，在傅氏透镜的焦平面上将形成颗粒的散射光谱，这种散射光谱不随颗粒运动而改变，通过米氏散射理论分析这些散射光谱，就可以得出颗粒的粒径分布。

三、实验仪器及设备

筛分法：万孔筛、分析天平、烘箱、蒸发皿等。

沉降法：自动记录粒度测定仪、分析天平、电动搅拌机、恒温烘箱、烧杯（500mL、100mL）、缸、大小蒸发皿、玻璃棒、温度计。

激光粒度法：BT-9300H 型激光粒度仪、超声波分散器、样品池搅拌器、取样勺、烧杯、玻璃棒、滴管。

四、实验步骤

（1）筛分法

① 取釉浆、泥浆料。取料时，要充分搅匀，如在球磨机上取样，停机后应立即取样，每次测定取 500~1000mL 样品，取粉状或块状试样时，含水率测定要有代表性。

② 测定泥浆或泥料的含水率。将器皿干燥称量，记录为 m_0。

③ 将试样（浆料）连同器皿直接放在天平上称量，记录为 m_1。若测干试样，可直接称量，然后化浆。

④ 将浆料倒入万孔筛中过筛，用清水冲洗筛面至流下的水较清为止，将残渣移入蒸发皿中，放入烘箱干燥后称量，记录为 m_2。

⑤ 记录与计算筛余（表6-1）

（2）沉降法

① 接通电源，调试好颗粒度测定仪，将 500mL 水放入沉降筒中，调平仪器找出平衡点。

② 量出 500mL 水加入 0.2%（质量分数）的焦磷酸钠悬浮剂。

③ 称取 5g 的黏土试样，放到沉降液中充分搅拌 30~40min。
④ 将搅拌好的泥浆放到沉降筒中，打开工作开关，开始测试实验。
⑤ 根据计算的时间，终止实验，记录并复零。
⑥ 用吸管抽出称盘上方的悬浮液，并将其烘干，称出悬浮液中未沉降的颗粒质量 (m_R)。
⑦ 根据测得数据及仪器给定的参数进行计算，处理记录曲线，得出测试的黏土样品的颗粒分布状态。

（3）激光粒度法
① 连接仪器：连接好电脑与粒度仪。
② 配置悬浮液：将约 50mL 无水乙醇倒入烧杯中，然后加入 1g 左右的粉体样品，并进行充分搅拌放到超声波分散器中分散 3~5min。
③ 样品池的清洗：将样品池放到水中，将专用的样品池刷蘸少许洗涤剂，将样品池的内外各面洗刷干净，然后用蒸馏水冲洗，再用乙醇润洗，最后用纸巾将样品池表面擦干。
④ 背景扫描：取一个干净的样品池，手持侧面（不可持正面），加入纯净介质，使液面高度达到样品池高度的 3/4 左右，装入一个洗干净的搅拌器，盖好测试室上盖，打开搅拌器开关，启动电脑进行背景测试。
⑤ 取样测试：将分散好的悬浮液充分搅拌，用滴管吸取少量悬浮液，然后向样品池中滴加 1~2 滴，盖好测试室上盖进行浓度（遮光率）测试，保存测试结果及数据。

五、实验结果与分析

表 6-1　　　　　　　　　　筛分法实验结果记录表

试样名称				测试者		测试日期	
试样描述							
试样编号	器皿质量 m_0/m	器皿与试样质量 m_1/m	器皿与残渣质量 m_2/m	干试样质量 m_3/m		残渣质量 m_4/m	筛余/%
1							
2							

试验结果按下式计算：

$$筛余 M = (m_4/m_3) \times 100\% \tag{6-5}$$

式中 $m_3 = m_1 - m_0$，$m_4 = m_2 - m_0$。

注意事项：按上述方法重新测量 1 次，2 次结果误差不大于 0.1%，若超出，则再做 1 次，最后取 2 次测量的平均值。

根据得到的粒度结果，分析泥浆细度对产品平整度、收缩率、吸水率等的影响，并给出解决措施。

思考题

陶瓷原料的颗粒分布对可塑性、干燥收缩、干燥生坯强度有哪些影响？

实验 30　黏土或坯料可塑性的测定

一、实验目的

（1）了解和掌握可塑性与含水量的关系以及它们对工艺过程的影响。
（2）掌握可塑指数法的测定原理和测定方法。
（3）掌握可塑指标法的测定原理和测定方法。

二、实验基本原理

坯料的可塑性是塑性成型最基本的工艺性能之一，是制成各种陶瓷制品的成型基础。坯料的可塑性不但影响成型性能，而且影响生产效率和产品质量。因此，如何测定可塑性和控制可塑性就成为陶瓷生产中一个很重要的问题。

具有一定细度和分散度的配合料，加适量水调和制成含水率一定的塑性泥料，在外力作用下能塑造成任意形状。在外力解除后能保持原形不变，并且不开裂的性质称为可塑性。

可塑性与调和水在颗粒周围形成的水膜厚度有一定的关系。一定厚度的水化膜会使颗粒相互联系，形成连续结构，加大附着力。水膜还能降低颗粒之间的内摩擦力，使质点能沿着表面相互滑动，从而产生可塑性，易于塑造各种形状。但若加入水量过多则会产生流动而失去可塑性，若加入水量过少则连续水膜破裂，内摩擦力增加，质点难以滑动，甚至不能滑动而失去可塑性，干燥的黏土没有可塑性，液体和黏土矿物结构是黏土具有可塑性的必要条件，而适量的液体（水）是另一个重要条件和充足条件。

可塑性一般有两种表示方法，一种为可塑指数法，另一种为可塑指标法。

1. 可塑性指标法

可塑性指标表示的是应力与应变的关系，是指在工作水分下，一定大小的黏土泥团受外力作用最初出现裂纹时应力与应变的乘积，用塑性泥料对形态变化的抵抗力来表征：

$$n = (d-h) \cdot p \tag{6-6}$$

式中　n——可塑性指标，cm·N；
　　　d——泥团在实验前的直径，cm；
　　　h——泥团受压后产生裂缝时的高度，cm；
　　　p——泥球出现裂纹时的负荷，N。

同时需要测定泥团的相应含水率，若相应含水率大，则工作水分多，干燥过程易变形、开裂。

2. 可塑性指数法

可塑性指数表示泥团呈可塑状态时，其含水量的变化范围。即由泥浆流动状态进入塑性状态与泥料由固体状态进入塑性状态之间的含水量，用下式表示：

$$W = W_t - W_p \tag{6-7}$$

式中　W——塑性指数，mm；
　　　W_t——液限含水量，mm；
　　　W_p——塑限含水量，mm。

即可塑性指数值为液限与塑限之差。当黏土中加入的水量不多时，黏土难以形成可塑状态，很容易散碎，只有水量加入到一定程度，黏土才形成具有可塑状态的泥团，这时泥团的含水量称为塑限含水量，是泥料具有可塑性时的最低含水量。若继续在泥团中加入水分，泥团的可塑性会逐渐增高，直至泥团能自行流动变形，此时的含水量称为液限含水量，是使泥料具有可塑性时的最高含水量。在生产中适合于成型的泥团，其含水量一般都在塑限含水量与液限含水量之间。

指数大则成型水分范围大，成型时不易受周围环境湿度及模具的影响，成型性能好；指数小的黏土调成的泥浆厚化度大、渗水性强，便于压滤榨泥。要想把黏土或坯料的可塑性质全部表达出来，到目前为止还没有找到更完善的测定方法，只能通过测定可塑性指标和可塑性指数等个别因素，从某一个方面说明其可塑性，实际上是有局限性的。

三、实验仪器与设备

华氏平衡锥、可塑仪、天平、干燥箱、量筒、调泥刀、搪瓷盘、表面皿等。

四、实验步骤

1. 可塑指标法

① 将 500g 通过 0.5mm 孔径的粉料，加入适量的水充分调和捏练，使其达到具有正常工作稠度的致密泥团（此时的泥团状态为极易塑造成型而又不粘手）。将泥团铺于平滑的案板上，压延成厚度约 30mm 的泥饼，用直径 45mm 的铁铲切取 5 块保存于恒温器中备用。

② 将泥块用手捏成圆球，球面要求光滑无裂纹，球的直径为 (45±1)mm，为了使手掌在搓泥时不消耗泥料水分和沾污泥球表面，搓泥球前先用湿毛巾擦手或戴上薄膜塑料套。最好用双合金属模印制泥球，这样单重和尺寸一致。

③ 按先后顺序把圆形泥球放在压球式塑性仪压板的中心，右手旋开框架上的螺钉，让中心轴慢慢放下，至下压板刚接触泥球为止，从中心轴标尺上读取泥球直径数。

④ 把盛砂杯放在中心轴压板上，用左手握住压杆，右手旋开制动螺丝，让中心轴慢慢下降，直至不再下降为止。

⑤ 打开盛铅丸漏斗开关（滑板架），让铅丸匀速落入盛铅丸容器中，逐渐加压到球，这时要注意观察泥球的变形情况，可以从正面和镜中观察。随着铅丸重量的不断增加，泥球逐渐变形至一定程度后将出现裂纹，当一发现裂纹时，立即按动按钮开关，利用磁铁迅速关闭盛铅丸料斗开关，锁紧指紧螺钉，读取泥球的高度数值，称取铅丸重量，加上压杆、盛铅丸容器等重量（800g）。

⑥ 将试样取下置于预先称量并编好号的干燥称量瓶中，迅速称重，然后放入烘箱中，

在105~110℃下烘干至恒重，在干燥器中冷却后称重。

2. 可塑指数法

（1）液限测定法步骤

① 将200g坯料，在调泥皿内逐渐加水调成较正常工作稠度稀一些的均匀泥料，不同黏土加水量一般在30%~70%，陈腐24h备用，若直接取自真空练泥机的坯料，也可不陈腐。

② 试验前，将制备好的泥料再仔细拌匀，用刮刀分层将其装入试样杯中，每装一层轻轻敲击一次，以除去泥料中的气泡，最后用刮刀刮去多余的泥料，使泥料与试样杯平齐，置于试样杯底座上。

③ 取出华氏平衡锥，用布擦净顶尖，并涂以少量凡士林，借电磁铁装置将平衡锥吸住，使锥尖刚与泥料表面接触，切断电磁装置电源，平衡锥垂直下沉（用手防止歪斜），待15s后读数。检验5次（其中1次在中心，其余4次在离试样中心不小于5mm的四周），每次检验落入的深度应一致。

④ 若锥体下沉的深度均为10mm时，即表示达到了液限，则可测定其含水率。若下沉深度小于10mm，则表示含水率低于液限，应将试样取出置于调泥皿中，加入少量水重新拌和（或用湿布捏练），重新进行实验。

若下沉大于10mm，则表示含水率高于液限，应将试样取出置于调泥皿中，用刮刀多加搅拌（或用干布捏练），待水分合适后再进行测定。

⑤ 取测定水分的试样前，先刮去表面一层（3~8mm），再用刮刀挖取15g左右的试样，置于预先烘干、称量并编好号的称量瓶中，称重后置于105~110℃下烘干至恒重，在干燥箱中冷却至室温称量（准确至0.01g）。每个试样应平行测定5个。

液限含水量：
$$W_t = \frac{m_1 - m_0}{m_0} \times 100\% \tag{6-8}$$

式中 m_1——试样重量，g；

m_0——干燥后试样重量，g。

（2）塑限测定法步骤

① 称100g坯泥，加入略低于正常工作稠度的水量拌和均匀，陈腐24h备用，或直接取用经真空练泥机的坯泥或塑性指标法测定剩余的软泥。取小块泥料在毛玻璃板上，用手掌轻轻地滚搓成泥条，若泥条没有断裂现象，可用手将泥条搓成一团反复揉捏，以减少含水量，直至将泥条搓成直径为3mm左右，自然断裂长度为10mm左右时，则表示达到塑限水分。

② 迅速将5~10g搓断泥条装入预先称量干重的称量瓶中，放入烘箱中置于105~110℃下烘干至恒重，冷却至室温后再称重（准确至0.01）。

③ 为了检查滚搓至直径3mm、断裂成长度为10mm左右的泥条是否达到塑性限度，可将断裂的泥条进行捏练，此时应不能再捏成泥团，而是呈松散状。

塑性含水量还可以用经验公式来计算：

a. 当 $W_t \leq 36$ 时：
$$W_P = \frac{2.5 \times W_t + 16}{5.5} \tag{6-9}$$

b. 当 $W_t > 36$ 时：
$$W_P = \frac{5 \times W_t + 90.5}{14} \quad (6-10)$$

五、实验结果与分析

可塑性指标和可塑性指数的数值与可塑性的关系：

强可塑黏土：$W > 15$，$n > 3.6$；

中等可塑黏土：$W = 7 \sim 15$，$n = 2.5 \sim 3.6$；

弱可塑黏土：$W = 1 \sim 7$，$n < 2.5$；

无可塑黏土：$W < 1$。

根据计算得到的可塑指数与可塑指标的结果，对所用原料的可塑性进行分析，并给出调节可塑性的措施。

思考题

坯料的可塑性对可塑成型工艺过程有哪些影响？

实验 31 黏土或坯料收缩率的测定

一、实验目的

（1）了解和掌握坯体干燥收缩和烧成收缩的影响因素与调节收缩的措施。

（2）了解黏土或坯料收缩率测定的作用是为陶瓷制品生产过程中所用工模刀具的放尺率提供依据。

（3）了解和掌握黏土或坯料的干燥及烧成收缩程度，以及由收缩所引起的开裂变形等缺陷的现象。为确定配方、制定干燥制度和烧成制度提供合理的工艺参数依据。

（4）掌握坯料干燥收缩及烧成收缩率的测定方法。

二、实验基本原理

可塑状态的黏土或坯料在干燥过程中，随着温度的提高和时间的增长，因包围在黏土颗粒间的水分不断扩散和蒸发，质量不断减轻，颗粒相互靠拢引起体积和孔隙不断变化。

开始加热阶段时间很短，坯体体积基本不变，当温度升至湿球温度时，干燥速度增至最大时即转入等速干燥阶段，干燥速度固定不变，坯体表面温度也固定不变，坯体体积迅速收缩，是干燥过程的最危险阶段。到降速阶段，由于坯体收缩造成内扩散阻力增大，使干燥速度开始下降，坯体的平均温度上升。由等速阶段转为降速阶段的转折点叫临界点，此时坯体的水分即为临界水分。降速阶段坯体体积收缩基本停止。

在烧成过程中，由于产生一系列物理化学变化（如脱水作用、分解作用、莫来石的生成、易熔物熔融成液相，并填充于颗粒之间），粒子进一步靠拢，进一步产生线性尺寸收缩与体积收缩。

黏土或坯料干燥过程中线性尺寸的变化与原始试样长度之比称为干燥线收缩率。烧成过程中线性尺寸变化与干燥试样长度之比称为烧成线收缩率。坯体总的线性尺寸变化与原始试样长度之比称为总线性收缩率。

黏土或坯料干燥过程中体积的变化和原始试样体积之比称为干燥体积收缩率。烧成过程中体积的变化与原始试样体积之比称为烧成体积收缩率。总的体积变化与原始试样体积之比称为总体积收缩率。为方便起见，可将体积收缩近似等于直线收缩的 3 倍（约有 6%~9% 的误差）。

黏土或坯料在干燥和烧成过程中所产生的线性尺寸、体积的变化与坯料的组成、含水量、颗粒形状、粒径大小、黏土矿物类型、有机物含量、成型方法、成型压力方向以及烧成温度气氛等有关。分子间内聚力、表面张力等是产生收缩的动力。

黏土或坯料的干燥收缩对制定干燥工艺规程有着极其重要的意义。干燥收缩大，干燥过程中就容易造成开裂变形等缺陷，干燥过程（尤其是等速干燥阶段）就应缓慢平稳。工厂中根据干燥收缩率确定毛坯、模具及挤泥机出口的尺寸，根据强度的高低选择生坯的运输和装窑方式。

线收缩的测定比较简单，对于在干燥过程中易发生变形歪扭的试样，必须测定体积收缩率。烧结的试样体积可根据阿基米德原理测定在水中减轻的质量计算求得。干燥前后的试样的体积可根据阿基米德原理测定其在煤油中减轻的质量计算求得。

测定收缩是研制模型放尺的依据，由于黏土原料性质的不同，收缩也不相同，一般黏土的总收缩波动在 5%~20%。黏土或配成的坯料如果收缩太大，在干燥与烧成中，将产生有害的应力，容易导致坯体开裂。

三、实验仪器设备

卡尺（精确度 0.02mm）、工具显微镜、试样压制切制模具、划线工具、烘箱、电炉、玻璃板、碾棒（铝制或木制）。

四、实验步骤

（1）试样制备。称取研磨至符合工艺要求的混合粉料 2kg，置于调泥容器中，加水拌和至正常操作状态，充分捏练后，密闭陈腐 24h 备用，或直接取用生产上真空练泥机挤出的塑性泥料。

（2）把塑性泥料放在铺有湿绸布的玻璃板上，上面再盖一层湿绸布，用专用碾棒进行碾滚。碾滚时，注意换方向，使各方向受力均匀，最后轻轻滚平，用专用模具切成 50mm×50mm×8mm 试块（5 块），小心地置于垫有薄纸的薄膜板上，随即用划线工具沿试块的对角线刻上互相垂直相交的长 60mm 的 2 根线条，在线条顶端刻上标记，并编号，记下长度 l_0。

（3）制备好的试样在室温下阴干 1~2 天，阴干过程中要翻动，不使试块紧贴玻璃板影响收缩。待试块发白后，放入烘箱，在 105~110℃ 下烘干 4h。冷却后用小刀刮去泥块边缘的突出部分（毛刺），用卡尺或工具显微镜量取记号长度 l_1（精确至 0.02mm）。

（4）将测量过干燥收缩的试样装入电炉（或生产窑、实验窑）中焙烧（装窑时应该选择平整的垫板，并在垫板上撒上石英砂或 Al_2O_3 粉，或刷上 Al_2O_3 浆），烧成后取出，再用卡尺或工具显微镜量取试块上标记间的长度 l_2（精确至 0.02mm）。

（5）记录上述测量结果。

五、实验结果与分析

干燥收缩率：
$$Y_{干} = \frac{l_0 - l_1}{l_0} \times 100\% \tag{6-11}$$

烧成收缩率：
$$Y_{烧} = \frac{l_1 - l_2}{l_1} \times 100\% \tag{6-12}$$

总收缩率：
$$Y_{总} = \frac{l_0 - l_2}{l_0} \times 100\% \tag{6-13}$$

根据得到的收缩率数据，分析影响陶瓷坯体烧成收缩的因素。

思考题

调节坯料干燥收缩和烧成收缩的措施有哪些？

实验 32　陶瓷坯体抗折强度的测定

一、实验目的

（1）了解测定陶瓷材料抗折强度极限的实际意义。
（2）知道影响陶瓷材料抗折强度极限的各种因素。
（3）掌握陶瓷材料抗折强度的测定原理及测定方法。

二、实验基本原理

抗折强度是陶瓷制品和陶瓷材料或陶瓷原料的重要力学性质之一，通过这一性能的测定，可以直观地了解制品的强度，为发展新品种、调整配方、改进工艺、提高产品质量提供依据。

抗折强度极限是试样受到弯曲力作用到破坏时的最大应力。它是用试样破坏时所受弯曲力矩与被折断处的断面阻力矩之比来表示。

$$P = \frac{M}{W} \tag{6-14}$$

式中　M——弯曲力矩，$kN \cdot m$；
　　　W——抗弯力矩，$kN \cdot m$。

本测定方法适用范围为日用陶瓷、炻器、瓷器常温静弯曲负荷作用下一次折断时抗折强度极限测定；能成型的日用陶瓷坯体干燥抗折强度极限测定；石膏、匣钵等辅助材料常温抗折强度极限测定。

三、实验仪器

SKZ-500 型数显抗折强度实验机、游标卡尺。

四、实验步骤

（1）试样制备：制出规格为 120mm×15mm×15mm 的泥条（5~7 件）。试样必须研磨平整，不允许存在明显缺边或裂纹。

（2）打开电源开关，调试好强度试验机。

（3）安放试样，使试样与刀口垂直，两支撑刀口与试样两端面距离相等，对施釉制品，以釉面作受力面。

（4）打开启动按钮，试样断裂时，按钮自动弹回，读取数据。全部试样数据采集后，进行计算，取试样断裂强度的平均值。

五、实验结果与分析

根据记录的数据，利用下式计算抗折强度极限，结果保留三位有效数字。

$$P = \frac{3P_0 \cdot L}{2bh^2} \cdot K \tag{6-15}$$

式中　P_0——破坏负荷，kN；

　　　L——支撑刀口间的距离，cm；

　　　b——试条的宽度，cm；

　　　h——试条的高度，cm；

　　　K——杠杆比（10∶1）。

根据得到的抗折强度数据，对影响抗折强度的因素进行分析。

思考题

提高陶瓷材料抗折强度的措施有哪些？

实验 33　陶瓷泥浆制备及其流动性的测定

一、实验目的

（1）掌握泥浆的制备方法。

（2）掌握泥浆流动性的表示方法和测定方法。

（3）掌握影响泥浆流动性的因素及调整泥浆流动性的措施。

（4）了解泥浆流动性对注浆成型性能的影响。

二、实验基本原理

陶瓷产品的传统成型方法（注浆成型、塑性成型、干压成型等）都要使用陶瓷泥浆，因此，陶瓷泥浆的性能直接影响了陶瓷产品的性能，陶瓷泥浆的流动性（或黏度）是其最主要的性能指标之一。

根据国标 QB/T 1545—1992 的规定，泥浆的黏度指的是相对黏度，即搅拌后静置 30s 的一定体积泥浆从恩格拉（恩氏）黏度计中流出 100mL 所用的时间与流出同体积的水所用时间之比。其流动性指的是相对流动性，即泥浆相对黏度的倒数。

$$\eta_r = \frac{t_2}{t_1} \tag{6-16}$$

$$F_s = \frac{t_1}{t_2} \tag{6-17}$$

式中 η_r——泥浆相对黏度（无单位）；

F_s——泥浆相对流动性（无单位）；

t_1——水流出 100mL 所用的时间，s；

t_2——泥浆静置 30s 后流出 100mL 所用的时间，s。

三、实验设备

恩格拉（恩氏）黏度计、秒表、量杯、球磨机、孔径 0.25mm 的筛子、加热装置等。

四、实验步骤

（1）泥浆的制备。将配制好的坯料或黏土 1kg 放入球磨罐内，再加入适量的瓷球和水（大约为 1∶1.2∶1），粉磨一定的时间，其细度控制为过 0.25mm 孔径筛的筛余为 <2%，并将全部泥浆过筛后备用。

（2）流动性的测定

① 水流出时间的测定：将水搅拌并加热到（30±1）℃，倒入恩氏黏度计中，等水静止后，快速打开塞子同时启动秒表，记录流出 100mL 水时所用的时间（测量差值不得大于 0.2s），重复 3 次取其平均值。

② 泥浆流出时间的测定：将泥浆加热到（30±1）℃并充分搅拌（不少于 5min）后静止，将其倒入恩氏黏度计中，静置 30s 后快速打开塞子，记录泥浆流出 100mL 时所用的时间（测量差值不得大于 0.5s），重复 3 次取其平均值。

五、实验结果与分析

表 6-2 数据记录表

泥浆含水量： 　　　　　　　　　　细度：

序号	水流出所需时间				泥浆流出所需时间			
	时间 1	时间 2	时间 3	平均值	时间 1	时间 2	时间 3	平均值
1								
2								
3								

根据得到的实验结果（表 6-2），分析影响泥浆流动性（黏度）的因素。

思考题

调整泥浆流动性的措施有哪些？

实验 34　电解质对泥浆流动性的影响

一、实验目的

（1）了解泥浆性能对陶瓷工艺的影响。
（2）了解泥浆稀释的原理及如何选择稀释剂和用量。
（3）掌握泥浆性能的测定方法。

二、实验基本原理

对于异形陶瓷制品在成型的过程中常采用注浆成型法，对其泥浆的性能有多种要求，其中之一就是要求泥浆在保证具有良好流动性的状态下，含有最少的水分，来满足工艺的需要。生产中，通常采用在泥浆中加入一些电解质，来解决这些问题，以达到令人满意的效果。

在黏土水系中，黏土粒子带有负电，在水中能吸附正离子形成胶团，一般天然黏土粒子都吸附各种盐的正离子，如 Ca^{2+}、Mg^{2+}、Fe^{3+}、Al^{3+} 和大量的 H^+。未加电解质时，H^+ 半径小、电荷密度大，与带负电的黏土作用大。易进入吸附层，中和黏土表面的负电荷，使相邻同号电荷粒子的排斥力减小，黏土粒子易凝聚，降低流动性。Ca^{2+}、Mg^{2+} 由于电价高，静电引力大也易进入吸附层，同样降低流动性（扩散层减薄）。

加入电解质后，电解质的阳离子（Na^+、K^+）解离度大，带有的水膜层厚，与黏土粒子的静电引力不大（大部分进入黏土胶团的扩散层，使扩散层加厚，电动电位 ξ 增大，黏土粒子的排斥力增大），从而提高了泥浆的流动性。

若加入电解质过量，泥浆中的电解质阳离子（Na^+、K^+）浓度大，会迫使较多的阳离子进入胶团的吸附层，中和了黏土胶团中的负电荷，使扩散层变薄（电动点位 ξ 下降），黏土胶团不易移动。若完全中和黏土胶团本身的负电荷，黏土粒子不带电子（$\xi=0$ 时），在分子引力的作用下，聚集中大颗粒下沉。因此电解质稀释泥浆的使用量是有限度的，必须加以控制。

泥浆稀释可以分成三个阶段：稳定阶段、稀释阶段和凝聚阶段。

三、实验仪器与设备

旋转黏度仪、分析天平、架盘天平、电动搅拌机、烧杯、量筒、量杯、吸管等。

四、实验步骤

（1）称取黏土 200g。

（2）称取电解质（碳酸钠）0.4g、0.8g、1.0g、1.2g 共计 4 份。

（3）取水加入到黏土中，调和成含水率为 35% 的泥浆。

（4）加入第一份电解质后，在电动搅拌仪下搅拌 30~40min，将搅拌后的泥浆装入旋转黏度计的转筒中。

（5）先升速测量，读取读数 a_1，然后再降速并读取读数 a_2，记录下来。

（6）按上述方法，依次分别加入第二、第三、第四份电解质，重复（4）（5）步骤，观察并记录泥浆在不同电解质的作用下的黏度变化情况。

（7）据测定的数据和仪器给定的参数（表 6-1）进行计算，并绘制出流变曲线。

首先进行黏度的计算

$$\eta = k \cdot a \tag{6-18}$$

式中　k——仪器常数；

　　　a——读数。

再进行 $D-\tau$ 图的绘制，以剪切速率 D 为横坐标，剪切应力 τ 为纵坐标，绘制流变曲线。其中 $\tau = Z \cdot a$，Z 为转筒常数（$Z = 2.767 dyn/cm^2$），a 为读数。

表 6-3　　　　　　　　　　旋转黏度计 A 系统的 D 与 k 值

转速分级	1	2	3	4	5
D	15.50	21.03	27.67	35.97	49.81
k	17.86	13.16	10.00	7.692	5.556
转速分级	6	7	8	9	10
D	77.48	105.1	138.4	179.9	249.0
k	3.571	2.632	2.00	1.538	1.111
转速分级	11	12	13	14	15
D	309.0	420.6	553.0	719.4	996.1
k	0.8929	0.6579	0.500	0.3846	0.2778

五、结果分析

根据得到的实验数据，分析电解质的种类对泥浆流动性的影响。

思考题

泥浆性能对陶瓷注浆成型工艺有哪些影响？

实验 35 陶瓷坯体的成型

一、实验目的

（1）掌握塑性成型或干压成型的基本方法。
（2）掌握影响塑性成型或干压成型坯体性能的因素。

二、实验基本原理

塑性成型指的是具有一定含水量（通常在 20% 左右，具体值因配料的不同而不同）的塑性泥料在外力作用下使其成为具有一定形状、尺寸和强度的坯体的成型法。塑性成型是传统陶瓷产品生产中常用的成型方法之一，常用的塑性成型方法有：滚压成型法、旋坯成型法、拉坯成型法、盘条法、泥雕法等。本实验中，同学可根据自己的兴趣在拉坯成型法、盘条法、泥雕法中任选其一。

陶瓷干压成型是用较大压力将含有一定水分的陶瓷粉料在模腔内压成具有一定大小、形状和强度的坯体的过程。干压成型是建筑陶瓷（地板砖、内墙砖和外墙砖）常用的成型方法，它具有过程简单、坯体收缩小、致密度大、产品尺寸精确、对原料可塑性要求不高等特点。

三、实验器材

真空练泥机、陶瓷拉坯成、滚轮磨机、油压制样机、烘箱等。

四、实验步骤

（1）塑性成型
① 配制塑性泥料，球磨时要求细度要小（200 目筛余小于 2%），同时要干燥到适宜的含水。
② 充分练制泥料使其内部的气体充分排出（可用真空练泥或手工揉练）。
③ 使用自选的成型方法进行成型。
（2）干压成型
① 将配制好的陶瓷原料放入滚轮磨中磨制成泥浆（细度控制在 100 目筛筛余

2%~5%)。

② 将泥浆干燥成粉料备用（水分含量在8%左右）。

③ 将制备好的陶瓷粉料均匀地填满制样机的模腔，并按干压成型的基本要求压制成试饼，每组至少制作3块试饼并编号。

④ 用游标卡尺准确量取各试饼的直径并做好记录。

五、实验结果与分析

（1）记录和分析成型过程中遇到的问题。

（2）分析影响塑性成型或干压成型坯体质量的因素。

思考题

提高塑性成型或干压成型坯体质量的措施有哪些？

实验36 烧结温度与烧结温度范围的测定

一、实验目的

（1）掌握烧结温度与烧结温度范围的测定原理和测定方法。

（2）了解烧结温度与烧结温度范围对陶瓷生产的实际意义。

二、实验基本原理

陶瓷坯体在烧结过程中，要发生复杂的物理化学变化。如原料的脱水、氧化分解、易熔物的熔融、液相的形成、旧晶相的消失、新晶相的生成以及新生成化合物量的不断变化，液相的组成、数量和黏度随时不断变化，与此同时，坯体的气孔率逐渐减少，坯体的密度不断增大，最后达到坯体气孔率最小，密度最大时的状态称为烧结状态。

烧结时的温度称为完全烧结温度。若继续升温，升到一定温度时，坯体开始过烧，这可以用试样过烧膨胀出现气泡、角棱局部熔融等现象来确定。此时所对应的温度称为软化温度。完全烧结温度和软化温度之间的温度范围称为烧结温度范围。

烧结温度范围是坯料的重要性能之一，它对鉴定坯料在烧成时的安全程度、制定合理的烧成升温曲线以及选择窑炉等均有重要参考价值，为了决定最适宜的烧成制度，必须知道坯料的烧结温度和烧结温度范围这两个重要工艺特性。

本实验是将试样在各种不同温度下焙烧，然后根据不同温度焙烧的试样外貌特征、气孔率、体积密度、收缩率等数据绘制气孔率-温度、收缩率-温度曲线。并从曲线上找出气孔率达最小值（收缩率最大值）时的温度，即为烧结温度；自（气孔率最小值）收缩率最大值（气孔率开始上升）开始下降到最小值之间的一段温度称为烧结温度范围。

烧结温度与烧结温度范围的测定可以通过将试样在梯温电炉中或者卧式管形炉中进行

烧成，再用移液天平称量，测定其气孔率、收缩率；也可用耐火材料烧结温度测试仪测得其收缩率来确定完全烧结温度和烧结温度范围。

三、实验仪器与设备

耐火材料烧结温度测试仪、钢制模具。

四、实验步骤

（1）试样制备：将试样粉料在钢模中压制成直径 Φ6mm×6mm 圆柱试样。
（2）阴干发白后放入管形炉中，通过显示窗口观察试样的位置尺寸大小。
（3）打开电炉升温，加热过程中，注意观察试样的体积变化；当体积收缩至最小时，记录此时的温度为完全烧结温度。
（4）继续加热升温，至试样棱角出现圆滑或体积过烧膨胀时，记录此时的温度为软化温度。
（5）确定完全烧结温度和软化温度之间的温度范围为烧结温度范围。

五、实验结果与分析

根据得到的实验结果，分析烧结温度的影响因素。

思考题

降低陶瓷烧结温度的措施有哪些？

实验37 陶瓷热稳定性的测定

一、实验目的

（1）了解测定陶瓷热稳定性的实际意义。
（2）了解影响热稳定性的因素及提高热稳定性的措施。
（3）掌握热稳定性的测定原理及测定方法。

二、实验基本原理

热稳定性（抗热震性）是指陶瓷或陶瓷材料能承受温度剧烈变化而不破坏的性能。日用陶瓷的热稳定性取决于坯釉料配方的化学成分、矿物组成、相组成、纤维结构、坯釉料制备方法、成型条件及烧成制度等工艺因素以及外界环境。由于瓷质内外层受热不均匀，坯料与釉料的热膨胀系数差异会引起瓷质内部产生应力，导致机械强度降低，甚至发生碎裂的现象。

一般陶瓷的热稳定性与抗张强度成正比，与弹性模量、热膨胀系数成反比。而导热系数、热容、密度也在不同程度上影响热稳定性。

釉的热稳定性在较大程度上取决于釉的热膨胀系数。要提高瓷器的热稳定性首先要提高釉的热稳定性。瓷胎的热稳定性则取决于玻璃相、莫来石、石英及气孔的相对含量、粒径大小及其分布状况等。

陶瓷制品的热稳定性在很大程度上取决于坯釉的适应性，所以它也是带釉陶瓷抗后期龟裂性能的一种反映。

日用瓷热稳定性的测试方法一般是将试样（带釉的瓷片或器皿）置于电炉内逐渐升温到220℃，保温30min，迅速将试样投入染有红色的20℃水中10min，取出试样擦干，检查有无裂纹。或将试样置于电炉内逐渐升温，从150℃起，每隔20℃将试样投入（20±2）℃的水中急冷一次，直至试样表面发现有裂纹为止。记录水煮次数，以作为衡量瓷器热稳定性的数据。热交换次数越多，说明该瓷器的热稳定性越好。

三、实验仪器与试样

日用陶瓷热稳定性测定仪（由加热炉体、恒温水槽、送试样机构、控温仪表四部分组成）、试样若干。

四、实验步骤

（1）检查被测定的样品完好无损。

（2）将被测定的样品放入电炉中，接通电源开关，使炉温升至要求的温度，并保温20min。

（3）拉开炉门，将试样取出迅速投入室温下的水中急冷。

（4）将水中的试样取出，并观察是否有裂纹，若无裂纹，将试样放入电炉中继续升温，然后继续重复前面操作，直至样品出现裂纹为止，此时的温度即为热稳定性的温度。

（5）做3~5个平行实验，取平均值作为测试结果。

五、实验结果与分析

根据得到的实验数据，分析影响热稳定性的因素。

思考题

提高热稳定性的措施有哪些？

实验38　陶瓷线性热膨胀系数的测定

一、实验目的

（1）了解测定材料的膨胀曲线对生产的指导意义。

（2）掌握示差法和双线法测定热膨胀系数的原理和方法、测试要点。

二、实验基本原理

热膨胀系数的测定是通过准确测量出在一系列温度下所测试样的长度，然后通过相邻两温度下试样的长度差和温度差求出热膨胀系数。热膨胀系数是温度的函数，不同温度下的热膨胀系数不同。常用的是在一定温度范围内，如 20~1000℃ 区间内温度改变了 1℃ 时陶瓷材料尺寸的平均相对增加值，而不是指某一温度下的绝对增加值。

对于陶瓷砖，从室温到 100℃ 的温度范围内，测定线性热膨胀系数。

平均线膨胀系数 a 计算公式如下：

$$a=\frac{\Delta L_t}{L(t-t_0)}+7.5\times 10^{-6}a \tag{6-19}$$

式中 L——试样室温时的长度，mm；

ΔL_t——试样加热至 t 时测得的线变量值，mm；

t——试样加热量温度，℃；

t_0——试样加热前的室温，℃。

刚玉试样管的线性热膨胀系数取平均值 $7.5\times 10^{-6}/℃$。

三、实验仪器与试样

1. 仪器设备

XPY 陶瓷砖线性热膨胀仪，仪器主要由两部分组成：温度控制系统和位移测量系统。位移的测定有多种方法，通常采用推杆膨胀仪法。它利用某种稳定材料制成杆（如石英玻璃棒）把试样的膨胀从加热区传递出来。小砂轮片（磨平试样端面用）、卡尺（量试样长度用）、秒表（计时用）。

2. 试样制备

（1）试样尺寸 截面：宽×厚＝6mm×6mm~10mm×10mm 或直径 Φ＝6~10mm，长 L＝(50±0.5)mm

（2）制样。从一块砖的中心部位垂直地切取两块试样，使试样长度适合于测试仪器，试样的两端应展平并互相平行。试样的长和高分别为 50mm，横断面的面积应大于 10mm²，对施釉砖不必磨掉试样的釉。试样在 (110±5)℃ 下干燥至恒重，即相隔 24h 先后两次称量之差小于 0.1%，然后将试样放入干燥器内冷却至室温。用游标卡尺测量试样长度，精确到长度的 0.2%。

四、实验步骤

将试样放入热膨胀仪，并记录此时的室温。以 (5±1)℃/min 的加热速度加热至 100℃。在最初和全部加热过程中，测定试样的长度，精确至 0.01mm。测量并记录在不超过 15℃ 间隔的温度和长度。

五、实验结果与分析

根据得到的实验数据，分析影响测定线性热膨胀系数的因素。

思考题

防止热膨胀的措施有哪些？

实验39　陶瓷的吸水率、显气孔率、表观相对密度和容重的检测

一、实验目的

（1）掌握吸水率的测定原理和测定方法。

（2）了解吸水率与陶瓷制品理化性能的关系，了解影响吸水率的各种因素及其调节措施。

（3）参考吸水率作为坯体烧成温度确定的依据。

二、实验基本原理

烧结制品中的气孔可分为闭口气孔、开口气孔和贯通气孔。一般测定后两种气孔的体积占制品总体积的百分比，称为显气孔率。吸水率是制品中后两种气孔所吸收水的质量与干燥试样质量的比值。

样品的开口气孔吸入饱和水分有两种方法，即在煮沸和真空条件下浸泡。煮沸法水分容易浸入开口气孔，真空法水分注满开口气孔。

将称至恒量的干燥试样浸入水中，保持一定时间使其饱和。用砖的干燥质量、吸水饱和后的质量和在水中的质量计算相关的特性参数。

吸水率、显气孔率、表观相对密度和容重的计算公式如下。

1. 吸水率

计算每块砖的吸水率 $E_{(b,v)}$，用干砖的质量分数表示。计算公式如下：

$$E_{(b,v)} = \frac{m_{2(b,v)} - m_1}{m_1} \times 100\% \tag{6-20}$$

式中　E_b——用 m_{2b} 测定的吸水率，代表水仅注入容易进入的气孔，%；

E_v——用 m_{2v} 测定的吸水率，代表水最大可能地注入所有的气孔，%；

m_1——干砖的质量，g；

m_2——湿砖的质量，g。

2. 显气孔率

表观体积 V（单位为 cm^3）的计算公式为：

$$V = \frac{(m_{2v} - m_3)}{\rho} \tag{6-21}$$

式中　m_3——真空法吸水后悬挂在水中的砖的质量。

开口气孔的体积 V_0（单位为 cm^3）的计算公式为：

$$V_0 = \frac{(m_{2v} - m_1)}{\rho} \tag{6-22}$$

不透水部分的体积 V_1（单位为 cm^3）的计算公式为：

$$V_1 = \frac{(m_1 - m_3)}{\rho} \tag{6-23}$$

显气孔率 P 用试样的开口气孔体积与表观体积的百分比表示，其计算公式为：

$$P = \frac{V_0}{V} \times 100\% \tag{6-24}$$

3. 表观相对密度

试样不透水部分的表观相对密度 T 的计算公式为：

$$T = \frac{m_1}{m_1 - m_3} \tag{6-25}$$

4. 容重

试样的容重 B（又称为表观密度，单位为 g/cm^3）的计算公式为：

$$B = \frac{m_1}{m_{2v} - m_3} = \frac{m_1}{V} \tag{6-26}$$

三、实验仪器与试样

（1）实验仪器。（110±5）℃温度下工作的烘箱；供煮沸用的加热器；能称量精确到试样质量 0.01% 的天平；干燥器；麂皮；吊环、绳索或篮子（能将试样放入水中悬吊称其重量）；带溢流管的玻璃烧杯或者大小和形状与其相似的容器；将试样用吊环吊在天平的一端，使试样完全浸入水中，试样和吊环不与容器的任何部分接触；能容纳所要求试样数量的足够大容积的真空容器和能达到（10±1）kPa 的真空度并保持 30min 的真空系统。一般采用 TXY 陶瓷吸水率测定仪。

（2）实验试样。每种类型的砖用 10 块整砖测试。如每块砖的表面积大于 $0.04m^2$ 时，只需用 5 块整砖进行测试。如每块砖的质量小于 50g，则需足够数量的砖使每种测试样品达到 50~100g。砖的边长大于 200mm 且小于 400mm 时，可切割成小块，但切割下的每一块应计入测量值内。多边形和其他非矩形砖，其长和宽均按照外接矩形计算。若砖边长大于 400mm 时，至少在 3 块整砖的中间部位切取最小边长为 100mm 的 5 块试样。

四、测试步骤

将砖放在（110±5）℃的烘箱中干燥至恒重 m_1，使每隔 24h 的两次连续质量之差小于 0.1%。砖放在有硅胶和其他干燥剂的干燥器内冷却至室温，不能使用酸性干燥剂。每块砖按照下表中的测量精度称量和记录。

表 6-4　　　　　　　　　　　　砖的质量与测量精度表

砖的质量 m/g	测量精度/g	砖的质量 m/g	测量精度/g
$50 \leqslant m \leqslant 100$	0.02	$500 < m \leqslant 1000$	0.25
$100 < m \leqslant 500$	0.05	$1000 < m \leqslant 3000$	0.5

1. 水的饱和

（1）煮沸法。将砖竖直放在盛有去离子水或蒸馏水的加热器中，使砖互不接触，砖的上部应保持有 5cm 的水，在整个实验中，都应保持高于砖 5cm 的水面。将水加热至沸腾并煮沸 2h，然后切断电源，使砖完全浸泡在水中冷却（4±0.25）h 至室温。也可用常温下的水或制冷器将样品冷却至室温。将一块浸湿过的麂皮用手拧干，并将麂皮放在平台上轻轻地依次擦干每块砖的表面，对于凹凸或有浮雕的表面应用麂皮轻轻的擦去表面的水分，然后称重，记录下每块试样的称量结果 m_{2b}，保持与干燥状态下相同的精度。

（2）真空法。将砖竖直放在真空容器中，使砖互不接触。抽真空至（10±1）kPa，并保持 30min。在保持真空的同时，加入足够的水将砖覆盖并高出 5cm，停止抽真空，让砖浸泡 15min，将一块浸湿过的麂皮用手拧干，并将麂皮放在平台上轻轻地依次擦干每块砖的表面，对于凹凸或有浮雕的表面应用麂皮轻轻的擦去表面的水分，然后称重，记录下每块试样的称量结果 m_{2v}，保持与干燥状态下相同的精度。

2. 悬挂称量

称量真空法吸水后悬挂在水中的每块试样的质量 m_3，精确至 0.01g。称量时，将样品挂在天平一臂的吊环、绳索或篮子上。实际称量前，将安装好并浸入水中的吊环、绳索或篮子放在天平上，使天平处于平衡位置。吊环、绳索或篮子在水中的深度与称量试样时相同。

五、实验结果与分析

将试验所测数据记入表 6-5 中，并根据吸水率、显气孔率、表观相对密度和容重的计算公式进行计算。

表 6-5　　　　　　　　　　　　数据记录表

试样名称		测定人		测定日期			
试样描述							
试样编号	干砖质量 m_1/g	煮沸法吸水饱和砖的质量 m_{2b}/g	真空法吸水饱和砖的质量 m_{2v}/g	悬挂在水中砖的质量 m_3/g	吸水率 /%	显气孔率 /%	表观相对密度	容重/ (g/cm³)

分析吸水率与陶瓷制品理化性能的关系，并对影响吸水率的各种因素进行解析。

思考题

吸水率的调节措施有哪些？

实验 40　陶瓷抗冲击性的检测

一、实验目的

（1）掌握抗冲击的测定原理和测定方法。
（2）了解影响抗冲击性能的各种因素及其调节措施。

二、实验基本原理

恢复系数是两个相碰撞的物体碰撞前与碰撞后相对速度的比值。用测恢复系数来确定各种砖的抗冲击性，试验时，把一个特定的铬钢球从一个固定的高度落到试样上并测定其回跳高度，以此测定恢复系数。

当一个球碰撞到一个静止的水平面上时，它的恢复系数用下式计算

$$e = v_2/v_1 \tag{6-27}$$

式中　v_1——接触时的速度，cm/s；
　　　v_2——离开（回跳）时的速度，cm/s；
　　　e——恢复系数。

$$\frac{1}{2}mv_2 = mgh_2 \tag{6-28}$$

化简，得

$$v_2 = 2gh_2 \tag{6-29}$$

式中　m——球的质量；
　　　h_2——回跳的高度，cm；
　　　g——重力加速度，981cm/s^2。

$$\frac{1}{2}mv_1 = mgh_1 \tag{6-30}$$

化简，得

$$v_1 = 2gh_1 \tag{6-31}$$

式中　h_1——落球的高度，100cm。

$$e^2 = \frac{h_2}{h_1} \tag{6-32}$$

如果回跳两次，测定这回跳两次之间的时间间隔，则运动的公式为

$$h_2 = v_0 t + \frac{1}{2}gt^2 \tag{6-33}$$

式中　v_0——回跳到最高点时的速度（0），cm/s；
　　　t——两次的时间间隔，s。

因此，$h_2 = 122.6t^2$，$e = 1.107t$。

三、实验仪器与试样

（1）首先需要直径为（19±0.05）mm 的铬钢球。落球设备是由装有水平调节旋钮的

钢球和一个悬挂着的电磁铁的竖直钢架，一个导管和试验部件支架构成。也可直接采用TCY型陶瓷砖抗冲击性测定仪。

（2）试验部件被紧紧地固定在能使落下的钢球正好碰撞在水平瓷砖表面的中心位置。

（3）电子计时器，用麦克风测定钢球落到试样上的第一次碰撞和第二次碰撞的时间。

（4）试样。分别从5块砖上至少切下5片75mm×75mm的试样。实际尺寸小于75mm的砖也可以使用。试验部件是用环氧树脂黏合剂将试样粘在制好的混凝土块上制成。混凝土块的体积约为75mm×75mm×50mm，用这个尺寸的模具制备混凝土块或从一个大的混凝土板上切取。

下面的方法描述了用砂/石配成混凝土块的制备，其他类型的混凝土也可采用下面的试验方法，但吸水试验不适用于这类混凝土。

混凝土块或混凝土板是由1份（以重量计）波特兰水泥加入到4.5~5.5份（以重量计）骨料中组成。骨料粒度为0~8mm。该混凝土的混合物中粒度小于0.125mm的全部细料，包括波特兰水泥的比重约为500kg/m³。水与水泥质量比为0.5，混凝土混合物在机械搅拌机中充分混合后用瓦刀拌合到所需尺寸的模具中，在震动台上以50Hz的频率振实90s。

混凝土块从模具中取出前应在温度为（23±2）℃和湿度为（50±5）%RH的条件下保存48h。脱模后应彻底洗净任何脱模剂。混凝土块垂直地相互间隔开浸入（20±2）℃的水中保留6d，然后放在温度为（23±2）℃和相对湿度（50±5）%的空气中保留21d。此混凝土安装面在4h后有0.5~1.5cm³的表面吸水率。在试验部件安装之前用湿法从混凝土板上切下混凝土试块，应在温度为（23±2）℃和湿度为（50±5）%RH的条件下最少干燥24h才能使用。

（5）环氧树脂黏合剂是由氯醇和二苯酚基丙烷反应生成的环氧树脂（2份，按重量计）和活化了的芳香胺（1份，按重量计）组成。用计数器或其他类似方法测定的平均粒度为5.5μm的纯二氧化硅填充物同其他成分以合适的比例混合后形成一种不流动的混合物。

（6）实验部件的安装。在制成的混凝土块表面上均匀地涂上一层2mm厚的环氧树脂黏合剂。在三个侧面的中间分别放三个直径为1.5mm钢质或塑料制成的间隔标记，便于以后足够量的标记可被移动。将合适的试样正面朝上压紧到黏合剂上，同时在轻轻移动三个间隔标记之前将多余的黏合剂刮掉。实验前使其在温度为（23±2）℃和温度为（50±5）%RH的条件下放3d。如果瓷砖的面积小于75mm×75mm也可以用来测试。放一块瓷砖使它的中心与混凝土的表面中心相一致，然后用瓷砖将其补成75mm×75mm的面积。

四、实验步骤

用水平旋钮调节落球设备以使钢棒垂直，将实验部件放到电磁铁的下面，使从电磁铁中落下的钢球落到被固定位的实验部件的中心。

将光纤传感器及仪表安装固定好，光纤线轻轻插入其放大器中，慢慢转动锁紧螺钉，刚好接触即可，用力紧固则会损坏光纤线。

打开电源开关，按 R.S 键使电子计时器复零，将试验部件放到支架上使试样的正面水平地向上放置。从 1m 高处将钢球落下并使它回跳 2 次，记下 2 次回跳之间的时间间隔 t（精确到 ms 级），电子计时器自动显示 t。算出回跳高度（精确到 1mm），从而计算出恢复系数 e，按 e 键，仪表将自动显示恢复系数 e 的大小。按 R.S 键复位后又可进行第二次实验。重复按 e 键，将循环显示 e 和 t。

检查有缺陷或裂纹的表面，所有在距 1m 远处未能用肉眼或平时戴眼镜的眼睛观察到轻微的电磁波裂纹都可以忽略。记下边缘的磕碰，但在瓷砖分类时可以忽略。

对于另外的实验部件则应重复上述全部步骤。

实验结束，应关闭电源，清除表面污物，妥善保养。

五、实验结果与分析

根据实验结果，对影响抗冲击性能的各种因素进行分析。

思考题

抗冲击性能的调节措施有哪些？

实验 41　陶瓷白度、光泽度、透光度的测定

一、实验目的

（1）了解什么是陶瓷制品的白度、光泽度、透光度。
（2）了解造成白度、光泽度、透光度测定误差的原因。
（3）了解影响白度、光泽度、透光度的因素及调节措施。
（4）掌握白度、光泽度、透光度的测定原理及测定方法。

二、实验基本原理

各种物体对于投射在它上面的光，都会发生选择性反射和选择性吸收的作用。不同的物体对各种不同波长的光的反射、吸收及透过的程度不同，反射方向也不同，就产生了各种物体不同的颜色（不同的白度）、不同的光泽度及不同的透光度。

光线照射在瓷片试样上，可以发生镜面反射与漫反射，镜面透射与漫反射。漫反射决定了陶瓷表面的白度，镜面反射决定了陶瓷表面的光泽度，镜面透射决定了陶瓷的透光度。

（1）白度。在日用陶瓷白度测定方法规定的条件下，测定照射光逐一经过主波长为 620nm、520nm、420nm 的三块滤光片后。

光束从45°角度投射在试样上,而在法线方向,由试样产生漫反射,由硒光电池接收试样漫反射的光通量,试样越白,光电池接收的光通量就越大,输出的光电流也越大,试样的白度与硒光电池输出的光电流成直线关系。

(2) 光泽度。光泽度是物体表面的一种物理性能。在受光照射时,由于瓷器釉表面状态不同,导致镜面反射的强弱不同,从而导致光泽度不同。测定瓷器表面的光泽度一般采用光电光泽计,即用硒光电池测量照射在釉表面镜面反射方向的反光量,并规定折射率 $N_0 = 1.567$ 的黑色玻璃的反光量为100%,即把黑色玻璃镜面反射极小的反光量作为100% (实际上黑色玻璃的镜面反射的反光量≤1%)。将被测瓷片的反光能力与此黑色玻璃的反光能力相比较,得到的数据即为该瓷器的光泽度。由于瓷器釉表面的反光能力比黑色玻璃强,所以瓷器釉表面的光泽度往往大于100。

(3) 透光度。测定瓷器的透光度一般采用光电透光度仪。电灯发出的一定强度光,通过透镜变为平行光,此平行光经光阑垂直照射到硒光电池,当此平行光垂直照射到试样上,透过试样的光再进行检定。透过试样的光产生的光电流与入射光产生的光电流之比的百分数即为瓷器的相对透光度。

三、实验仪器设备

光电白度计(成套)、光电光泽计(成套)、光电透光度仪(成套)、试样若干。

四、实验步骤

(1) 白度测定

① 每次测量之前,检查电源电压必须符合仪器要求,然后按照白度计操作规程,稳定仪器,并用工作标准白板校正仪器。用黑桶标定仪器的零点,用标准白度板标定仪器的满度,经几次标定至仪器状态稳定,方可开始试样的测定。

② 在试样的表面上进行测定。

③ 测定时使仪器探头在测试表面上原位作相对转动,仪器显示值不得超过0.5的变动,否则需要在试样上选更为平整的表面重新测定。

④ 记录测试数据,测定3~5个点。

(2) 光泽度测定

① 仪器安放:把读数器安放在固定不受震动的平台上,把读数器和测头灯罩的导线连接,接上电源。拨开读数器上的电源开关,用擦镜纸把标准板表面尘灰擦净。然后将测头安放在标准板的边框内。

② 调零:将参数调节旋钮反时针方向旋到本位,然后转动读数器上的调零旋钮,使光点对准标准尺的零位。

③ 调标准板参数:连接测头硒光电池与读数器的导线,旋转读数器上参数调节旋钮,使光点落在标度尺上,对准标准板的规定参数。

④ 测量:将测头移放到经擦镜纸擦净的试样表面规定的部位上,这时读数器光点在标度尺上所对准的刻度即为测定的光泽度。

(3) 透光度测定

① 接通电源：把仪器后面的电源插头插入 220V 的交流电源插座上，按下右边电源开关，指示灯亮。

② 检流计校零：接通电源后，先打开检流计电源开关，此时检流计光点发亮，光点应正对标尺零位，否则须旋动检流计下方旋钮调整。

③ 调满度100：选择量程开关为×10档，把满度调整旋钮反时针旋到头时，按下光源开关，然后旋动满度调整按钮，调整仪器试数，使检流计光点指在标尺为100的地方。

④ 测定相对透光度：拉动仪器右侧拉钮，抽出试样盒，将待测试样放入光林，推进试样盒，即可在检流计上读取相对透光度数值。当检流计标尺读数小于10时，应把量程开关再按下，即调到×1档，再取读数，×1档的满度值等于1/10。

五、实验结果与分析

根据实验结果，分析影响白度、光泽度、透光度的因素。

思考题

白度、光泽度、透光度的调节措施有哪些？

实验42 釉的熔融温度范围的测定

一、实验目的

(1) 了解釉的熔融温度范围与陶瓷烧成制度确定的关系。
(2) 了解还原气氛的起始温度与终了温度范围的测定原理和测定方法。

二、实验基本原理

陶瓷烧成工艺要求坯体瓷化釉层玻化，即在坯体烧结成瓷的同时要求釉料熔融成玻璃均匀地敷于坯体上。故此坯釉的烧成温度或成熟温度必须密切吻合，否则不是坯体生烧釉层未熔好，就是坯体过烧釉层不光，因此须了解釉的熔融温度范围关系到陶瓷烧成制度的确定，了解还原气氛的起始温度与终了温度范围的测定原理和测定方法。

釉如同玻璃，没有一个固定的熔点，只能在一个不太严格的温度范围内逐渐软化熔融，变为玻璃态物质。釉的熔融温度范围一般是指从开始出现液相（指釉的软化变形点，称为熔融温度的下限）到完全变为液相（即流动温度，也称为熔融温度上限）的温度范围。釉的烧成温度在熔融温度范围内选取，在此温度下，釉能充分熔化并在坯体上完全铺展开，成为所要求的平整光滑的釉面。

把釉料制成 $\Phi 3mm \times 3mm$ 的圆柱体，在高温显微镜中此圆柱体呈现矩形投射宽面，将该投射面的高度分为6格，每格0.5mm后，进行加热。加热到直角钝化，降一格，此时的温度为始融温度；继续加热，投射面变成半球形，此时的温度为完全熔融温度（又称半球温度）；随着温度的升高，投射面变成扁平二格（1/2 半球高度），此时的温度为流动温度，完全熔融温度到流动温度之间的温度范围，称为釉的熔融温度范围。实际生产中，必须熔融到扁平二格甚至扁平一格的温度时，烧成的釉才算熔融到符合要求的程度。

三、实验器材

SCN 型高温显微镜、筛子（100 目）、玻璃板、金属磨具（制成 $\Phi 3mm \times 3mm$ 小圆柱体用）。

四、实验步骤

（1）在被测釉粉（烘干）中加入适量的含有 20% 糊精的溶液，混合成干压粉料。
（2）用加热显微镜（高温显微镜）附带的金属模具压制成型为小圆柱体试样。
（3）干燥试样，修整试样。
（4）将试样和热电偶一同装入加热显微镜的管式炉中。
（5）在加热过程中用光源射入管式炉内，而在另一端则用一套光学系统将小圆柱体的软化熔融情况不断用显微镜观察或进行照相。
（6）当小圆柱体熔融与托板子面成半圆球时或扁平二格时，从半球形温度到扁平二格温度即为熔融温度范围。

五、实验结果与分析

根据测得的釉的熔融温度范围，分析陶瓷烧成制度的确定。

思考题

陶瓷釉烧的影响因素有哪些？

实验 43　釉的最高熔体黏度的测定

一、实验目的

（1）了解釉的高温熔体黏度对陶瓷制品获得平滑光泽的釉面质量的重要作用。
（2）弄懂影响釉的高温熔体黏度的因素和采取调节釉的高温熔体黏度的措施。
（3）掌握釉的高温熔体黏度的测定原理和测定方法。

二、实验基本原理

1. 黏度

黏度是液体内摩擦的量度，是流体反抗变形的能力，是由流动的液体切向应力所造成的，是指液体流动时，一层液体受到另一层液体的牵制力，其力产生的大小和两层液体之间的摩擦力相互作用有关。

釉的化学成分与温度是影响釉熔体的高温黏度或流动性（黏度的倒数）的主要因素。在不同的温度下，熔体的黏度不同，可以通过控制温度的方法来控制黏度，使釉的高温熔体黏度适合于釉的工艺要求。

釉的高温熔体黏度表征釉在熔融状态下的黏稠性或流动性，釉在高温下的这种黏稠性、流动性与釉面质量（分布均匀、光滑、平整）有密切关系，对于釉与坯相互反应而产生中间反应层从而对坯釉结合强度也有一定影响。

釉的高温熔体黏度过大或过小将会导致桔釉和流釉等缺陷，影响釉面质量。

测定高温熔体黏度的方法一般有旋转法（转筒法、转球法）、球法（落球法、升球法）、拉丝法和孔流法等。

2. 黏度的测定——流动度比较法

将制备好的釉料干粉与适量的黏合剂制成一定规格的小球，放置在用坯泥预先制好的带有半球形凹洞并倾斜45°的瓷板的凹洞里，此凹洞与底盘连接一个直的浅槽。

将此瓷板放进高温电炉中，接通电源，升温至设定的温度，保温30min。此板上的釉料在高温下熔融，沿槽下流，冷却后，用尺子量出各种釉料的流动长度，以此比较各种釉料在统一温度下的不同黏度。

此种测试方法，准确性较差，釉的流动性不单在于釉本身的黏度，还受到釉对瓷板的润湿能力以及釉与坯料的化学作用的影响，但是此法简单实用，所以应用得比较普遍。

三、实验器材

高温电炉、瓷板载体、釉料干粉、黏合剂、直尺。

四、实验步骤

（1）用预定的坯料制备好带有凹洞且倾斜45°的瓷板。
（2）取几种釉料干粉，加糊精调和制成小球。
（3）将小釉球用黏合剂粘到瓷板上。
（4）将瓷板放入高温电炉中，接通电源，升温至设定的温度，保温30min，关掉电源。
（5）炉温下降，瓷板冷却后，取出，用直尺量出各种釉料的流动长度，比较各种釉料在同一温度下的不同黏度。

五、实验结果与分析

根据测的数据，分析影响釉的高温熔体黏度的因素。

思考题

调节釉的高温熔体黏度的措施有哪些？

实验 44　陶瓷创意制品的制作

一、实验目的

（1）掌握坯釉料配方的设计原则，根据矿物原料在陶瓷产品中的作用，学习调整配方组成。

（2）了解和掌握可塑成型坯釉的制备工艺过程和参数控制。

（3）体验对可塑成型坯料的质量要求，学习产品造型设计。

二、实验器材

托盘天平、球磨机、烘箱、拉坯设备、电炉、容器若干、手工工具若干。

三、实验步骤

（1）按照设计配方分别配制好坯釉料，使之达到可塑成型要求的质量标准。

（2）使用制备好的泥料，利用拉坯设备或用手及工具进行产品制备，产品造型根据实验者的设计意图自行确定。

（3）将塑造好的产品放置于室内阴干，待产品泛白后，进行修坯，然后放入。

（4）给干燥后的产品施釉，室温下阴干，再放入 105～110℃ 的烘箱中干燥至含水率在 3% 以下。

（5）将干燥后的样品放在电炉中，升温至所要求的温度进行烧成，烧成温度下保温 2h，关掉电源。

（6）待炉温降至室温后，取出实验产品，全部实验工作结束。

四、实验结果与分析

总结实验中出现的问题，分析其产生的原因，给出解决的可能方法或措施。

思考题

体会"生在原料，死在烧成"这句话的意义。

拓展阅读　手工陶艺作品设计与制作

2020 年，为深入贯彻习近平总书记关于教育的重要论述，全面贯彻党的教育方针，落实《中共中央　国务院关于全面加强新时代大中小学劳动教育的意见》，教育部印发《大中小学劳动教育指导纲要（试行）》，强调劳动教育是新时代党对教育的新要求，是中国特色社会主义教育制度的重要内容，是全面发展教育体系的重要组成部分，是大中小学必须开展的教育活动，对各级各类学校加强劳动教育提出了具体明确的要求。

新时代高校实施劳动教育对高校培养德智体美劳全面发展的社会主义建设者和接班人有积极意义，对提升人才培养质量有重要意义。但是，高校劳动教育的具体实践方式与方法还有待研究和探索。

深挖劳动教育内涵，加强特色劳动教育课程内容，大力拓展实践设置，有效利用手工陶艺传统工艺制作课程，用好中华传统文化资源，满足各年级各专业大学生劳动实践，打造"五育"融合的教育模式，形成具有大连工业大学轻工特色，满足学生个性化、多样化的发展需要，促进学生健康成长的教育生活，培养德智体美劳全面发展的社会主义建设者和接班人。

陶瓷艺术是一个最古老的手艺，是我国优秀传统文化的杰出代表，它承载着中华文明几千年的历史，陶艺这门手指尖上的艺术，是科技、艺术、劳动、智慧融合的创造。谈陶艺，离不开中国传统陶瓷，在传统陶瓷发展的过程中，陶艺与中国传统文化密切融合，形成了现在享誉全球的中国陶瓷。中国陶瓷在世界上有着非常重要的地位，我国传统陶瓷在各个历史时期都各具特色，如唐代的唐三彩，宋代定窑的白瓷、汝窑的青瓷、官窑的素面瓷、哥窑的开片裂纹瓷以及钧窑的钧红瓷，元代的青花瓷，清代的彩绘瓷等。从这些优秀的传统陶瓷中可以让学生们认识到我国传统陶瓷文化的丰富和强大，领略我国陶瓷文化的魅力，从而增强他们的民族文化自信。

工匠精神体现的是匠人们对作品完美的极致追求，它包含了敬业、精益、专注等内涵。这些精神在我国传统陶瓷的制瓷匠人身上以及他们的作品上都有完美体现。通过给学生讲一件优秀的陶艺作品是如何诞生的，就可以让学生体会到制瓷匠人的工匠精神。一件瓷器从泥开始到成为一件陶瓷器皿需要经过非常多的工序，景德镇有一句话叫"过手七十二，方可成器"，意思是说一件瓷器的制作需要经过七十二道工序，每一道工序都需要精心制作，一个不小心就会前功尽弃，导致最后的作品失败。在这么复杂的制作工序中，做出了一件件优秀的陶瓷工艺品，这其中制瓷匠人付出的心血以及他们的工匠精神可以启发学生们，让我们的学生继承他们对待事情敬业、精益、专注的态度。

关于陶瓷创意制品的制作，先播放大国陶瓷工匠、名瓷制品赏析等视频（德育），并讲解手工成型、修坯等陶瓷的专业知识（智育），再结合自行设计的创意作品，进行练泥或拉坯成型、干燥、修坯、施釉、烧结等生产工艺劳动，并进行清理拉坯机、桌面及地面等的卫生劳动（劳育），在制作过程中结合自己的审美，美化手工陶艺制品（美育），并在课后进行陶瓷市场调研，要求学生徒步考查一定数量的陶瓷产品及店铺，让学生体会日常工作对体力的要求，激励学生坚持体育锻炼和养成良好的生活习惯（体育），最终达到"五育并举"协同育人。

参 考 文 献

[1] 杨劲松，王丹，陈其晖，等.新时代加强高校劳动教育实践路径研究[J].中国高等教育，2021（9）：3.

[2] 张情, 王新会. 立德树人, 五育并举——盛世长安小学传统手工陶艺制作劳动课[J]. 陶瓷科学与艺术, 2022, 56 (6): 89-90.

[3] 潘梦梅, 胥璟, 欧莹. 高校课程思政教学实践研究——以陶艺课程为例[J]. 陶瓷研究, 2021, 36 (2): 94-95.

[4] 杨海波, 朱建锋. 陶瓷工艺综合实验[M]. 北京: 中国轻工业出版社, 2013.

[5] 杨海波, 朱建锋, 王通. 陶瓷工艺综合实验[M]. 西安: 西北工业大学出版社, 2020.

第七章 玻璃工艺学实验

"玻璃工艺学实验"主要是围绕"玻璃工艺学"课程理论知识开设的系列实验。实验项目包括玻璃配方组成设计和熔制、玻璃析晶性能测试、玻璃密度测定、玻璃软化点测定、玻璃制品热稳定性测试、玻璃光学性能与色度、玻璃内应力及退火温度测定。通过上述实验项目,学生可以进一步加深对玻璃工艺学课程基本概念、基本理论的理解,掌握玻璃工艺实验相关仪器的操作,建立玻璃结构、组成、工艺与性能之间的关系模型,具备解决复杂工程实践问题的能力。

实验45 玻璃配方组成设计和熔制

一、实验意义

熔制过程是玻璃生产的关键环节,在配方合理和成型条件固定的前提下,确定合理的熔制工艺制度,并严格控制熔制工艺过程是生产出优质玻璃制品的重要保证。玻璃配方组成设计和熔制实验是一项很重要的设计型工艺实验,其在教学、科研和实际生产中具有重要意义。在教学中,通过熔制实验可以使学生深入了解玻璃熔制的工艺过程和熔制过程中的各种现象,并掌握工艺条件对玻璃熔制过程和玻璃液质量的影响。在科研和生产中,往往需要设计、研究和试制玻璃新品种,或者是对传统的玻璃生产工艺进行革新。在这些情况下,一般都要先做熔制实验,制备玻璃样品,再对样品进行各种性能测试,然后对组成进行调整修正,重新进行熔制和性能测定。如此反复进行,直至找到玻璃的最佳配方,满足各种性能要求为止。通过玻璃熔制实验可以寻找合理的成分,了解玻璃熔制过程和影响熔制的各种因素,摸索合理的熔制工艺制度,提出各种数据以指导生产实践。

二、实验目的

(1)利用所学过的理论知识进行玻璃组成设计、原料选择和配方计算,并确定玻璃的熔制温度和工艺制度。

(2)根据不同组成的玻璃配方进行配料,在高温炉中用小型坩埚进行玻璃熔制、成型和退火,获得不同组成的玻璃样品。

(3)分析讨论玻璃组成对玻璃熔制工艺、玻璃熔制质量及坩埚侵蚀情况的影响。

三、实验基本原理

玻璃熔制是在一定的工艺条件下把合格的配合料加热熔化成为符合成型和产品质量要

求的玻璃液。玻璃的熔制是一个相当复杂的工艺过程,它包括一系列物理的、化学的、物理化学的现象和反应。物理过程指配合料加热时水分的排除,某些组分的挥发,多晶转变以及单组分的熔化过程等;化学过程是指各种盐类被加热后结晶水的排除,盐类的分解,各组分之间的化学反应以及硅酸盐的形成等过程;物理化学过程包括物料的固相反应,共熔体的产生,各组分生成物的互溶,玻璃液与炉气之间、玻璃液与耐火材料之间的相互作用等过程。

由于上述反应和现象,才使由各种原料通过机械混合而成的配合料变成复杂的、具有一定物理化学性质的、均匀的、无可见气泡等明显缺陷的熔融玻璃液。这些反应和现象在熔制过程中并不是严格按照某预定的顺序进行着,而是彼此之间有着相互密切的关系。通常可将熔制过程分为五个阶段:第一阶段——硅酸盐的形成;第二阶段——玻璃的形成;第三阶段——玻璃液的澄清;第四阶段——玻璃液的均化;第五阶段——玻璃液的冷却。

四、实验药品与器材

1. 实验药品

(1) 化工原料:SiO_2、纯碱(Na_2CO_3)、硼酸(H_3BO_3)、四氧化三铅(Pb_3O_4)、硝酸钾(KNO_3)、碳酸钙($CaCO_3$)、氧化铝(Al_2O_3)、氧化镁(MgO)以及各种着色剂。其中着色剂包括高锰酸钾($KMnO_4$)、硫酸铜($CuSO_4$)、氧化钴(CoO)、重铬酸钾($K_2Cr_2O_7$)。以上试剂均为分析纯。

(2) 矿物原料(质量分数):硅石粉(粒度40~60目,$SiO_2>98\%$,$Fe_2O_3<0.05\%$)、方解石(粒度过40目筛,$CaO>55\%$,$Fe_2O_3<0.05\%$)、萤石(粒度过60目筛,$CaF_2>80\%$,$Fe_2O_3<0.2\%$)。

2. 实验器材

高温电炉(常用温度1500℃,玻璃熔制)、马弗炉(常用温度1000℃,供退火用)、高铝坩埚(50mL和100mL)、瓷研钵、药勺、天平、坩埚钳子、石棉手套、保护眼镜、浇铸玻璃样品模具。

五、实验步骤

1. 玻璃成分的设计

设计成分首先要确定玻璃的物理化学性质及工艺性能,并依此选择能形成玻璃氧化物的系统,这样就确定了决定玻璃主要性质的氧化物,一般为三组分或四组分系统,其总量往往要达到90%(质量分数)。此外还包括其他一些辅助原料,即添加一些既不使玻璃的主要性质变坏,同时又能使玻璃具有其他必要的性质或加速熔制的氧化物。

为降低玻璃的熔化温度和析晶倾向,选择成分应趋向多组分,大部分为五六个组分以上。相图和玻璃形成区域图可作为确定玻璃成分的参考和依据。在应用相图时,如果查阅三元相图,应选择的成分要尽量接近相图中的共熔点或相界线。在应用玻璃形成区域图时,应当选择离开析晶区与玻璃形成区分界线较远的组成点,使成分具有较低的析晶趋向。

为使设计的玻璃成分能满足成型等工艺要求，必须加入一定量的促进熔制和调整料性的物料，虽用量不多，但工艺上却不可缺少。同时还要添加适当的澄清剂。熔制有色玻璃时，需要在玻璃组成中加入适量的着色剂，同时还需考虑基础玻璃对着色的影响。

以上各点是相互联系的，设计时要综合考虑。要确定一种优良配方，必须经过多次熔制实验和性能测试，对成分进行修正。

在本实验中组成设计原则是熔制温度和操作条件符合险要条件的要求，并要达到实验目的的要求。在实际生产中使用的玻璃组成基本属于以下几个系统：

（1）Na_2O-CaO-SiO_2 系统的玻璃，如瓶罐玻璃和平板玻璃等。

（2）R_2O-B_2O_3-SiO_2 系统，如仪器玻璃等。

（3）R_2O-PbO-SiO_2 系统，如铅晶质玻璃和光学玻璃等。

下面列出供参考的几种玻璃配方（表7-1）。

表7-1　　　　　　　　几种参考玻璃组成（质量分数）　　　　　　　单位：%

序号	品种	SiO_2	Al_2O_3	Fe_2O_3	CaO	MgO	BaO	PbO	K_2O	Na_2O	Cr_2O_3	MnO_2
1	平板玻璃	72.5	1		9.5	3				14.0		
2	罐头瓶	69.5	4.5	0.27	9.0	2.5				14.5		
3	啤酒瓶	69.80	3.6	0.51	9.5	1.3	1.0			14.4	0.07	0.09
4	低铅玻璃	62.5	B_2O_3*　2.99					18.8	12.24	3.47		

*：低铅玻璃中不含 Al_2O_3，用 B_2O_3 代替了 Al_2O_3，此处为 B_2O_3 质量分数2.99%。

2. 玻璃原料的选择

在研制一种新玻璃品种时，为了排除杂质的影响，尽快地找到合适的配方，一般都采用化工原料（化学纯或分析纯）和纯度较高的矿物原料来做实验。本实验主要选择化工原料。当化工原料熔制出新型玻璃已满足各种性能要求时，就要考虑用矿物原料进行熔制，以观察带入杂质后对玻璃有何影响，为中间实验和正式投入生产提供第一手资料。

本实验所用化工原料分析成分均在99.5%以上，不考虑挥发损失量。

3. 配料计算

根据玻璃成分和所用原料的化学成分就可以进行配合料的计算，计算每批原料量时，要根据坩埚大小或欲制得玻璃的量（考虑各性能测试所需数量）来确定。

本实验以制得100g玻璃液来计算各种原料的用量。在计算每种原料的用量时，要求计算到小数点后第二位。

例如：计算熔制100g玻璃液所需 Na_2CO_3 的净用料量。

$$Na_2CO_3 = Na_2O + CO_2 \tag{7-1}$$

据上式可知，Na_2CO_3 中 Na_2O 的理论含量（质量分数）为58.83%，当玻璃中 Na_2O 含量为15%时，碳酸钠的用量为：

$$m_{Na_2CO_3} = \frac{0.15}{0.5883} \times 100 = 25.50(g) \tag{7-2}$$

用类似方法可算出其他原料的用量，并列出如表7-1所示的格式。

4. 熔制温度的计算

在现有文献中玻璃熔制温度的计算有几种方法,其中一种常用的方法是先根据玻璃的组成确定玻璃熔制速度的经验常数 τ,然后根据 τ 值估算玻璃熔化温度。沃尔夫给出的玻璃组成与 τ 值的关系式如下

对一般工业玻璃:
$$\tau = \frac{\omega_{SiO_2} + \omega_{Al_2O_3}}{\omega_{Na_2O} + \omega_{K_2O}} \tag{7-3}$$

对硼硅酸盐玻璃:
$$\tau = \frac{\omega_{SiO_2} + \omega_{Al_2O_3}}{\omega_{Na_2O} + \omega_{K_2O} + 0.05\omega_{B_2O_3}} \tag{7-4}$$

对铅质玻璃:
$$\tau = \frac{\omega_{SiO_2} + \omega_{Al_2O_3}}{\omega_{Na_2O} + \omega_{K_2O} + 0.05\omega_{PbO}} \tag{7-5}$$

式中 τ——玻璃熔制速度常数;
ω——各物质的质量分数,%。

τ 值与一定的熔化温度相适应。因此在其他工艺参数固定时,可以根据组成计算常数 τ 值,以确定熔制温度,不同 τ 值时的熔制温度见表 7-2。必须指出,常数 τ 值是一经验常数值,只能粗略的在生产中应用,不能认为这个常数是唯一的决定因素,还应与其他因素一起来考虑。

表 7-2　　　　　　　　　　不同 τ 值所对应的熔制温度

τ	6.0	5.5	4.8	4.2
熔制温度/℃	1450~1460	1420	1380~1400	1320~1340

除了上述计算方法外,王承遇教授等综合化学成分对熔化温度的影响因素,经过熔制实验及参考有关文献上的数据,得出了计算玻璃配方熔化温度的经验公式:

$$T_m = \sum C_i P_i + 1400 \tag{7-6}$$

式中 T_m——参考熔化温度,℃;
C_i——氧化物的计算系数;
P_i——氧化物的质量分数。

计算系数见表 7-3。

表 7-3　　　　　　　　　不同组成时各种氧化物的计算系数

成分	不同成分范围的计算系数
SiO_2	3.6(>75%),3.6(70%~75%),4.4(60%~70%),5.1(50%~60%),5.5(40%~50%),5.9(30%~40%)
Al_2O_3	3(>20%),4.5(15%~20%),5(10%~15%),6(5%~10%),6.5(<5%)
B_2O_3	−5(>15%),−6(10%~15%),−7(<10%)
CaO	−5
MgO	−3
PbO	−3.5(>60%),−4(15%~60%),−3.5(<15%)
BaO	−3(>15%),−3.9(10%~15%),−4.5(<10%)
ZnO	−5(>5%),−3.5(<5%)
SrO	−5

续表

成分	不同成分范围的计算系数
Li_2O	-12
Na_2O	-10(>15%), -11(<15%)
K_2O	-9(>15%), -10(5%~15%)

5. 配合料制备

将粉末状的原料充分混合成均匀的配合料，是保证熔化玻璃液的先决条件。根据计算好的配料单，并根据坩埚大小称取各种原料，放在瓷研钵内混合均匀。

6. 熔制操作

根据设计和计算，制备一组混合料（通常3中配方），每组分别装入3个坩埚中（2个50mL的，一只100mL的，其中在大坩埚中可以加入色料，制成有色玻璃），编号后放在电炉内加热熔化。

根据高温炉操作规程要求和设计的实验过程设计升温制度，为了观察样品熔制过程中发生的变化，须确定取出小坩埚的温度和时间。最后的大坩埚在设计的熔制温度下保温一定时间进行充分澄清和均化。

7. 成型和退火

将熔制好的玻璃液倒入模具成型，然后在马弗炉中退火，退火温度根据玻璃组成自己选定。

六、实验结果与分析

在不同温度取装有物料的小坩埚冷却到室温后，用小锤打碎坩埚底和壁，观察坩埚中心、表面、底和壁的硅酸盐形成、玻璃形成、熔化和澄清情况（气泡多少，未熔化的沙粒有多少，玻璃液表面是否有气泡，颜色、透明度及玻璃液的其他特征）。此外，再仔细观察坩埚被侵蚀特征。实验结果可填入表7-4。然后对实验现象和结果进行分析和讨论。

表7-4　　　　　　　　　　实验数据与现象记录

熔化温度		900℃		1100℃		最高熔化温度	
序号		1	2	1	2	1	2
玻璃类型与其组成							
最高熔化温度保温时间							
玻璃的评定	熔化程度						
	澄清情况						
	透明度及颜色						
	其他特征						
坩埚侵蚀情况							
结论							

思考题

（1）组成对玻璃的熔制过程有何影响？

（2）在实验中发现了哪些问题？产生这些问题的原因是什么？

实验 46　玻璃析晶性能的测定

一、实验意义

玻璃具有亚稳特性，有较高的内能，因此玻璃态物质在一定条件下有向晶态转变的趋势。在透明玻璃生产中，玻璃的析晶是一种缺陷，必须加以防止。而对于微晶玻璃的生产来说，希望玻璃在一定条件下能整体地析出均匀细小的某种晶相，以满足性能的要求。一般析晶在相当于黏度为 $10^3 \sim 10^5 \mathrm{Pa \cdot s}$ 温度范围内进行（在该玻璃系统液相线温度以下进行），在此温度范围内的析晶主要决定于晶核形成的速度与晶体生长速度以及熔体的黏度；同时与玻璃液在该温度下保温时间有关。玻璃在不同温度下晶核形成和晶体生长速度是各不相同的，因此，只有在两者都有较大速度的温度下，才容易析晶。

在普通玻璃生产中，通过析晶实验可以测定析晶程度，如果析晶严重，就必须对玻璃组成进行调整；同时利用析晶实验我们可以掌握玻璃的析晶温度范围，在成型时设法快速越过这个温度范围，就可以避免析晶。对于微晶玻璃的研究和生产来说，玻璃的析晶实验具有重要意义。通过析晶实验可以测定玻璃的析晶温度范围和析晶程度，并进一步分析不同温度下析出的晶相等，以指导玻璃组成的调整和热处理制度的确定。

二、实验目的

（1）了解梯温炉的工作原理，学会利用梯温电炉测定玻璃的析晶温度。

（2）掌握不同温度部位玻璃的结晶状态，并获得析晶上下限温度。

三、实验基本原理

本实验是利用梯温电炉来测定玻璃析晶温度，其原理是将试样置于梯温炉中，炉中心部位温度最高，而两边的温度则有规律地降低。试样在炉内恒温一定时间后取出，并迅速冷却，就可以观察到不同温度部位玻璃的结晶状态，并测量出析晶上下限温度。

四、实验试样与器材

（1）实验试样。熔制得到具有一定析晶倾向的玻璃，将试样敲碎成小块后，洗净、烘干。再将瓷舟内表面刷净、烘干。

（2）实验器材：梯温析晶炉、电位差计、精密温度自动控制器、铂铑热电偶（2支）、长 250~300mm 的瓷舟（用瓷管磨制而成）。

五、实验步骤

(1) 测定梯温炉温度曲线

① 在炉膛内放入长为 500mm 以上的铂铑热电偶（在瓷套管上附有刻度），使其热端放在炉中心最高温度处，用十字夹头固定住，冷端连接在电位差计上。

② 接好各线路并检查一遍，启动温度控制器，将温度给定调至所需要温度1100℃，仪器接通电源后，为延长炉丝和可控硅使用寿命，先用手动升温，调节"手动调节"旋钮，将加热电流调节至 3~5A，待 2~3min 后增加到 10A。当偏差表指针接近零的位置时，再将"手动自动"开关拨向"自动"位置，置 $P=10$，$I=10$，$D=0$，偏差选择于±50℃的位置，即可自动升温。如果使用其他类型温控仪则按说明进行操作。

③ 当炉膛中心最高温度达到1100℃时可自动恒温，此时再连续测量炉膛内各点温度（用电位差计）。先测出炉膛中心的最高温度，然后将带有刻度的热电偶向外移动 1cm 停留一定时间，等温度稳定后读数。这样每隔 1cm 读一次数，测得炉膛中心至炉口各点的温度。再将各点温度在坐标纸上（比例为 1:1）划出温度——距离曲线，此曲线就是梯温炉中心温度为某一定值时的温度曲线（一般由教师标定好了）。

(2) 将制备好的试样连续地放入瓷舟中，再将瓷舟放入梯温炉内，使它的一端正好处于炉中心最高温度位置，瓷舟的其余区域的温度可由梯温曲线读出，此时整个试样都在已知的温度范围内停留。

(3) 精密温度自动控制器操作规程按（1）中②条进行。

(4) 试样在炉中保温一定时间（根据玻璃成分而定），然后迅速将瓷舟拉至炉口，冷却片刻再置于室温下冷却。

(5) 将瓷舟放在梯温曲线上，使各位置与炉膛内的位置相对应，找出试样的析晶范围。

(6) 析晶程度可按下面的分级方法划分等级

① 无结晶。

② 结晶膜——很薄层（约 0.1mm 厚）的表面结晶。

③ 结晶壳——较厚的表面结晶。

④ 结晶壳和玻璃主体内有个别小结晶。

⑤ 整体结晶。

不同等级析晶的图解表示方法如图 7-1 所示。

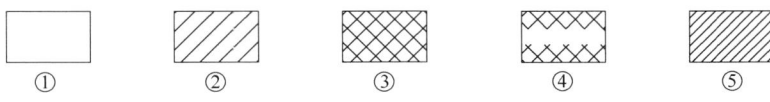

图 7-1 玻璃析晶程度图解

六、实验结果与分析

将测得的结果绘制成图解，讨论玻璃的析晶程度。

思考题

（1）影响玻璃析晶的因素有哪些？

（2）影响测定结果准确性的因素有哪些？

实验47　玻璃密度测定

一、实验意义

玻璃密度是表征玻璃结构的一个标志，它主要取决于构成玻璃的原子的质量，也与原子堆积紧密程度有关，而这些又主要取决于玻璃组成，因此玻璃的密度是对组成波动最敏感的性能之一。在玻璃生产中，容易产生一些不正常现象，如原料组成或水分波动、称量错误和混料不均匀等，这些不正常现象都会引起玻璃的成分发生波动。在工厂中往往通过测定玻璃密度来控制玻璃成分，进而控制玻璃质量。

二、实验目的

掌握称量法测定玻璃密度的原理和方法。

三、实验基本原理

测定密度的方法目前有沉浮法、称量法、比重瓶法等。其中前两种方法较为常用。根据阿基米德原理，玻璃在水中减轻的重量等于它所受水的浮力，也等于试块所排开同体积水的重量。由此，通过称量其重量变化并利用公式计算出玻璃的密度，此法即为称量法。

四、实验试样与器材

（1）实验试样：制备得到块状玻璃试样（至少3块）、蒸馏水。

（2）实验器材：精度为0.001g天平（2架）、150～200mL烧杯（2只）、直径0.05～0.1mm铜丝（若干）、支架、剪刀。

五、实验步骤

（1）选好无缺陷（如气泡、沙点、条纹等杂质）试样3块，每块约5g重。

（2）精确地称出玻璃在空气中的质量 m_0。

（3）精确地称出细铜丝的质量 m_1。

（4）将细铜丝绑住玻璃并悬挂在天平的挂钩上。称取玻璃和细铜丝在空气中的质量 m_2。

（5）将装有蒸馏水的小烧杯用铁支架架空，不得与天平称量盘相碰。精确地称出玻璃和细铜丝在水中的质量 m_3。

(6) 用剪刀沿着水平面剪去正好在水平面以下的细铜丝，此时细铜丝只剩下在水面上面的部分，再精确称量此剩余部分的细铜丝的质量 m_4。然后根据下式计算玻璃的密度。

$$\rho_0 = \frac{m_0}{\frac{m_2-m_3}{\rho_2}-\frac{m_1-m_4}{\rho_1}} \tag{7-7}$$

式中　ρ_0——试样玻璃密度，g/cm^3；

　　　ρ_1——铜丝的密度，g/cm^3；

　　　ρ_2——水的密度，g/cm^3。

六、实验结果与分析

对测定结果进行误差分析。玻璃的密度与所用的介质有关，介质的密度又与温度有关。通常是在水中测定，水温在 4~25℃ 的密度差 $\Delta d = 0.0029 g/cm^3$。例如，当玻璃的密度要求精度不高时，可不考虑水温对玻璃密度的测定结果的影响，一般日用玻璃误差允许在 $0.05g/cm^3$ 之内，$\rho_2 = 1g/cm^3$，$\rho_1 = 8.933g/cm^3$。

思考题

造成测定结果误差的因素有哪些？如何尽量减少误差？

实验48　玻璃软化点测定

一、实验意义

测定玻璃的软化温度，在工艺生产中具有重要意义。如玻璃制品的退火及钢化，其加热温度都不能达到软化点，否则造成制品变形而报废。而火焰抛光则要求制品表面温度短时间稍高于软化点，因此，必须对玻璃的软化点进行测定。

二、实验目的

（1）掌握玻璃软化点的测定方法。
（2）能够利用软化点数据指导相应玻璃的使用工艺。

三、实验基本原理

玻璃没有固定的熔点，从固态加热至熔融，是受热后随温度上升而渐渐变软，直至完全熔化，其软化范围比较大。通常规定玻璃密度为 $2.5g/cm^3$ 时，对应的黏度为 $4.5\times10^6 Pa\cdot s$ 的温度为软化温度或称软化点。本实验采用 ASTMC 338-57 软化点测定的标准方法，通过玻璃丝伸长速度来测定玻璃黏度为 $4.5\times10^6 Pa\cdot s$ 时的软化温度为软化终点。规定一个均一的玻璃丝试样，直径为 $0.65\pm0.5mm$，长为 $235\pm0.1mm$，当距离上部

100mm 的部分在一专门的炉子中以 5℃/min 的速度加热时，在重力作用下以 1mm/min 的速度拉伸，此时的温度相当于玻璃黏度为 $4.5×10^6 Pa·s$ 时的温度，也就是所测量的玻璃软化点。

四、实验试样与器材

（1）实验试样：玻璃丝应是圆的，光滑的，没有空洞和其他杂质。直径在 0.55~0.75mm，长度为 23.5±0.1cm（不包括端头）。

（2）实验器材：BLR-Ⅱ型玻璃软化点测定仪。

五、实验步骤

（1）将仪器用电源线连接好，并调整电炉处于水平位置。

（2）把玻璃丝放入加热炉中央孔内，调节放大镜焦距，使放大镜内分划尺的零线与试样下端对齐后，再取出试样（放大镜位置不应再动）。

（3）调整炉膛内热分布，将电炉控制器开关扳向"监测"位置，调节电流旋钮使电流至 3.5A。当电炉加热到低于玻璃试样预计软化温度 50℃ 左右时，再将电流降低 0.5A，使温度稳定 2~3min，在炉温以 4~6℃/min 升温时，立即放入试样。

（4）将工作开关扳向"测量"位置，当试样伸长速度达到 0.2mm/min 时开始记录，每隔 30s 或 60s 按一次仪器"显温"按钮，并相应观察一次试样伸长量和显示温度值记录值。当被测试样伸长量超过 1.2mm/min 停止记录，降低炉温，并立即取出样品，重复做 2~3 次，取其平均值。

六、实验结果与分析

（1）在单对数坐标纸上，以试样伸长量 ΔL 为纵坐标，以温度为横坐标作图，以每次测的试样伸长量所对应的温度值找点并连接各点。如果升温速率是相同的，则所连各点成直线。在伸长量为 1mm/min 处所对应的温度即为被测试样的软化温度（软化终点）。

（2）校正热电偶和电位差计的误差，热电偶冷端在室温情况下，应在测得的温度值上再加上室温。

（3）玻璃软化点测定记录表，见表 7-5。

表 7-5　　　　　　　　　　玻璃软化点测定记录表

试样名称				试样编号	
试样来源				测试日期	
试样直径/mm	上部：_____，中部：_____，下部：_____				
试样长度/mm				控制升温电流/A	
伸长读数	ΔL/mm	温度/℃		时间/s	电流/A

思考题

试样密度、尺寸和升温速度等对测定结果有何影响？

实验 49　玻璃制品热稳定性测试

一、实验意义

玻璃经受温度骤变而不破坏的性质称为热稳定性。它也是玻璃膨胀系数、弹性模量、导热性能、比热、抗张强度等一系列物理性质的综合表现。其中膨胀系数，还有玻璃制品的厚度对其热稳定性影响尤为严重，因此测定玻璃的热稳定性，对了解玻璃工艺性能、提高产品质量有着重要意义。

二、实验目的

（1）掌握玻璃热稳定性测定的方法。
（2）能够根据测试结果分析影响玻璃热稳定性的因素。

三、实验基本原理

在急冷急热的作用下，玻璃的强度极限与机械作用下的强度极限是相似的，因此测定耐急冷急热性的实质，也就是测定玻璃在该温度范围内的强度。因此，这种性质可以按照玻璃热冲击下的强度极限来测定。又因为玻璃抗压强度比抗张强度大十倍，而玻璃受热时其表面产生压应力，冷却时表面产生张应力，因此，测定玻璃热稳定性是在试样经受急冷条件下进行的。用试样在保持不破坏条件下能经受的最大温度差来表示。

四、实验试样与器材

（1）实验试样：实验所用试样为未经其他实验的玻璃瓶罐，并需要预先在实验室内放置 30min 以上。
（2）实验器材：JBY-445 型自动控温数显急变仪。

五、实验步骤

根据测试目的不同，可以选用下述之一的测试方法。

1. 合格性实验

该测试方法可应用于连续生产中样品的常规检验。
（1）将室温样品直立于网篮的网格中，上面用网板压住，使其不能移动。
（2）两个水槽中装入适量的水，打开自动控温装置，调节冷水槽温度至（25±1）℃，热水槽温度设定为冷水槽温度加上受试的温度差（一般为 35℃），接通加热装置，使热水槽温度升至所设定的温度，温差不大于±1℃。

（3）将装有样瓶的网篮浸入热水槽中，使瓶内均匀充满水后，浸没（在水面下最少5cm）5min。此时应继续加热以保持设定温度。

（4）将网篮连同盛满热水的样瓶，以（10±1）s的时间转入冷水槽中，浸没30s后取出，逐个检查。

注：实验时若冷水槽温度不是25℃，则每增加（或减少）5℃，原规定受试温度差可减少（或增加）0.5℃。

2. 递增性实验

只要重复上述的测试程序，但每次测试需增加一个温度差，一般为5℃。这可通过提高热水槽温度来实现，直至达到预定的样瓶破坏百分率为止。

3. 破坏性实验

按着递增性实验方法做下去，直至样品全部破裂。

六、实验结果与分析

将实验数据按要求填写到表7-6中。

1. 合格性实验数据
（1）采取的受试温差。
（2）实验中破裂数量和破裂百分数。
2. 递增性实验数据
（1）各次实验的温差，破裂数量和破裂百分数。
（2）达到预定破裂百分数时的温差。
3. 破坏性实验数据
（1）各次实验的温差、破裂数量和破裂百分数。
（2）全部破裂的平均温差。

表7-6　　　　　　　　　玻璃热稳定性测试数据

试样急冷次数	样品名称	数量	热水槽温度/℃	冷水槽温度/℃	冷热水槽温差/℃	转移时间/min	每次炸裂个数	备注
1								
2								
3								
4								
5								
6								

思考题

样品尺寸、形状、退火的情况等对制品热稳定性有何影响？

实验 50　玻璃的光学性能测定

一、实验意义

光功能玻璃是功能材料中非常重要的一种，在力、声、热、电、磁、光等外场作用下，光学性能会发生改变，是能源、计算机技术、通讯、电子、激光和空间科学等现代技术的基础，也是材料科学与工程领域中最活跃的部分。掌握玻璃光学性能的测定方法，对开发和利用光功能玻璃具有重要意义。

二、实验目的

（1）掌握玻璃透过率的测定原理和方法。
（2）掌握透过率曲线绘制的方法，比较分析无色和有色玻璃透过率的区别。

三、实验基本原理

光线射入玻璃时，一部分光线透过玻璃，一部分被玻璃吸收和反射。不同性质的玻璃对光线的反应是各不相同的，无色玻璃（如平板玻璃）能大量通过可见光，有色玻璃则只让某一定波长的光线通过，而其他波长的光线则被吸收掉，因此对玻璃的光学性能的研究，尤其是对颜色玻璃来说是非常重要的。

玻璃的透光性可用透光率或光密度来表示，透光率是通过玻璃的光流强度和投射在玻璃上的光流强度的比值来表示（以百分比表示），即：

$$T = I/I_0 \times 100\% \tag{7-8}$$

式中　T——透光率；
　　　I——透过玻璃的光流强度；
　　　I_0——投射在玻璃上的光流强度。

玻璃的透光率与玻璃的厚度有着直接的关系，对于2mm的平板玻璃，其透光率一般在87%，3mm厚的平板玻璃其透光率为85%。

通常$-\lg T$称为光密度D，即$D = -\lg T$。

若以光密度为纵坐标，以波长为横坐标，作出玻璃的光谱曲线，就可大致确定该玻璃的光学特性。

利用紫外-可见分光光度计可以测定不同厚度的平板玻璃透光率的变化和颜色的光谱曲线。

四、实验试样与器材

（1）实验试样：实验所用试样标准样块，包括透明玻璃和不同颜色的玻璃试样。

（2）实验器材：紫外-可见分光光度计。

五、实验步骤

1. 平板玻璃透光率的测定

（1）取玻璃试样用游标卡尺或千分尺量出几处厚度，取平均值。然后将试样洗净、擦干，使试样表面不留任何可见的污渍或指纹，以免降低透光率，影响测定结果。

（2）先检查仪器，看其供电电源与仪器所标注的电压是否相符，然后接通电源。

（3）开机自检、预热。

（4）预热结束后仪器进入工作界面。

（5）将比色皿暗箱打开，将第一个比色皿槽不放样品做参比，将不同厚度玻璃试样装入其余比色皿槽内，再盖上比色皿暗箱。

（6）在主界面显示有"1 光度""2 定量""3 动力学""4 多波长"等选项，按下按键"1"选择"光度"测量，按 SET 键进入设置，按"1"进入选择模式，本实验选择"透光率"选项，然后按 Enter 键确认，按键"2"设置 K 值，输入 K 值为 1，按 Enter 键确认。然后按 START/STOP 键确定设置内容。

（7）按键 GOTO 进入波长设置，用数字键入选择波长值 560mm，然后按 Enter 键确认，然后按 START/STOP 进入光度数据表。

（8）将空白比色槽置于光路中，按 ZERO 校准 100%T/0Abs，用比色槽拉杆将样品置于光路中测量其透光率，重复此操作完成其他样品透光率测定，记录全部数据。

2. 测定平板玻璃及颜色玻璃的光谱曲线

选取一块白色平板玻璃及两块颜色玻璃放于比色槽，仍将第一比色槽作为参比，采用多波长功能测量各样品可见光透光曲线，测定波长范围 380~780nm 的透光率（测定间隔 10nm）。操作步骤如下：

（1）按键 3 选择"多波长"功能，然后按 1 选择"透光率"，按 ENTER 确认后，按 2 选择波长数量（最多为 8 个），确认后按 3 进入波长设定，设定好每个波长值后按 ENTER 确认，然后按 START/STOP 进入测定状态。

（2）使空白参比处于光路中，按 ZERO 校准 100%T/0Abs，用比色槽拉杆将样品置于光路中测量设定各波长透光率，按 SAVE 保存或记录全部数据。重复此操作完成其他样品透光率测定。

（3）选择设定其他波长，重复上述测定过程，完成从 380~780nm 波段的透光率测定。

六、实验结果与分析

将测定的数据记录在表 7-7、表 7-8 中，然后按下面要求处理数据。

（1）比较不同厚度的平板玻璃透光率，并写出结论。

（2）根据表内实验数据以透光率为纵坐标，波长为横坐标绘制出三种颜色玻璃光谱曲线（在一张坐标纸上）。

表 7-7　　　　　　　　　　　　不同厚度的平板玻璃透光率

样品编号	厚度/mm	平板玻璃透光率(560nm 处)/%
1		
2		
3		

表 7-8　　　　　　　　　　　　颜色玻璃透光率

波长/nm	样品	1		2		3		4	
		颜色	厚度/mm	颜色	厚度/mm	颜色	厚度/mm	颜色	厚度/mm
380									
390									
400									
...									
770									
780									

思考题

通过实验可以得出哪些结论？影响测定准确性的因素有哪些？

实验 51　玻璃色度测定

一、实验意义

在颜色玻璃生产和实际应用中，常用各种光度计来测试玻璃的光谱曲线，以表示玻璃的光谱特性和颜色。然而，光谱曲线只是表示不同波长和透过（或吸收）的函数关系，不能全面反映颜色的特性。为了科学地表示颜色的特征，保证各种物体颜色的一致性，国际照明委员会创立了标准色度系统 CIE。通过大量实验和计算，绘制了 x-y 颜色图，使任一颜色物体都可以在 x-y 颜色坐标图中找到相应位置，并能按照亮度（总透光率）、色调主波长和色纯度（色饱和度）加以区别，从而可以定量地比较颜色质量。

近年来各种颜色玻璃广泛应用于艺术装饰、滤光、信号、激光和荧光等方面，对于玻璃颜色的质量要求越来越高。在许多科技和生产部门遇到了不少有关颜色测量问题。

二、实验目的

（1）掌握分光光度计测定玻璃色度的原理和方法。
（2）通过数据处理能够得到玻璃的色坐标。

三、实验基本原理

根据 CIE 规定的颜色的三基色原理,即任何一种颜色都可以由红、绿、蓝三基色按一定比例混合出来,而人眼是靠着视网膜中的红锥、绿锥、蓝锥三种感受细胞,对三基色刺激的不同来分辨颜色的。因此在标准 C 光源照射下,物体颜色的三刺激值 X、Y、Z 由积分式表示:

$$X = k\int_{380}^{780} S(\lambda)\bar{x}(\lambda)\mathrm{d}\lambda$$

$$Y = k\int_{380}^{780} S(\lambda)\bar{y}(\lambda)\mathrm{d}\lambda$$

$$Z = k\int_{380}^{780} S(\lambda)\bar{z}(\lambda)\mathrm{d}\lambda \tag{7-9}$$

在实际计算中用求和近似积分来表示,根据色度学原理,对于反射物体颜色刺激函数为:$S(\lambda) = S_c(\lambda)\rho(\lambda)$,而透射物体颜色刺激函数为:$S(\lambda) = S_c(\lambda)\tau(\lambda)$,则用加和表达式如下:

$$X = k\sum_{\lambda=380}^{780} S_c(\lambda)\tau(\lambda)\bar{x}(\lambda)\Delta\lambda$$

$$Y = k\sum_{\lambda=380}^{780} S_c(\lambda)\tau(\lambda)\bar{y}(\lambda)\Delta\lambda$$

$$Z = k\sum_{\lambda=380}^{780} S_c(\lambda)\tau(\lambda)\bar{z}(\lambda)\Delta\lambda \tag{7-10}$$

式中 X、Y、Z——CIE 标准色度系统三刺激值;

$\bar{x}$、$\bar{y}$、$\bar{z}$——标准观察者光谱三刺激值;

$S_c(\lambda)$——标准光源 C 的相对光谱功率分布;

$\tau(\lambda)$、$\rho(\lambda)$——分别为物体的光谱透射率和反射率;

$\Delta\lambda$——波长间距,为 5nm 或 10nm。

一般不用三刺激值 X、Y、Z 直接来表达颜色,而是用三基色各自在 $X+Y+Z$ 总量中的相对比例来表示颜色,则三基色各自在 $X+Y+Z$ 总量中的相对比例称为色度坐标,分别用 x、y、z 表示,计算方法如下:

$$x = \frac{X}{X+Y+Z}$$

$$y = \frac{Y}{X+Y+Z}$$

$$z = \frac{Z}{X+Y+Z} \tag{7-11}$$

设定调整因数 K,将照明体(或光源)的 Y 值调整为 100,则总透光率为:

$$T = \frac{Y}{100} \tag{7-12}$$

四、实验试样与器材

(1) 实验试样:同一颜色试样选择三块,要求无气泡、条纹等缺陷,并抛光成表面平整光滑、透明度高的样品，长×宽为30mm×12mm，厚度为2~5mm均可，但同一样品三块的厚度差不大于0.1mm。

（2）实验器材：紫外-可见分光光度计，工作波段为200~1000nm，可测紫外区可见光和近红外区吸收光谱。

五、实验步骤

与光学性能中测定透光曲线测定透光率方法和步骤相同，即从380~780nm每隔10nm测量一次透光率值分别填入表7-9内。

六、实验结果与分析

（1）参看表7-8，计算待测试样在标准光源C照射下的色度坐标x、y、z。将表7-9中Ⅰ、Ⅱ、Ⅲ分别乘以不同波长处的透光率$\tau(\lambda)$并填入所对应的Ⅳ、Ⅴ、Ⅵ格内。将表格Ⅳ、Ⅴ、Ⅵ中各值加和后得X、Y、Z值，即测样品三刺激值。代入公式（7-11）中，算出x、y色度坐标，再在x-y颜色图上找出该样品相对位置。

（2）求出色纯度$P(\%)$：

$$P = \frac{a}{a+b} \tag{7-13}$$

在x-y颜色图上，查得标准光源C点，从C点到玻璃样品（x、y）点作直线段，长度为a，并延长该线段到颜色图曲线交点处其长度为b。用直尺量出a和b的值（cm）代入式（7-13）中计算。

（3）查色调主波长。从标准光源C点作直线段经过样品x、y坐标点，相交于颜色图曲线上的某一波长，就是该颜色玻璃的主波长。

（4）计算总透光率用公式（7-12）。

（5）实验结果比较表，见表7-10。

表7-9　　　　　　　　CIE标准C光源与标准观察者光谱三刺激值

波长 /nm	Ⅰ $S(\lambda)X(\lambda)$	Ⅱ $S(\lambda)Y(\lambda)$	Ⅲ $S(\lambda)Z(\lambda)$	透光率 $\tau(\lambda)$	Ⅳ $S(\lambda)X(\lambda)\tau(\lambda)$	Ⅴ $S(\lambda)Y(\lambda)\tau(\lambda)$	Ⅵ $S(\lambda)Z(\lambda)\tau(\lambda)$
380	0.004	0.000	0.020				
390	0.019	0.000	0.089				
400	0.085	0.002	0.404				
410	0.329	0.009	1.570				
420	1.238	0.037	5.949				
430	2.997	0.122	14.628				
440	3.975	0.262	19.938				
450	3.915	0.443	20.638				
460	3.362	0.594	19.299				
470	2.272	1.058	14.972				
480	1.112	1.618	9.461				
490	0.363	2.358	5.274				

续表

波长/nm	I S(λ)X(λ)	II S(λ)Y(λ)	III S(λ)Z(λ)	透光率 τ(λ)	IV S(λ)X(λ)τ(λ)	V S(λ)Y(λ)τ(λ)	VI S(λ)Z(λ)τ(λ)
500	0.052	3.401	2.864				
510	0.089	4.833	1.520				
520	0.576	6.482	0.712				
530	1.523	7.934	0.387				
540	2.785	9.149	0.195				
550	4.282	9.832	0.086				
560	5.880	9.841	0.039				
570	7.322	9.147	0.020				
580	8.417	7.992	0.016				
590	8.984	6.627	0.010				
600	8.949	5.316	0.007				
610	8.329	4.176	0.002				
620	7.070	3.153	0.000				
630	5.309	2.190	0.000				
640	3.393	1.443	0.000				
650	2.349	0.886	0.000				
660	1.361	0.504	0.000				
670	0.708	0.259	0.000				
680	0.369	0.134	0.000				
690	0.171	0.062	0.000				
700	0.082	0.029	0.000				
710	0.039	0.014	0.000				
720	0.019	0.006	0.000				
730	0.008	0.003	0.000				
740	0.004	0.002	0.000				
750	0.002	0.001	0.000				
760	0.001	0.001	0.000				
770	0.000	0.000	0.000				
780	0.000	0.000	0.000				
加合	98.041	100.080	118.103				

表 7-10　　不同样品的实验结果比较表

样品编号	样品厚度/mm	x,y 色度坐标	色纯度	总透光率	主波长/nm
1					
2					
3					

思考题

（1）玻璃透过率的影响因素有哪些？

（2）玻璃的色度对玻璃的应用有什么影响？

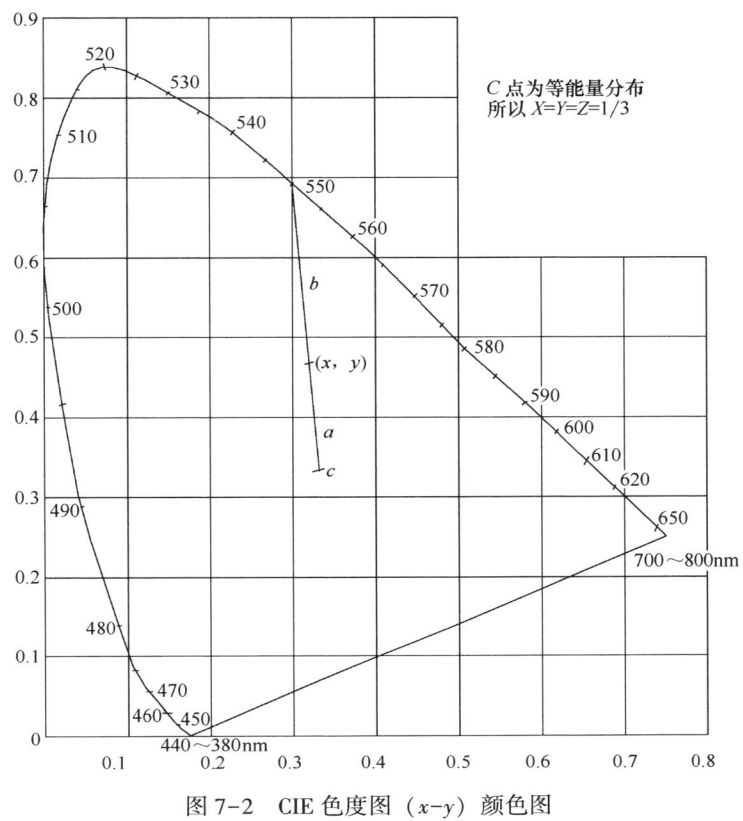

图 7-2　CIE 色度图 ($x-y$) 颜色图

实验 52　玻璃内应力及退火温度测定

一、实验意义

玻璃制品中存在的内应力，通常都是极不均匀的。这将使玻璃制品的机械强度、热稳定性等性能有所降低，严重时会发生自裂现象。因此对于各种制品规定其内应力不能超过一定数值。为了保证产品质量，就必须对制品内应力进行测定。

一般玻璃制品都须经过退火处理，以消除其内应力。进行退火处理的最安全温度，通常称为最高退火温度或退火点，在此温度下维持 3min 能使应力消除 95%。还有最低退火温度，在此温度下维持 3min 能使应力消除 5%。根据所测定的光程差和内应力的计算就可制定该玻璃的退火制度。

二、实验目的

（1）掌握玻璃退火应力的测定方法。
（2）制定相应玻璃的退火温度制度。

三、实验基本原理

玻璃的结构是无规则的、统计均匀的，因此玻璃在各个方向上的物理和化学性质是相同的，也就是说玻璃具有各向同性。当光通过玻璃时，光速与其传播方向和光波的偏振面无关，不会发生双折射现象。但是当玻璃中存在应力（包括热应力、结构应力和机械应力）时，由于应变的存在使得玻璃在应力方向上的密度发生改变，导致折射率发生变化，当给玻璃样品施加沿 z 轴方向的压应力时，则在 z 轴方向发生压缩应变。应力的存在使玻璃就变成了各向异性材料。光线在各向异性材料中传播时，就会分离成两束光。两束光从入射面到达另一个表面经历的路程和时间不同，这种路程之差称作光程差。

光程差的测量方法有偏光仪观测法、干涉法和补偿器法等几种。第一种方法可以粗略地估计光程差大小，不便于定量测定。第二种方法能进行定量测定，但精度不高。只有第三种能进行比较精密的测定。本实验中采用这种方法。退火温度的测定方法有黏度计法、双折射法、热膨胀法和差热曲线法等。其中双折射法是工厂中常采用的方法之一。在双折射仪的起偏镜和检偏镜之间设置管状炉，炉中放置待测试样，以 2～4℃/min 的升温速率升温。观察干涉条纹在升温过程中的变化，应力刚开始消失时速度很慢，随着温度的升高，玻璃中的应力消除速度加快。随着应力的消失，玻璃中的干涉条纹也逐渐消失，因此可以通过测定干涉条纹的变化速率来测定应力的消除速率，以确定退火温度。

四、实验试样与器材

（1）实验试样：玻璃试样应选择无砂粒、条纹、气泡等缺陷，并须淬火抛光等处理。样品选用平板玻璃 15mm×15mm、棒状玻璃 Φ6mm×30mm。

（2）实验器材：双折射仪、多功能程序控温仪。

五、实验步骤

1. 玻璃中的内应力测定

测定玻璃中的内应力，利用偏振光测玻璃的光程差共分三种方法：补偿器法（应用双折射仪）、干涉色比较法和观测法。最广泛的方法是采用偏光仪，即双折射仪来测定。

（1）测定前首先将仪器及线路检查一遍，然后接通电源。3min 后，光源（钠光灯）开始正常工作。调节检偏镜与起偏镜成正交消光位，此时视域是黑暗的，如图 7-3（a）所示，检偏镜度盘刻度处在"0"位。如果有偏离应记下，偏离角度（φ_0），$\frac{1}{4}\lambda$ 波片度

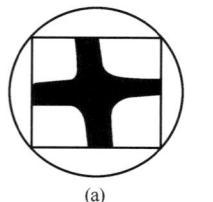
(a)
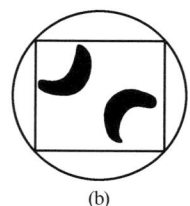
(b)
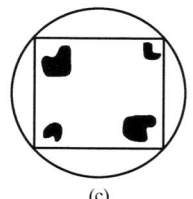
(c)

图 7-3 试样在仪器视阈中的图像

盘的刻度也应处在"0"位。

(2) 将具有内应力的玻璃试样放在管式电炉的炉膛内,其定位应使偏振光束垂直通过试体的平面(片状试体)。

(3) 观察试样平面,看到平面有两个月牙形黑线,如图7-3(b)所示。其余为亮域,亮域为主应力方向(它与偏振轴成45°的位置),其光程差值最大。

(4) 旋转检偏镜使试样的两个月牙形的黑线成为两个黑点,如图7-3(c)所示。此时黑影部位的光程差值最小或等于零。记下所旋转的补偿角φ值。样品中应力值越大,则φ值越大,其单位光程差可按下式计算

$$\Delta = 3 \times (\varphi - \varphi_0)/d \tag{7-14}$$

式中 Δ——光程差,nm/cm;

$\varphi - \varphi_0$——引入试体前后检偏镜旋转角度的差值,(°);

d——经过试体的光程长度(即试体的宽度),cm。

根据光程差可计算出试体中心的最大残余应力值。

2. 玻璃退火温度的测定

(1) 在常温下测定样品应力后,打开仪器电源开关,这时控温仪指示灯亮。

(2) 将"P"和"I"调节旋钮至8-9的位置。

(3) 将"状态"开关13转到"给定"位置并旋转"给定温度"旋钮12,使温度显示在所需要的温度数字上(约600℃)。

(4) 将"状态"开关再旋至"实际"位置。

(5) 从室温到250℃升温速度不限,可将升温"速率粗调"8旋至16℃/min的位置。按下"加热"开关7便自动升温,可以看到加热指示灯5不断闪亮。

(6) 当温度到达250℃以后,将"速率粗调"8向回调至3℃/min的位置。注意观察玻璃试样干涉色的变化。从300℃开始,每隔3min旋转一次检偏镜,使月牙形黑影向试体两边移动变成两个小黑点,记下一个φ角值和所对应的温度及时间。再反方向旋转到φ_0的位置,使视域内再现月牙形黑影。

(7) 重复(6)直到试体光程差为"0",此时正好检偏镜旋回φ_0的位置上,视域全黑,即应力全部消除。待炉子凉后,换上试样重复操作一次。若采用Φ6mm×30mm棒状试样,其退火温度的测定步骤同上述步骤一样,只是观察的现象有所不同。当φ_0时,试样周围视场呈"深灰色",试样中央呈现一条最亮线。将检偏镜旋转,当看到试样中的亮线变成原来视域所呈现的"深灰色"为止,测出检偏镜度盘上的角度为$\varphi_{初}$。控制升温速度为3℃/min,当接近最低退火温度时,开始观察试样干涉色的变化。旋转检偏镜以维持中央的原始"深灰色",每隔3min观察并记录一次,直到视场与试样呈现相同颜色为止,正好检偏镜度盘刻度位于φ_0处,应力全部消失。

六、实验结果与分析

(1) 原始记录

① 应力测试的原始数据记录于表7-11中。

② 退火温度的测定原始数据记录于表 7-12 中。

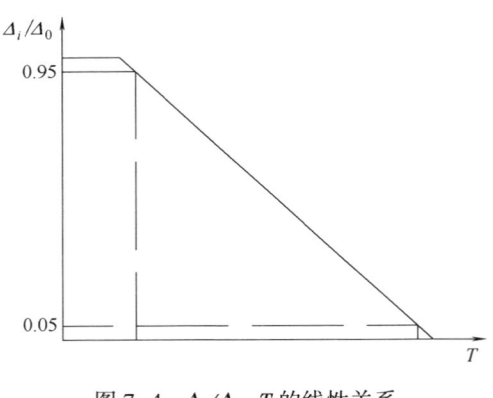

图 7-4　Δ_i/Δ_0-T 的线性关系

根据表中记录数据，并利用公式 (7-15) 计算得到应力值 σ：

$$\sigma = \Delta/B \tag{7-15}$$

对于普通工业（硅酸盐）玻璃，$B = 2.55\times10^{-12}\mathrm{Pa}^{-1}$。

（2）在直角坐标纸上以温度为横坐标，以 Δ_i/Δ_0 为纵坐标作图。通过理论推导和实践证明，在退火区域内 Δ_i/Δ_0-T 呈线性关系。在 Δ_i/Δ_0-T 直线上取 0.95 和 0.05 点所对应的温度，即分别为该玻璃的最低退火温度和最高退火温度，如图 7-4 所示。

表 7-11　　　　　　　　　　应力测定数据表

试样尺寸/cm		检偏镜刻度盘读数/度		单位光程差	应力值
厚度	宽度	无试样	有试样	$\Delta/(\mathrm{nm/cm})$	$\sigma/(\mathrm{kg/cm}^2)$
δ	d	φ_0	φ		

表 7-12　　　　　　　　　退火温度测定数据表

测试时间		炉内温度	检偏镜度盘读数/(°)		加热时度盘转角读数	加热前的光程差	加热后各测点的光程差	Δ_i/Δ_0
时	分	℃	φ_0	$\varphi_初$	φ_i	Δ_0	Δ_i	

思考题

（1）本实验对样品有什么要求？
（2）影响玻璃退火温度测量准确性的原因有哪些？

拓展阅读　发光玻璃及其配方设计依据

随着科技的不断进步与创新，照明技术经历了从最原始的火源到电光源的演变，每一次的革新都为人类的生活带来了翻天覆地的改变。实用 LED 首次问世时，受限于当时的科技手段，LED 运用层次仅停留在指示提醒和信号等方面。近年来，第四代绿色照明光源白光发光二极管（WLED）逐渐取代传统光源，在照明和显示领域发挥了重要作用。与传统光源相比，WLED 具有安全稳定、节能环保、寿命长、体积小的明显优势，应用非常广泛，包括液晶显示器背光、显示器移动照明、医疗通信设备等。然而，WLED 封装所用的有机树脂导热性能差、易老化、折射率低等问题制约了 WLED 技术的发展，采用无机材料替代有机树脂是解决这些问题的有效途径之一。众所周知，WLED 是通过混合不同发光颜色的光获得的，主要是通过蓝光和黄光的组合，以及三基色（蓝、绿、红）光的组合。在目前商用的 WLED 中，最常用的 WLED 主要是通过结合蓝光 LED 芯片和黄色 YAG：Ce^{3+} 荧光粉得到的 pc-WLED，通过激活剂的激发产生可见光。然而，荧光粉在发光效率和长时间使用过程中的光衰方面存在一定的限制，例如热和湿气降解、光谱分布不均匀、显色能力差等。为了进一步提高白光 LED 的性能，并解决荧光粉存在的问题，发光玻璃等新型无机荧光材料得到了广泛的研究。稀土掺杂发光玻璃作为白光发光光源，与荧光粉相比具有很多优势。首先，发光玻璃具有高光转换效率，能够将电能有效地转化为可见光。其次，发光玻璃具有优异的光稳定性和长寿命，能够在长时间使用过程中保持稳定的发光特性。此外，通过调控发光玻璃的组分和结构，可以实现白光发射，并具有较好的色温和色彩还原性能。

与其他玻璃体系相比，磷酸盐发光玻璃具有玻璃形成区宽、光学性能优异、稀土离子可溶性高等性能，有望用于 LED 的关键转换材料。但是其化学稳定性差限制了磷酸盐玻璃的发展应用。多项研究表明，通过添加各种氧化物，如 Al_2O_3、B_2O_3、Bi_2O_3、ZrO_2、MnO_2 等，可以提高磷酸盐玻璃的化学耐久性。下面以光学性能优异的锑磷酸盐为基础，设计玻璃质量计量组分为 $4B_2O_3 - 7.4Na_2O - 8.9ZnO - 9Al_2O_3 - 11.57Sb_2O_3 - 62.1P_2O_5 - 1.03BaO$，并以外掺的形式掺杂质量分数为 $0.5\%Tm_2O_3$ 和 $0.5\%Sm_2O_3$，该玻璃在 401nm 激发可以得到 CIE 色坐标为（0.309，0.298）的发射光，非常贴近国际白光色度标准（0.33，0.33）。

玻璃组分中 B_2O_3 作为玻璃网络形成剂，可以在玻璃网络中形成 $[BPO_4]$，这种结构与硅酸盐玻璃中的 $[SiO_4]$ 结构类似，可以提高磷酸盐玻璃的化学稳定性。Al_2O_3 的加入会增加 $[PO_4]$ 四面体之间的交联，能与磷氧四面体中的双键氧形成 P—O—Al 键，形成 $[AlPO_4]$ 加强玻璃网络，使玻璃的结构更加稳定，提高玻璃的耐久性和玻璃化转变温度（T_g）并降低热膨胀系数。ZnO 因能提高玻璃的化学稳定性和耐久性而被广泛用于改善玻璃质量。考虑到玻璃基质成分中加入的铝氧化物属于高熔点物质，在玻璃制备过程中需要在较高温度下进行，增大了选择玻璃基质的难度，为了改善熔制效果，加入少量的碱土金属氧化物 BaO，在玻璃熔制过程中起助熔作用。Sb_2O_3 在磷酸盐玻璃网络中发挥中间氧化物的作用，而 Na_2O 掺入提供足够的游离氧，可以促进 Sb^{3+} 参与网络结构，形成 P—O—Sb 键加强玻璃的网络结构，改善玻璃的化学稳定性。另外，Sb^{3+} 本身的 $5s^2$ 电子构型在紫外（UV）区域表现出强烈的允许激发，这对于其可能的应用来说是优选的，特别是作为敏化剂可以有效地将激发能量转移到其他激活剂。含 Sb^{3+} 的磷酸盐玻璃中的荧光对于纯白光表现出黄色和红色成分不足，尽管拥有广泛的可见光发射并且荧光颜色对于肉眼来说接近白色。由于稀土离子具有丰富的能级以及这些能级之间的各种跃迁，通常会考虑使用稀土离子来提高光性能，可带来理想的发射。在电子排布为 $4f^n$ 的三价稀土离子中，Sm_2O_3 用于提供 Sm^{3+}，Sm^{3+} 具有强烈的黄光和红光发射，可以实现橙红光发射，并且在紫外到蓝光光谱区具有特征激发带。因此，将 Sm^{3+} 引入到含 Sb^{3+} 的磷酸盐玻璃中以实现更好的荧光是可行的。Tm_2O_3 则提供 Tm^{3+}，可以实现蓝光发射，Sm^{3+} 与 Tm^{3+} 二者结合可以调控色度坐标，实现多种颜色光的发射。

参 考 文 献

[1] 陈跃. 基于导热塑料的 LED 普通照明灯具散热分析 [D]. 上海：复旦大学，2013.

[2] JIN H, CHEN L, LI J, et al. Vertically stacked RGB LEDs with optimized distributed Bragg reflectors [J]. Optics letters, 2020, 45 (24)：6671-6674.

[3] KRISHNA P A, ALEXANDRE T, JAKE H, et al. Full color-tunable vertically stacked quantum dot light emitting diodes for next-generation displays and lighting [J]. Nanoscale, 2020, 12 (48)：24403-24410.

[4] DANG P P, LIU D J, LI G G, et al. Recent advances in bismuth ion-doped phosphor materials：structure design, tunable photoluminescence properties, and application in White LEDs [J]. Advanced Optical Materials, 2020, 8 (16)：1-33.

[5] SMET P F, JOOS J J. White light-emitting diodes：stabilizing colour and intensity [J]. Nature materials, 2017, 16 (5)：500-501.

[6] LI X, BUDAI J D, LIU F, et al. New yellow $Ba_{0.93}Eu_{0.07}Al_2O_4$ phosphor for warm-white light-emitting diodes through single-emitting-center conversion [J]. Light Science & Applications, 2013, 2 (1)：e50.

[7] KAUR S, ARORA D, KUMAR S, et al. Blue-yellow emission adjustability with aluminium incorporation for cool to warm white light generation in dysprosium doped borate glasses [J]. Journal of Luminescence, 2018, 202：168-175.

[8] ZHONG J, CHEN X, CHEN D, et al. A novel rare-earth free red-emitting $Li_3Mg_2SbO_6$：Mn^{4+} phosphor-in-glass for warm w-LEDs：Synthesis, structure, and luminescence properties [J]. Journal of Alloys and Compounds, 2018, 773：413-422.

[9] ALMEIDA D, FONSECA P, SCHLOMANN B, et al. Characterization of the household electricity consumption in the EU, potential energy savings and specific policy recommendations [J]. Energy Buildings, 2011, 43 (8)：1884-1894.

[10] PENG Y, WANG H, LIU J, et al. Broadband and stable phosphor-in-glass enabling ultra-high color rendering for all-inorganic high-power WLEDs [J]. ACS Applied Electronic Materials, 2020, 2 (9)：

2929-2936.

[11] YAO Q, HU P, SUN P, et al. YAG：Ce^{3+} Transparent ceramic phosphors brighten the next-generation laser-driven lighting [J]. Advanced materials, 2020, 32 (19)：1907888.

[12] WANG Z, XIAO Q, HUANG Y, et al. Dual-wavelength bidirectional pumped high-power Raman fiber laser [J]. High Power Laser Science and Engineering, 2019, 7 (01)：42-50.

[13] ZHONG J, ZHAO W, ZHUO Y, et al. Understanding the blue-emitting orthoborate phosphor $NaBaBO_3$：Ce^{3+} through experiment and computation [J]. Journal of Materials Chemistry C, 2019, 7：654-662.

[14] ZHANG Y, GONG W, YU J, et al. Tunable white-light emission via energy transfer in single-phase $LiGd(WO_4)_2$：Re^{3+} (Re = Tm, Tb, Dy, Eu) phosphors for UV-excited WLEDs [J]. RSC Advances, 2015, 5 (117)：96272-96280.

[15] VIJAYAKUMAR M, MARIMUTHU K. Structural and luminescence properties of Dy^{3+} doped oxyfluoroborophosphate glasses for lasing materials and white LEDs [J]. Journal of Alloys and Compounds, 2015, 629：230-241.

[16] LODI T, SANDRINI M, MEDINA A, et al. Dy：Eu doped CaBAl glasses for white light applications [J]. Optical Materials, 2018, 76：231-236.

[17] SHAMSHAD L, ROOH G, KIRDSIRI K, et al. Development of $Li_2O-SrO-GdF_3-B_2O_3$ oxyfluoride glass for white light LED application [J]. Journal of Molecular Structure, 2016, 1125：601-608.

[18] AHMADI F, ASGARI A, GHOSHAL S K. Calcium oxide modifier stimulated intense luminescence from Dy^{3+} doped in sulfophosphate glasses [J]. Optik, 2020, 224：165665.

第八章　无机非金属材料合成与制备实验

"材料合成与制备实验"主要是围绕"材料制备原理"课程理论知识开设的系列实验。实验项目包括沉淀法制备纳米 $Mg(OH)_2$ 粉体、水热/溶剂热制备 SnS_2 纳米粉体、溶胶-凝胶法制备 ZrO_2 薄膜、微乳液法制备纳米 ZnO、低温固相反应合成 $NiFe_2O_4$ 尖晶石粉体、自蔓延高温合成 $LiCoO_2$ 粉体、静电纺丝法制备碳纳米纤维薄膜、原位聚合法制备 MoO_3/PANI 无机-有机复合粉体。通过上述实验项目,学生可以进一步加深对材料制备原理课程基本知识的理解,在掌握常见无机非金属材料制备方法的基础上,能够对制备方法的原理、工艺过程、应用领域等有较全面的认识。

实验 53　沉淀法制备纳米 $Mg(OH)_2$ 粉体

一、实验意义

氢氧化镁,$Mg(OH)_2$,是一种白色无味的固体,在水中几乎不溶解。$Mg(OH)_2$ 具有热分解温度高、吸附能力强等特点,作为一种新型无机环保功能材料,在阻燃剂、水处理剂、历史文物保护、药物抗酸剂等方面均显示出良好应用潜力。在阻燃方面,$Mg(OH)_2$ 属于无卤阻燃剂,具有良好的阻燃和抑烟效果,且热分解过程中无有毒有害气体产生。研究其制备工艺对于绿色阻燃剂的广泛使用具有重要意义,开发和应用无毒、高效的阻燃材料是目前阻燃剂的主要发展方向。$Mg(OH)_2$ 的制备可以采用物理粉碎法、固相法、气相法、液相沉淀法、溶剂热及水热法等多种方式,其中液相沉淀法最为常用,本实验通过沉淀法制备纳米 $Mg(OH)_2$ 粉体。

二、实验目的

(1) 掌握沉淀法制备纳米粉体的基本原理和方法。
(2) 了解沉淀法的制备工艺条件对粉体形貌及性质的影响特征。
(3) 掌握 $Mg(OH)_2$ 粉体的沉淀法制备工艺流程,熟悉相关仪器设备的使用方法。
(4) 了解 $Mg(OH)_2$ 粉体的基本物理化学性质及其应用领域。

三、实验基本原理

沉淀法是指添加适宜的沉淀剂至可溶性金属盐溶液中,通过沉淀反应从溶液中得到纳米颗粒沉淀物,获得尺寸和形貌可控的纳米结构,并将杂质离子从溶液中除去,经干燥后获得纳米粉体的过程。沉淀的生成一般要经过晶核形成和晶核长大两个过程。沉淀反应的影响因素包括盐溶液的浓度、溶液的 pH、反应温度、搅拌条件以及沉淀剂的加入方式等。根据沉淀反应种类的不同，沉淀法可分为直接沉淀法、均相沉淀法、沉淀转化法和共沉淀法。

沉淀法操作简单、成本低廉，是最常用的液相合成法之一。由于可在室温条件下进行沉淀反应，沉淀法适用于工业大规模批量合成，广泛应用于无机粉体生产的各个领域。尤其是通过改变沉淀剂种类、调节反应条件、添加表面活性剂等方法可以实现对材料的形貌、尺寸、分散性等性能的调控，进一步拓展了其应用范围。但是通过沉淀法制备得到的纳米颗粒通常存在尺寸分布较宽，大规模生产时产物易受杂质污染、长时间稳定性差等缺点。

本实验采用含镁离子的可溶性盐溶液作为反应原料，分别以氢氧化钠（强碱）和氨水（弱碱）作为沉淀剂，在常温常压条件下通过直接沉淀法，制备纳米 $Mg(OH)_2$ 粉体。

四、实验药品与仪器

（1）实验药品。实验中制备 $Mg(OH)_2$ 粉体所用到的主要试剂如表 8-1 所示。

表 8-1　　　　　　　　　　　实验原料

名称	分子式	规格	生产厂家
硫酸镁	$MgSO_4$	分析纯	国药集团化学试剂有限公司
氯化镁	$MgCl_2 \cdot 6H_2O$	分析纯	国药集团化学试剂有限公司
氢氧化钠	$NaOH$	分析纯	国药集团化学试剂有限公司
氨水	NH_4OH	优级纯	国药集团化学试剂有限公司
聚乙烯吡咯烷酮(PVP)	$(C_6H_9NO)_n$	M.W. 40000	上海阿拉丁生化科技股份有限公司

（2）实验仪器。实验中所用到的主要仪器的名称、型号及生产厂家如表 8-2 所示。

表 8-2　　　　　　　　　　　主要仪器

名称	型号	生产厂家
电子天平	FA1004B	上海佑科仪器仪表有限公司
恒温磁力搅拌器	H05-1	上海梅颖浦仪器仪表制造有限公司
超声波清洗机	KQ2200B	昆山市超声仪器有限公司
台式高速离心机	TG16MW	湖南赫西仪器装备有限公司
鼓风干燥箱	DHG-9053A	上海精宏实验设备有限公司

五、实验步骤

1. 实验方案一

（1）配制浓度为 0.5mol/L 的 $MgSO_4$ 溶液和浓度为 1mol/L 的 NaOH 溶液各 100mL。

（2）在搅拌条件下，以 5mL/min 的滴加速度将 NaOH 溶液逐滴滴入 $MgSO_4$ 溶液中，搅拌速率为 300r/min。

（3）NaOH 溶液滴加结束后，再继续搅拌反应一定时间，形成粉体沉淀物。

（4）使用离心机对沉淀物进行分离，再用去离子水洗涤，至无沉淀剂离子。

(5) 洗涤后的粉体在鼓风干燥箱中 60℃条件下干燥 6h，研磨后即得 $Mg(OH)_2$ 粉体。

2. 实验方案二

(1) 配制浓度为 0.5mol/L 的 $MgCl_2$ 溶液 100mL。

(2) 按 $MgCl_2$ 干重的 1.0%加入聚乙烯吡咯烷酮，对溶液进行超声处理，使聚乙烯吡咯烷酮完全溶解。

(3) 在搅拌条件下，以 5mL/min 的滴加速度将 1.5mol/L 的氨水 80mL 逐滴滴入上述溶液中，搅拌速率为 300r/min。

(4) 氨水滴加结束后，再继续搅拌反应一定时间，形成粉体沉淀物。

(5) 分别使用去离子水和乙醇将得到的白色沉淀交替洗涤三次。

(6) 洗涤后的粉体在鼓风干燥箱中 60℃条件下干燥 6h，研磨后即得 $Mg(OH)_2$ 粉体。

六、实验结果与分析

(1) 详细记录实验过程。

(2) 根据实验过程绘制沉淀法制备 $Mg(OH)_2$ 粉体的工艺流程图。

(3) 分析不同沉淀剂对 $Mg(OH)_2$ 粉体形成过程的影响，分别写出沉淀反应的化学反应方程式。

思考题

(1) 以 NaOH 和氨水为沉淀剂时，反应过程中的实验现象有何不同？使用不同沉淀剂对粉体的性质有何影响？

(2) 沉淀反应中，加入聚乙烯吡咯烷酮的作用是什么？

(3) 在沉淀法制备工艺中，$Mg(OH)_2$ 粉体的颗粒大小可能受到哪些因素的影响？

(4) 在阻燃剂的应用中，$Mg(OH)_2$ 粉体的哪项指标是决定其阻燃性能的最主要指标？

实验 54　水热/溶剂热制备 SnS_2 纳米粉体

一、实验意义

二硫化锡，SnS_2，俗称"金粉"，是一种黄色六角片状体，不溶于水，也不溶于硝酸和盐酸，在 600℃下会分解为 SnO_2 和 SO_2。SnS_2 具有层状六方 CdI_2 型晶体结构，层内的 S 和 Sn 之间通过化学键相连接，层与层之间的 S 和 Sn 通过范德瓦尔斯键相连。SnS_2 是一种具有较窄禁带宽度（约 2.2eV）的 n 型半导体，具有可见光响应强、可调的比表面积和形貌以及来源丰富等优点，在光催化降解有机物、污水重金属还原处理、锂电池和传感材料等方面有广泛应用。

SnS_2 粉体常用的制备方法包括微机械剥离法、化学气相沉积法、水热法、光化学合成法、溶胶-凝胶法、液相超声法等，其中水热法由于具有操作简单、结晶度高等优势，

成为最常用的 SnS_2 粉体制备方法，本实验采用水热/溶剂热法制备 SnS_2 粉体。

二、实验目的

(1) 掌握水热/溶剂热法制备纳米粉体的基本原理和工艺过程。
(2) 掌握高压反应釜的使用方法和操作规范。
(3) 掌握 SnS_2 粉体的水热/溶剂热合成工艺。
(4) 了解 SnS_2 粉体的基本物理化学性质及其应用领域。

三、实验基本原理

水热法（Hydrothermal Synthesis）是指在特制的密闭反应器中，采用水作为反应介质，通过将反应体系加热至临界温度（或接近临界温度），在反应体系中产生高压环境而进行无机合成与材料制备的一种有效方法。在已升高温度和压力的水中，几乎所有的无机物质都有较大的溶解度，使得通常难溶或不溶的物质通过溶解或反应生成该物质的溶解产物，并达到一定的过饱和度而进行结晶和生长。水热法所制备出来的样品具有晶粒尺寸小且分布均匀、纯度高等优点。在水热合成的条件下，可以通过调整原料的比例、pH、水热反应时间和反应温度来控制粉体样品的粒径和形态，无需高温煅烧即可获得高纯度的结晶产物，因此该方法适用性较广，被视为是最有工业应用前景的一种制备方法。溶剂热法是在水热法的基础上发展起来的一种新的材料制备方法，将水热法中的水换成有机溶剂或非水溶剂（如有机胺、醇、氨、四氯化碳或苯等），采用类似于水热法的原理，以制备在水溶液中无法长成、易氧化、易水解或对水敏感的材料。高压釜是进行高温高压水热合成的基本设备，高压釜的釜体和釜盖一般用特种不锈钢制成，釜内衬为化学惰性材料，如聚四氟乙烯。水热合成中，反应釜内压力由加热介质产生，可通过调整装填度在一定范围内控制。在高压釜的设计上，要求结构简单、便于开装和清洗、密封严密、安全可靠。

本实验采用水热/溶剂热法，分别以硫脲和硫代乙酰胺为硫源，由于硫脲与硫代乙酰胺分子中氨基的数量不同、反应活性不同，因此可以制备得到具有不同形貌的 SnS_2 纳米粉体。

四、实验药品与器材

(1) 实验药品。实验中制备 SnS_2 粉体所用到的主要试剂如表 8-3 所示。

表 8-3　　　　　　　　　　　　　　主要试剂

名称	分子式	规格	生产厂家
四氯化锡	$SnCl_4 \cdot 5H_2O$	分析纯	国药集团化学试剂有限公司
硫脲	CH_4N_2S	分析纯	国药集团化学试剂有限公司
氯化亚锡	$SnCl_2 \cdot 2H_2O$	分析纯	国药集团化学试剂有限公司
硫代乙酰胺	C_2H_5NS	分析纯	国药集团化学试剂有限公司
盐酸	HCl	分析纯	国药集团化学试剂有限公司
无水乙醇	C_2H_5OH	分析纯	国药集团化学试剂有限公司

（2）实验仪器。实验中所用到的主要仪器的名称、型号及生产厂家如表 8-4 所示。

表 8-4　　　　　　　　　　　　　　主要仪器

名称	型号	生产厂家
电子天平	FA1004B	上海佑科仪器仪表有限公司
恒温磁力搅拌器	H05-1	上海梅颖浦仪器仪表制造有限公司
台式高速离心机	TG16MW	湖南赫西仪器装备有限公司
鼓风干燥箱	DHG-9053A	上海精宏实验设备有限公司
不锈钢反应釜	50mL	东台市中凯亚不锈钢制品厂

五、实验步骤

1. 实验方案一

（1）分别将 5mmol $SnCl_4·5H_2O$ 和 20mmol 硫脲置于烧杯中,加入 40mL 去离子水,用磁力搅拌器搅拌至完全溶解。

（2）将上述溶液转移至 50mL 聚四氟乙烯反应釜中,密封反应釜。利用鼓风干燥箱对反应釜加热,反应温度为 180℃,反应时间为 6h。

（3）反应结束后,从鼓风干燥箱中取出反应釜,冷却至室温。离心收集聚四氟乙烯内衬中的沉淀物,分别使用去离子水和乙醇交替洗涤三次。

（4）将洗净的沉淀物在 60℃烘箱中干燥 10h,得到片状 SnS_2 粉体。

2. 实验方案二

（1）将 5mmol $SnCl_2·2H_2O$ 加入到 40mL 无水乙醇中搅拌 0.5h,之后加入少量的浓盐酸继续搅拌至溶液澄清。

（2）将 20mmol 硫代乙酰胺加入上述溶液中搅拌 1h,然后转移至 50mL 高压反应釜中,密封反应釜。利用鼓风干燥箱对反应釜加热,反应温度为 180℃,反应时间为 6h。

（3）反应结束后,从鼓风干燥箱中取出反应釜,冷却至室温。离心收集聚四氟乙烯内衬中的沉淀物,分别使用去离子水和乙醇交替洗涤三次。

（4）将洗净的沉淀物在 60℃烘箱中干燥 10h,得到花状 SnS_2 粉体。

六、实验结果与分析

（1）详细记录实验过程。

（2）根据实验过程绘制水热法制备 SnS_2 粉体的工艺流程图。

（3）分别写出以硫脲和硫代乙酰胺为硫源,水热反应的化学反应方程式。

（4）分析水热合成 SnS_2 纳米粉体形貌的影响因素。

思考题

（1）水热法制备无机纳米粉体有什么特点？影响粉体性能的主要因素有哪些？

（2）与水热法相比,溶剂热法有哪些优点？

（3）试分析片状和花状 SnS_2 粉体的形成机制。

实验 55　溶胶-凝胶法制备 ZrO_2 薄膜

一、实验意义

为提高金属材料的抗高温氧化性能，在材料基体表面制备涂层是一种经济有效的方法。氧化锆（ZrO_2）具有硬度高、韧性好、抗腐蚀、高温化学稳定性好等特性，广泛应用于耐火材料、功能陶瓷、结构陶瓷及装饰材料等。在金属基体表面制备 ZrO_2 薄膜作为耐热涂层，可以有效提高金属材料的高温性能。

ZrO_2 薄膜的制备方法主要有溅射法、化学气相沉积法、离子束沉积法和溶胶-凝胶法等。与其他方法相比，溶胶-凝胶法具有烧成温度低、设备简单、成本低廉、可以获得纳米级氧化物颗粒、容易在大块试样表面上涂覆涂层等优点，是制备 ZrO_2 薄膜的常用方法之一。本实验通过溶胶-凝胶法在金属基板上制备 ZrO_2 涂层。

二、实验目的

（1）掌握溶胶-凝胶法的基本原理和制备氧化物涂层的工艺流程。
（2）掌握溶胶-凝胶法制备 ZrO_2 薄膜的基本工艺。
（3）了解 ZrO_2 的基本物理化学性质、制备方法及其应用领域。

三、实验基本原理

溶胶-凝胶法（Sol-gel Synthesis）通常采用无机金属盐或有机金属醇盐作为制备溶胶的前驱体，首先制成适当的前体溶液，在液相条件下将原料均匀混合，并进行一系列的水解、缩聚反应，在溶液中形成稳定的透明溶胶体系，溶胶经过陈化，胶粒间缓慢聚合，形成三维空间网络结构的凝胶。凝胶经过低温干燥形成干凝胶，最后经过烧结固化制备出分子乃至纳米亚结构的材料。

溶胶-凝胶法是制备氧化物材料的一种化学液相反应技术，可用于制备粉体材料、纤维材料、薄膜或涂层材料、块体材料等，是一种可以制备从零维到三维的全维材料制备技术。制备涂层和薄膜材料是溶胶-凝胶法最有前途的应用方向之一，溶胶-凝胶法制备薄膜工艺简单、设备要求低、薄膜化学组成可控，能从分子水平上设计、剪裁，特别适用于制备多组分氧化物薄膜材料。在溶胶-凝胶薄膜制备工艺中，影响薄膜性质的因素主要包括溶液的黏度、浓度、提拉（或旋转）速度，溶剂的黏度、密度、蒸发速度以及环境温度、干燥条件等。

本实验采用溶胶-凝胶法，分别以硝酸锆（无机金属盐）和正丙醇锆（有机金属醇盐）为原料，通过无机金属盐的强制水解反应和有机金属醇盐的水解、缩聚反应得到溶胶，再通过涂覆和高温热处理，在镁合金基体材料上制备 ZrO_2 涂层。

四、实验药品与仪器

（1）实验药品。实验中制备 ZrO_2 薄膜所用到的主要试剂如表 8-5 所示。

表 8-5　　　　　　　　　　　主要试剂

名称	分子式	规格	生产厂家
硝酸锆	$Zr(NO_3)_4 \cdot 5H_2O$	分析纯	国药集团化学试剂有限公司
草酸	$H_2C_2O_4 \cdot 2H_2O$	分析纯	国药集团化学试剂有限公司
聚乙烯醇（PVA）	$(C_2H_4O)_n$	分析纯	国药集团化学试剂有限公司
丙三醇	$C_3H_8O_3$	分析纯	国药集团化学试剂有限公司
正丙醇锆	$C_{12}H_{28}O_4Zr$	70wt%溶液	国药集团化学试剂有限公司
正丙醇	C_3H_8O	分析纯	国药集团化学试剂有限公司
乙酰丙酮	$C_5H_8O_2$	分析纯	国药集团化学试剂有限公司
二乙醇胺	$C_4H_{11}NO_2$	分析纯	国药集团化学试剂有限公司
氢氟酸	HF	优级纯	国药集团化学试剂有限公司
丙酮	C_3H_6O	分析纯	国药集团化学试剂有限公司

（2）实验仪器。实验中所用到的主要仪器的名称、型号及生产厂家如表 8-6 所示。

表 8-6　　　　　　　　　　　主要仪器

名称	型号	生产厂家
电子天平	FA1004B	上海佑科仪器仪表有限公司
恒温磁力搅拌器	H05-1	上海梅颖浦仪器仪表制造有限公司
超声波清洗机	LC-UC-32	上海力辰仪器科技有限公司
恒温水浴锅	J-HH-A	冠森生物科技（上海）有限公司
真空干燥箱	DZF-6020	上海慧泰仪器制造有限公司
管式炉	SGL-1400	上海大恒光学精密机械有限公司

五、实验步骤

1. 基板准备

首先用 SiC 砂纸打磨金属表面，然后将试样置于丙酮中浸泡，再使用超声波清洗机超声振动 20min，之后放入干燥箱中干燥。将基板在浓度为 20% 的 HF 中浸泡 20h，然后用蒸馏水清洗后干燥。

2. 溶胶制备

（1）制备方案一

① 分别配制 0.6mol/L 的 $Zr(NO_3)_4$ 溶液，浓度为 0.2mol/L 的 $H_2C_2O_4$ 溶液。

② 在搅拌条件下，向 $Zr(NO_3)_4$ 溶液中滴加 $H_2C_2O_4$ 溶液至 $n(Zr^{4+})/n(H^+) = 10$。

③ 将混合溶液水浴加热至 50℃，再加入 4%聚乙烯醇和 35%丙三醇（均为体积分数），回流搅拌 3h。

④ 在室温条件下陈化 12h，得到溶胶。

（2）制备方案二

① 以正丙醇锆为前驱体，以正丙醇为溶剂，按摩尔比 1∶1 配制溶液。

② 在搅拌条件下，向上述溶液中依次加入乙酰丙酮（络合稳定剂）和二乙醇胺（成膜促进剂），其中，正丙醇锆、乙酰丙酮、二乙醇胺的摩尔比为 5：2：3。

③ 将所得溶液在室温下密封陈化 12h，得到溶胶。

3. 涂层材料制备

将基板缓慢放入溶胶中，匀速拉出液面，放在空气中干燥 15min，然后再将基板浸入溶胶中重复以上步骤。将涂覆好的基板置于真空干燥箱，60℃保温 1h 后自然冷却。然后将试样置于管式炉中，在氩气气氛中升温至 360℃保温 3h。

六、实验结果与分析

（1）详细记录实验过程。
（2）根据实验过程绘制溶胶-凝胶法制备 ZrO_2 薄膜的工艺流程图。
（3）写出从 Zr 的前驱体到 ZrO_2 的转变过程。
（4）分析溶胶-凝胶法制备 ZrO_2 薄膜的过程中，影响薄膜性能的工艺因素。

思考题

（1）溶胶-凝胶法中，以无机金属盐和有机金属醇盐为前驱体各有什么优缺点？
（2）在溶胶的形成过程中发生了什么变化？溶胶的工艺性能对薄膜/涂层的制备有何意义？
（3）ZrO_2 主要的应用领域有哪些？

实验 56　微乳液法制备纳米 ZnO 粉体

一、实验意义

氧化锌（ZnO）作为一种宽带隙（3.37eV）半导体材料，具有较大激子束缚能（60meV），广泛应用于太阳能电池、紫外线吸收与散射、石油化工催化剂、压电元器件及敏感材料等诸多领域。纳米 ZnO 颗粒尺寸较小，比表面积较大，其粉体具有非常高的化学活性，在电、磁、光、热等方面具有一般 ZnO 所无法比拟的性能，制备高质量的纳米 ZnO 具有重要意义。

纳米 ZnO 的制备方法很多，包括化学气相氧化法、喷雾热解法、激光诱导化学法、化学沉淀法、溶胶-凝胶法、水热合成法、电化学法、微乳液法等。其中，微乳液法具有操作简单、粒径可控、生成粒子的分布均匀等优点，广泛应用于工业领域，是近年来最热门的研究领域之一。本实验采用微乳液法制备纳米 ZnO 粉体。

二、实验目的

（1）掌握微乳液法制备纳米粉体的基本原理和工艺过程。

(2) 掌握纳米 ZnO 粉体的微乳液法制备工艺。

(3) 了解 ZnO 粉体的基本物理化学性质及其应用领域。

三、实验基本原理

微乳液法（Micro-emulsion Method）是两种互不相容的溶剂在表面活性剂的作用下形成微乳液，在微小的液滴内成核、生长、聚结、团聚，从乳液中析出固相，然后经过热处理得到纳米粒子。微乳液通常是由表面活性剂、助表面活性剂、水相和油相组成的透明的液体，是一类各向同性、液滴直径为纳米级的热力学稳定体系。微乳液可分为油包水型（W/O）、水包油型（O/W）、油水双连续型三种。

制备纳米 ZnO 通常采用 W/O 型微乳液，其中油相为连续相，水相被表面活性剂所包覆，一般称之为"水核"（micro reactor）。制备过程中将锌盐溶解在微乳液 A 的油相中，形成极微小且被表面活性剂和油相包围的水核，然后与含有沉淀剂的溶液或微乳液 B 混合，利用微乳液中的微小水核作反应器，从而得到纳米 ZnO。通过微乳液法制备得到的纳米 ZnO 结构均匀、分散性好，可通过人为控制水核的尺寸和形状进而控制产物的粒径和其他性质，但同时也存在表面活性剂用量大、产物分离困难等缺点。

四、实验药品与仪器

(1) 实验药品。实验中制备纳米 ZnO 所用到的主要试剂如表 8-7 所示。

表 8-7　　　　　　　　　　主要试剂

名称	分子式	纯度	生产厂家
硝酸锌	$Zn(NO_3)_2 \cdot 6H_2O$	分析纯	国药集团化学试剂有限公司
尿素	CH_4N_2O	分析纯	国药集团化学试剂有限公司
正己醇	$C_6H_{14}O$	分析纯	国药集团化学试剂有限公司
十六烷基三甲基溴化铵(CTAB)	$C_{19}H_{42}BrN$	分析纯	上海阿拉丁生化科技股份有限公司
无水乙醇	C_2H_5OH	分析纯	国药集团化学试剂有限公司

(2) 实验仪器。实验中所用到的主要仪器的名称、型号及生产厂家如表 8-8 所示。

表 8-8　　　　　　　　　　主要仪器

名称	型号	生产厂家
电子天平	FA1004B	上海佑科仪器仪表有限公司
恒温磁力搅拌器	H05-1	上海梅颖浦仪器仪表制造有限公司
台式高速离心机	TG16MW	湖南赫西仪器装备有限公司
恒温水浴锅	J-HH-A	冠森生物科技(上海)有限公司
真空干燥箱	DZF-6020	上海慧泰仪器制造有限公司
马弗炉	SXL-1700C	上海钜晶精密仪器制造有限公司

五、实验步骤

(1) 分别配制 4mol/L 的 $Zn(NO_3)_2$ 水溶液和 8mol/L 的尿素水溶液，于棕色细口瓶中等体积混合。

(2) 移取 40mL 正己醇置于锥形瓶中，准确称取 16g 十六烷基三甲基溴化铵，加入到正己醇中，在 80℃ 的恒温水浴中磁力搅拌，使其完全溶解到油相中，冷却至室温。

(3) 量取 5mL $Zn(NO_3)_2$ 和尿素的混合溶液，加入至锥形瓶中，得到十六烷基三甲基溴化铵/正己醇/水溶液微乳液体系。

(4) 将上述微乳体系缓慢升温至 95℃，在此温度下维持反应 8h，产生白色沉淀。

(5) 将白色沉淀与反应体系离心分离，用去离子水和无水乙醇交替洗涤三次，真空干燥，得到前驱体。

(6) 将前驱体于马弗炉中，500℃ 下保温 2h，得到纳米 ZnO 粉体。

六、实验结果与分析

(1) 详细记录实验过程。
(2) 根据实验过程绘制微乳液法制备纳米 ZnO 的工艺流程图。
(3) 分析微乳液法制备过程中 ZnO 粉体尺寸和形貌的影响因素。

思考题

(1) 配制微乳液过程中，加入十六烷基三甲基溴化铵的作用是什么？
(2) 洗涤过程中，用去离子水和无水乙醇交替洗涤沉淀物的目的是什么？

实验 57　低温固相反应合成 $NiFe_2O_4$ 尖晶石粉体

一、实验意义

尖晶石型铁氧体作为优质的磁性材料和催化剂材料，被广泛应用于各个行业。尖晶石结构的铁酸镍（$NiFe_2O_4$）具有优良的电化学性能，已成功用于锂离子电池阳极材料。因其具有耐高温、高硬度、高强度、热稳定性好的优点，也被用作性能优良的陶瓷材料。同时，铁酸镍是一种软磁材料，可用作磁头材料、微波吸收材料等，也作为磁致伸缩材料广泛应用于电子工业。

制备 $NiFe_2O_4$ 尖晶石粉体的主要方法有溶胶-凝胶法、水热法、共沉淀法、低温固相法等。低温固相反应合成具有便于操作和控制、不使用溶剂、高选择性、高产率、污染少、节省能源、合成工艺简单等特点，符合当今社会绿色化学发展的要求。本实验采用低温固相反应合成 $NiFe_2O_4$ 尖晶石粉体。

二、实验目的

(1) 掌握低温固相合成制备纳米粉体的基本原理和工艺过程。
(2) 掌握球磨机的使用方法和操作规范。

（3）掌握 $NiFe_2O_4$ 粉体的低温固相合成工艺。

（4）了解 $NiFe_2O_4$ 粉体的基本物理化学性质及其应用领域。

三、实验基本原理

固相化学反应是人类最早使用的化学反应之一，也是目前制备新型无机功能材料的重要手段之一。根据固相化学反应发生的温度将固相化学反应分为三类，即高温固相反应、中温固相反应和低温固相反应。低温固相反应作为合成化学领域中重要的一种绿色合成方法，在材料制备领域中受到广泛青睐，在许多材料的合成制备中得到成功应用。低温固相反应具有不使用溶剂、高选择性、高产率、污染少、节省能源、合成工艺简单等特点。利用低温固相反应制备纳米材料，不仅可以使合成工艺大为简化，降低成本，而且减少由中间步骤及高温固相反应引起的诸如产物不纯、粒子团聚、回收困难等不足，为纳米材料的制备提供了一种廉价而又简易的全新方法。

本实验采用低温固相合成法制备 $NiFe_2O_4$ 粉体，先通过研磨反应制备前驱体，再将前驱体在一定温度下煅烧保温即得到具有良好结晶度的镍铁尖晶石粉体，相比于传统的高温固相合成法，可以有效降低煅烧温度。

四、实验药品与仪器

（1）实验药品。实验中制备 $NiFe_2O_4$ 粉体所用到的主要试剂如表 8-9 所示。

表 8-9　　　　　　　　　　主要试剂

名称	分子式	纯度	生产厂家
硫酸亚铁	$FeSO_4 \cdot 7H_2O$	分析纯	国药集团化学试剂有限公司
硫酸镍	$NiSO_4 \cdot 6H_2O$	分析纯	国药集团化学试剂有限公司
氯化钠	NaCl	分析纯	国药集团化学试剂有限公司
氢氧化钠	NaOH	分析纯	国药集团化学试剂有限公司

（2）实验仪器。实验中所用到的主要仪器的名称、型号及生产厂家如表 8-10 所示。

表 8-10　　　　　　　　　　主要仪器

名称	型号	生产厂家
电子天平	FA1004B	上海佑科仪器仪表有限公司
行星式球磨机	YXQM-1L	广州谷瑞科技有限公司
台式高速离心机	TG16MW	湖南赫西仪器装备有限公司
马弗炉	SXL-1700C	上海钜晶精密仪器制造有限公司

五、实验步骤

（1）按 $FeSO_4$：$NiSO_4$：NaOH：NaCl 摩尔比为 2∶1∶6∶1 计算各试剂的用量，并进行准确称量。

(2) 将 $FeSO_4 \cdot 7H_2O$，$NiSO_4 \cdot 6H_2O$ 和 NaCl 粉体原料放入球磨罐中球磨，充分研细，以增加反应物的相互接触面积，增强反应活性。NaOH 具有腐蚀性，直接用玛瑙研钵迅速研磨成细粉。

(3) 将所有粉体原料置于玛瑙研钵中，充分混合，均匀用力研磨 15min，得到块状前驱体。

(4) 将制取的块状前驱体研磨成颗粒状，再用去离子水多次洗涤，以去除氯离子。

(5) 将前驱体颗粒在马弗炉中 800℃煅烧 1.5h，得到 $NiFe_2O_4$ 粉体。

六、实验结果与分析

(1) 详细记录实验过程。

(2) 根据实验过程绘制低温固相法制备 $NiFe_2O_4$ 粉体的工艺流程图，写出化学反应式。

(3) 分析低温固相法制备过程中 $NiFe_2O_4$ 粉体尺寸和形貌的影响因素。

(4) 对低温固相法制备粉体的优缺点进行讨论。

思考题

(1) 制备过程中加入 NaCl 的作用是什么？

(2) 低温固相化学反应的特有规律包括哪些？

(3) 讨论分析低温固相合成法的适用范围。

实验58　自蔓延高温合成 $LiCoO_2$ 粉体

一、实验意义

锂离子电池具有体积小、电压高、容量高、消耗低、无记忆效应等特点，这些优势使得锂离子电池成为电池技术中性能卓越的绿色高能电池，是目前最为成熟和广泛应用的电池技术。以层状结构材料、尖晶石结构材料及橄榄石结构材料为主流的正极材料研究形成了锂离子正极材料的主要研究领域。钴酸锂（$LiCoO_2$），具有层状结构，是商业化最早和应用最成功的锂离子电池正极材料，由于其制备方法简单，与电解液的相容性好，具有较高的比容量、稳定的循环性能、良好的热稳定性等优异特性，在新能源技术的发展中占据了重要地位。

$LiCoO_2$ 的合成方法主要有固相反应法、共沉淀法、水热法、溶胶-凝胶法、喷雾干燥法、燃烧合成法等，自蔓延高温合成 $LiCoO_2$ 粉体具有生成效率高、易于形成高浓度缺陷、非平衡结构、可获得高活性亚稳态产物等优点，有利于产品的后续处理。本实验采用自蔓延高温合成法制备 $LiCoO_2$ 粉体。

二、实验目的

（1）掌握自蔓延高温合成法制备纳米粉体的基本原理和工艺过程。
（2）掌握球磨机的使用方法和操作规范。
（3）掌握 $LiCoO_2$ 粉体的自蔓延高温合成工艺。
（4）了解 $LiCoO_2$ 粉体的基本物理化学性质及其应用领域。

三、实验基本原理

自蔓延高温合成（Self-propagation High-temperature Synthesis，SHS）是利用反应物之间高化学反应热的自加热和自传导作用来合成材料的一种技术。当反应物一旦被引燃，便会自动向尚未反应的区域传播，直至反应完全，是制备无机化合物高温材料的一种新方法。自蔓延高温合成技术可制备许多新型材料，如蜂窝状陶瓷材料、单晶体超导材料、各向异性材料及金属间化合物等。

利用自蔓延高温合成技术合成陶瓷粉体具有一般烧结法所不具备的优点，如反应速度快、时间短、产品纯度高、污染小、通过化学反应自身放热维持反应进行等，为合成粉体材料开辟了一条新的途径。但是利用自蔓延高温合成时，燃烧速度和反应过程难以控制，产品致密度不高，所以该技术广泛应用于工业生产还有一定难度。

本实验采用自蔓延高温合成法，以碳酸锂和四氧化三钴为反应物，以尿素为燃料，反应由尿素燃烧释放的热量维持，整个燃烧过程可在数分钟内完成，再经过热处理后得到 $LiCoO_2$ 粉体。

四、实验药品与仪器

（1）实验药品。实验中制备 $LiCoO_2$ 粉体所用到的主要试剂如表 8-11 所示。

表 8-11　　　　　　　　　　　　　主要试剂

名称	分子式	纯度	生产厂家
碳酸锂	Li_2CO_3	分析纯	国药集团化学试剂有限公司
四氧化三钴	Co_3O_4	分析纯	国药集团化学试剂有限公司
尿素	CH_4N_2O	分析纯	国药集团化学试剂有限公司
丙酮	C_3H_6O	分析纯	国药集团化学试剂有限公司

（2）实验仪器。实验中所用到的主要仪器的名称、型号及生产厂家如表 8-12 所示。

表 8-12　　　　　　　　　　　　　主要仪器

名称	型号	生产厂家
电子天平	FA1004B	上海佑科仪器仪表有限公司
行星式球磨机	YXQM-1L	广州谷瑞科技有限公司
鼓风干燥箱	DHG-9053A	上海精宏实验设备有限公司
马弗炉	SXL-1700C	上海钜晶精密仪器制造有限公司

五、实验步骤

（1）按 $n(Li):n(Co)=1:1$ 计算 Li_2CO_3 和 Co_3O_4 试剂的用量，并进行准确称量。

（2）将 Li_2CO_3 和 Co_3O_4 混合，加入适量丙酮作为分散剂，在球磨机上球磨 5h 后，取出干燥。

（3）按 $n[CO(NH_2)_2]:n(Co)=1:1$ 计算尿素的用量，并进行准确称量。

（4）将 Li_2CO_3 和 Co_3O_4 的混合物与尿素放入研钵中研磨均匀。

（5）将混合粉体放入高温马弗炉中进行热处理，炉温设置为 800℃，待燃烧完全后，恒温热处理 1.5h。反应结束后随炉冷却至室温，得到层状结构 $LiCoO_2$ 粉体。

六、实验结果与分析

（1）详细记录实验过程。

（2）根据实验过程绘制自蔓延高温合成法制备 $LiCoO_2$ 粉体的工艺流程图。

（3）分析自蔓延高温合成法制备过程中 $LiCoO_2$ 粉体尺寸和形貌的影响因素。

思考题

（1）尿素的用量对合成的 $LiCoO_2$ 粉体的纯度和形貌结构有何影响？

（2）与传统的高温固相合成法相比，采用自蔓延高温合成法制备的 $LiCoO_2$ 粉体有哪些特点？

（3）自蔓延高温合成法制备的 $LiCoO_2$ 粉体，对其作为锂离子电池正极材料的应用有何帮助？

实验 59　静电纺丝法制备碳纳米纤维薄膜

一、实验意义

一维碳纳米材料（纳米管、纳米线和纳米纤维等）具有独特的结构、优异的机械性能和良好的电学性能，近年来受到广泛的关注。其中，碳纳米纤维（Carbon Nanofiber，CNF）具有较大的长径比、良好的稳定性和相对低廉的制备成本，在过滤和吸附材料、电容器电极材料、储氢材料、电子器件等诸多领域具有很好的应用前景。静电纺丝法高效灵活，是一种制备碳纳米纤维的简便有效的方法。以高分子聚合物为原料，结合静电纺丝和高温处理制备高性能碳纤维材料的方法目前已成为研究热点。

二、实验目的

（1）掌握静电纺丝法制备纳米纤维的基本原理和工艺过程。

（2）掌握静电纺丝机的使用方法和操作规范。

（3）掌握由聚丙烯腈纤维制备碳纤维的热处理工艺。

（4）了解碳纳米纤维的基本性质及其应用领域。

三、实验基本原理

静电纺丝（Electrospinning）是一种自上而下的一维纳米结构制备方法，用于静电纺丝的原料一般为具有一定分子链缠结的高分子溶液或熔体。通过静电纺丝方法制备得到的纤维，直径一般分布在几纳米至几微米之间，长度可以达到毫米级。静电纳米纤维具有诸多优点：丰富而均匀的孔隙率、高长径比、大比表面积、电子单向流动性、良好的柔韧性和连通性；通过前驱体溶液、纺丝参数和设置几何形状的优化，可以轻松调整其形貌和性能；易于在实验室规模上制备，并有望用各种材料进行工业规模的制造；通过静电纺丝后处理（溶剂热法、煅烧、电沉积、化学气相沉积等）可以很容易地实现对静电纺纳米纤维的进一步优化。静电纺丝技术是制取各类纳米纤维材料最简单有效的方法之一，近年来，在柔性传感、能源储存和化学催化等领域应用广泛。

通过静电纺丝制备有机纳米纤维，经过高温碳化处理后可以得到碳纳米纤维。在各类有机聚合物中，以聚丙烯腈（PAN）为前驱体制备的碳纳米纤维，具有高产碳率（约为50%）、良好的热稳定性和优良的力学性能，因此 PAN 常被用作静电纺丝法制备碳纳米纤维的原料。制备 PAN 基 CNF 一般包括静电纺丝、预氧化和高温碳化三个步骤。采用静电纺丝法制备得到的 PAN 纤维薄膜具有三维网状结构，经过碳化处理后纤维尺寸收缩明显但由纤维搭建成的网络结构可以被完整的保持，这样的网络结构可以为气体在材料内部的扩散提供通道。此外，在碳化阶段，非碳元素从聚合物分子中裂解，以小分子气体的形式除去，因而会得到具有微孔结构的 CNF，从而增加其对气体的吸附能力。因此，电纺制备的 PAN 基 CNF 一般具有很好的气体吸附及渗透能力。本实验采用静电纺丝法制备 PAN 纤维作为前驱体，再通过高温碳化处理制备得到 CNF 薄膜。

四、实验药品与器材

（1）实验药品。实验中制备碳纳米纤维薄膜所用到的主要试剂如表 8-13 所示。

表 8-13　　　　　　　　　　　实验原料

名称	分子式	纯度	生产厂家
聚丙烯腈（PAN）	$(C_3H_3N)_n$	M. W. 150000	北京百灵威科技有限公司
二甲基甲酰胺（DMF）	C_3H_7NO	分析纯	国药集团化学试剂有限公司
氮气	N_2	高纯	大连大特气体有限公司

（2）实验器材。实验中所用到的主要仪器和设备的名称、型号及生产厂家如表 8-14 所示。

表 8-14　　　　　　　　　　　主要仪器和设备

名称	型号	生产厂家
电子天平	FA1004B	上海佑科仪器仪表有限公司
恒温磁力搅拌器	H05-1	上海梅颖浦仪器仪表制造有限公司
超声波清洗机	KQ2200B	昆山市超声仪器有限公司
高压静电纺丝机	TL-Pro-BM	深圳市通力微纳科技有限公司

续表

名称	型号	生产厂家
鼓风干燥箱	DHG-9053A	上海精宏实验设备有限公司
管式炉	SGL-1400	上海大恒光学精密机械有限公司

五、实验步骤

（1）将 0.8g PAN 溶于 10mL DMF 中，搅拌 12h，形成透明的、有一定黏性的高聚物溶液。

（2）将溶液置于 20mL 带有不锈钢针头的注射器中进行静电纺丝，接收端为铝箔。静电纺丝电压为 8.0kV，纺丝液流速为 0.4mL/h，针头到铝箔的接收距离为 15cm，针管内径为 0.8mm，静电纺丝时间 6h。

（3）静电纺丝结束后，得到白色 PAN 薄膜，在 60℃条件下干燥 8h。

（4）将完全干燥的 PAN 白色薄膜置于石英管式炉中进行热处理，首先在空气气氛中以 1℃/min 的升温速率升至 270℃，保温 2h，然后以 2℃/min 的升温速率升至 800℃，在 N_2 气氛中保温 4h。热处理结束后，随炉冷却，得到黑色 CNF 薄膜。

六、实验结果与分析

（1）详细记录实验过程。
（2）根据实验过程绘制静电纺丝法制备 CNFs 薄膜的工艺流程图。
（3）分析静电纺丝过程中 PAN 纤维直径的影响因素。

思考题

（1）在预氧化和高温碳化过程中，PAN 的分子结构分别发生怎样的变化？
（2）在空气中对 PAN 进行预氧化处理的作用是什么？
（3）试分析，高温碳化的温度不同会对 CNFs 薄膜的哪些性质产生影响？

实验 60　原位聚合法制备 MoO_3/PANI 无机-有机复合粉体

一、实验意义

将不同种类的材料通过一定工艺方法制成复合材料，可以使它保留原有组分的优点，克服缺点，并显示出一些新的功能。无机-有机杂化材料综合了无机材料和有机材料的优良特性，是一种均匀的多相材料。由于复合材料的形态和性能可在相当大的范围内调节，使材料的性能呈现多样化。因此，无机-有机复合材料在力学、热学、光学、电学、催化、食品、包装、生物、环保等领域中展现出广阔的应用前景。n 型半导体氧化钼（MoO_3）和 p 型半导体聚苯胺（polyaniline，PANI）通过一定的合成工艺可以获得异质

结结构的 MoO_3/PANI 二元复合材料，复合材料表现出比纯 MoO_3 和纯 PANI 更优良的性能，在许多领域内具备广泛的应用前景。本实验采用原位聚合法制备 MoO_3/PANI 复合粉体。

二、实验目的

（1）掌握通过原位聚合法制备无机-有机复合粉体的制备原理和方法。
（2）掌握 MoO_3/PANI 复合粉体的制备工艺。
（3）了解无机-有机复合材料的基本性质和应用领域。

三、实验基本原理

MoO_3 原料成本较低、化学稳定性好，是一种环境友好的过渡金属氧化物。MoO_3 具有良好的氧化还原催化活性，作为敏感材料具有重要应用，在对有毒有害气体（如三甲胺、乙醇、氨气、硫化氢和氮氧化物等）的检测中显示出良好的传感性能。但是，由于 MoO_3 禁带宽度较大（3.1eV），几乎没有可自由移动的电子，本征导电率低，限制了其实际使用性能。PANI 是一种常见的导电高分子，具有导电性好、稳定性高以及容易制备等优点，被认为是室温条件下理想的气体传感材料。但是，PANI 作为传感材料存在灵敏度不高、响应时间长、长期稳定性差等问题。本实验通过原位聚合法制备 MoO_3/PANI 无机-有机复合粉体，可以有效发挥复合材料的优势，得到导电性良好、对目标气体具有较高灵敏度的室温传感材料。

四、实验药品与仪器

（1）实验药品。实验中制备 MoO_3/PANI 复合粉体所用到的主要试剂如表 8-15 所示。

表 8-15　　　　　　　　　　　主要试剂

名称	分子式	纯度	生产厂家
钼酸铵	$(NH_4)_6Mo_7O_{24}\cdot 4H_2O$	分析纯	国药集团化学试剂有限公司
硝酸	HNO_3	65.0%~68.0%	国药集团化学试剂有限公司
盐酸	HCl	分析纯	国药集团化学试剂有限公司
苯胺	C_6H_7N	分析纯	国药集团化学试剂有限公司
过硫酸铵	$(NH_4)_2S_2O_8$	分析纯	国药集团化学试剂有限公司
无水乙醇	C_2H_5OH	分析纯	国药集团化学试剂有限公司

（2）实验仪器。实验中所用到的主要仪器的名称、型号及生产厂家如表 8-16 所示。

表 8-16　　　　　　　　　　　主要仪器

名称	型号	生产厂家
电子天平	FA1004B	上海佑科仪器仪表有限公司
恒温磁力搅拌器	H05-1	上海梅颖浦仪器仪表制造有限公司
台式高速离心机	TG16MW	湖南赫西仪器装备有限公司

续表

名称	型号	生产厂家
超声波清洗机	LC-UC-32	上海力辰仪器科技有限公司
恒温水浴锅	J-HH-A	冠森生物科技(上海)有限公司
鼓风干燥箱	DHG-9053A	上海精宏实验设备有限公司
马弗炉	SXL-1700C	上海钜晶精密仪器制造有限公司

五、实验步骤

1. MoO_3 粉体的制备

(1) 称取 0.9017g 钼酸铵溶于 15mL 去离子水中,在室温条件下磁力搅拌 30min 后使其充分溶解。

(2) 在搅拌条件下,向悬浮液中缓慢加入 10mL HNO_3。

(3) 将烧杯置于水浴锅中,在 85℃ 条件下保温 1h。

(4) 反应结束后,将烧杯中的沉淀物离心收集,用去离子水、无水乙醇交替清洗 3 次。在 60℃ 干燥箱中干燥 12h。

(5) 干燥后的样品置于坩埚中,在马弗炉中进行热处理。热处理条件为,空气气氛中以 1℃/min 的升温速率升温至 400℃,保温 2h。热处理结束后,随炉冷却,得到 MoO_3 粉体。

2. MoO_3/PANI 复合粉体的制备

(1) 称取 0.2g MoO_3 粉体加入到 20mL,1mol/L 的 HCl 中,超声振荡 20min 后形成悬浮液。

(2) 在搅拌条件下,向悬浮液中加入 35μL 苯胺单体。

(3) 将 0.0432g 过硫酸铵加入到 5mL,1mol/L 的 HCl 中,充分溶解后逐滴滴入悬浮液中。之后,在室温下搅拌 6h。

(4) 反应结束后,将烧杯中的沉淀物离心收集,用去离子水、无水乙醇交替清洗 3 次。所得产物在 60℃ 干燥箱中干燥 12h,得到 MoO_3/PANI 复合粉体。

六、实验结果与分析

(1) 详细记录实验过程。

(2) 根据实验过程绘制 MoO_3/PANI 复合粉体的制备工艺流程图。

(3) 分析原位聚合过程中,MoO_3/PANI 复合粉体形貌的影响因素。

思考题

(1) 哪些材料表征方法可以判断通过原位聚合方法成功得到 MoO_3 和 PANI 的复合材料?

(2) 怎样确定复合材料中 MoO_3 和 PANI 的相对比例?

扩展阅读 金属氧化物半导体气体传感材料

一、气体传感器简介

气体传感器作为一种气体检测装置,在有毒、可燃、易爆等气体探测领域有着广泛的应用。与色谱法、分子印迹法等传统气体检测方法相比,气体传感器具有操作便捷、响应迅速、成本低廉以及便于集成化、智能化等特点,尤其是在复杂或极端条件下或生物体系中的气体探测方面更是具有不可比拟的优势。气体传感器的应用领域非常广泛,包括空气质量监控、安全生产监测、临床诊断气体分析等。根据检测原理的不同,气体传感器主要有半导体、电化学、催化燃烧、红外式、热导式、有机场效应晶体管、石英微晶天平、声表面波气体传感器等(图8-1)。电化学式气体传感器虽然有灵敏度高、选择性好的优点,但是电极膜片材料难以做到单一反应,易受干扰气体影响,温湿度变化也会影响检测结果。催化燃烧式气敏传感器可检测的气体相对比较单一,如氢气、甲烷等可燃性气体,而且其敏感元件受催化剂的侵害严重。红外式气体传感器的测试原理是基于不同气体的红外吸收光谱不同,由于器件结构比较复杂,红外式气体传感器的造价一般较高。与这些传感器相比,半导体气敏传感器具有成本低、器件结构简单、灵敏度高、寿命长等特点,对于未来在传感器的便携化、智能化、集成化等发展方向上,具有其他类型传感器所不可比拟的优势。半导体传感器在所有传感器中占比达到60%左右,其中基于金属氧化物半导体材料(Metal Oxide Semiconductor,MOS)的气体传感器在实际应用中最为广泛。

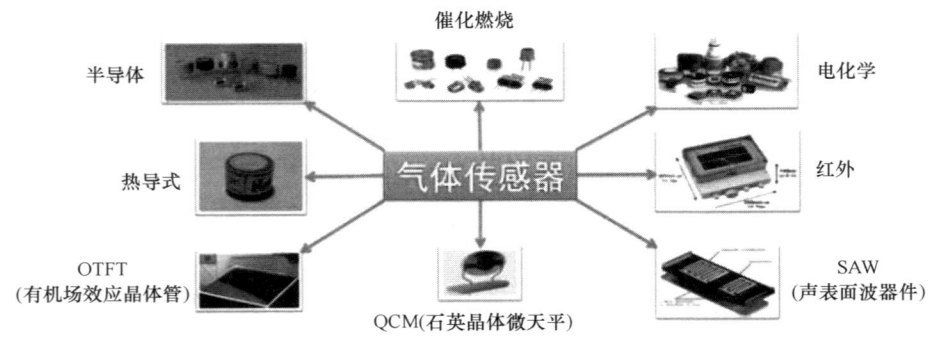

图8-1 气体传感器的分类

二、MOS气体传感材料

1931年,Braver等首次发现CuO半导体的电导率会随着吸附在样品表面的水蒸气的多少而改变的现象。1952年由Bardeen和Barteen最先提出将半导体材料用于气体敏感器件的概念。1962年,Seiyama等成功制备ZnO薄膜材料,研制出第一支基于金属氧化物半导体的气敏元件,在485℃条件下用于二氧化碳、甲苯和丙烷等气体的探测。同年,Taguchi 等制作了基于 SnO_2 材料的气敏传感器,用于检测低浓度可燃气体,并且在日本投入市场。在 SnO_2 基气敏材料实现商业化应用之后,对金属氧化物半导体气敏材料的研究延伸到 TiO_2、WO_3 等金属氧化物。20 世纪 70 年代,电导型气体传感器的敏感层主要由金属氧化物半导体材料的多孔薄膜构成。自 2000 年以来,随着纳米技术的发展,出现了纳米金属氧化物气敏材料,如低维纳米颗粒、单晶准一维纳米材料(纳米线、纳米棒和纳米带)等。纳米结构比表面积高,可以提供大量活性位点,与块体材料相比,纳米金属氧化物气敏材料的响应信号和高温稳定性都有明显的提高。近年来,随着物联网、智能制造等技术的出现和普及,为传感器的发展带来新的机遇,同时也对传感材料的研发提出了新的要求。目前针对金属氧化物气敏材料的性能提升主要集中于提高灵敏度(Sensitivity)、选择性(Selectivity)、响应-恢复速度(Speed)以及稳定性(Stability),即气敏材料的"4S"指标。通过纳米材料合成技术,对材料的微观结构进行调控,使金属氧化物气敏材料在灵敏度、选择性、快速响应和稳定性等方面的性能都有了较大的提升。

三、MOS 气体敏感材料的工作原理

金属氧化物半导体的气体传感性质源于材料在不同气氛环境中发生的电导率变化。以 n 型半导体为例,一定温度下空气中的氧气吸附在材料表面,夺取导带中的电子形成氧负离子(O_2^-、O^- 和 O^{2-}),并在材料表面形成电子耗空层,导致金属氧化物粒子之间形成一个高的势垒。当材料处于还原性气氛中(如 C_2H_5OH、CO、H_2 等)时,目标气体与氧负离子反应,释放出的电子回到半导体材料内部使电阻降低。当 n 型半导体材料与氧化性气体(如 NO_2)接触时,材料电阻增加。p 型半导体的导电机制与 n 型半导体相反,在空气中,氧气吸附在 p 型半导体材料表面形成空穴积累层,当材料与还原性气体接触时,材料会夺取还原气体的电子导致空穴浓度下降,载流子浓度降低而使得电阻升高;当材料与氧化性气体接触时,电阻下降。通过 MOS 敏感材料电阻的变化可以反映出环境中气体种类和浓度信息。

参 考 文 献

[1] 何彩瑀,张伟,房美琦,等. 阻燃剂的研究及应用综述[J]. 辽宁化工,2024,53(7):1114-1116.

[2] 曾书航,杜莹,陈婷,等. 液相沉淀法制备高纯超细阻燃型氢氧化镁[J]. 塑料科技,2024,52(2):92-99.

[3] ROMANO S, TRESPI S, ACHERMANN R, et al. The Role of Operating Conditions in the Precipitation of Magnesium Hydroxide Hexagonal Platelets Using NaOH Solutions [J]. Crystal Growth & Design, 2023, 23 (9): 6491-6505.

[4] 赵丽,刘家伟,王容,等. 液相化学法制备氢氧化镁阻燃剂的技术研究[J]. 无机盐工业,2018,50(1):8-11.

[5] SANTHOSH B, KUMAR M, MATHEWS J M, et al. A facile hydrous mechano-synthesis of magnesium hydroxide [Hy-Mg(OH)$_2$] nano fillers for flame-retardant polyester composites [J]. Chemical Engineering Journal Advances, 2023, 14: 100466.

［6］ 乔英杰. 材料合成与制备［M］. 北京：国防工业出版社，2010.

［7］ LI Z H, ZHANG M X, ZHANG Z Y, et al. Hydrothermal and heat-treated synthesis of SnS nanostructures for VOCs sensing［J］. Journal of Materials Science：Materials in Electronics，2024，35：722.

［8］ 位帅洁，李帅辉，赵志鹏，等. 花状二硫化锡的储钠性能研究［J］. 华电技术，2021，43（7）：37-41.

［9］ 王筠，丁荣光，陈泳兴，等. 纳米二硫化锡的水热合成及可见光催化降解染料的性能研究［J］. 化工新型材料，2023，51（8）：194-204.

［10］ 赵文博. 硫化锡基光催化材料的研究进展［J］. 化工设计通讯，2021，47（9）：49-51.

［11］ 帅骁峰. 二硫化锡基纳米材料制备及其光催化性能研究［D］. 太原：太原理工大学，2023.

［12］ 朱继平. 材料合成与制备技术［M］. 北京：化学工业出版社，2018.

［13］ 同帜，霍乐乐，董旭娟，等. 溶胶-凝胶法制备氧化锆薄膜的工艺与表征［J］. 粉末冶金材料科学与工程，2016，21（1）：174-179.

［14］ 鞠红民，陈伟东，闫淑芳，等. 溶剂种类对溶胶-凝胶法制备氧化锆阻氢膜层的影响［J］. 稀有金属，2019，43（1）：87-91.

［15］ 凌永一，王珍，张婧，等. $MgO-ZrO_2$ 耐火材料研究进展［J］. 耐火材料，2021，55（1）：81-88.

［16］ 赵志龙，薛群虎，丁冬海，等. 溶胶-凝胶法制备 ZrO_2 粉的工艺研究［J］. 耐火材料，2017，51（6）：422-425.

［17］ WANG Z H, TAO D L, GUO G S, et al. Synthesis of dispersed ZrO_2 nano-laminae composed of ZrO_2 nanocrystals［J］. Material Letters，2006，60（25-26）：3104-3108.

［18］ DURAN C, YU J, SATO K, et al. Hydrothermal synthesis of nano ZrO_2 powders［J］. Science of Engineering Ceramics，2006，317：195-198.

［19］ FAKHRI A, BEHROUZ S, TYAGI I. Synthesis and characterization of ZrO_2 and carbon-doped ZrO_2 nanoparticles for photocatalytic application［J］. Journal of Molecular Liquids，2016，216：342-346.

［20］ 徐如人，庞文琴，霍启升. 无机合成与制备化学［M］. 2版. 北京：高等教育出版社，2009.

［21］ BAKRANOVA D, NAGEL D. ZnO for Photoelectrochemical Hydrogen Generation［J］. Clean Technologies，2023，5（4）：1248-1268.

［22］ MIKHAILOV M M, LAPIN A N, YURYEV S A, et al. Optical properties of ZnO powders modified with ZnO nanoparticles［J］, Russian Physics Journal，2022，65（8）：1239-1245.

［23］ STAROWICZ M, STYPULA B. Electrochemical synthesis of ZnO nanoparticles［J］, European Journal of Inorganic Chemistry，2008，6：869-872.

［24］ 孙悦，钟喆，任铁强，等. 微乳液法制备六棱锥形纳米氧化锌的研究［J］. 应用化工，2016，45（10）：1841-1844.

［25］ 贾艳强，施冬梅，郭毅. 液相法制备氧化锌纳米粉体的研究进展［J］. 材料导报，2010，24（S2）：122-138.

［26］ 柏任流，甄德帅，吴大旺，等. $NiFe_2O_4$/碳纤维复合电极的制备及电化学性能［J］. 微纳电子技术，2020，57（12）：976-991.

［27］ MEHDIPOUR M, SHOKROLLAHI H. Comparison of microwave absorption properties of $SrFe_{12}O_{19}$, $SrFe_{12}O_{19}/NiFe_2O_4$, and $NiFe_2O_4$ particles［J］. Journal of Applied Physics，2013，114（4）：043906.

［28］ GASSER A, RAMADAN W, GETAHUN Y, et al. Feasibility of superparamagnetic $NiFe_2O_4$ and GO-$NiFe_2O_4$ nanoparticles for magnetic hyperthermia［J］. Materials Science and Engineering B-Advanced

Functional Solid-State Materials, 2023, 297: 116721.

[29] 张志刚, 姚广春, 马佳, 等. 低温固相反应合成$NiFe_2O_4$尖晶石纳米粉[J]. 东北大学学报(自然科学版), 2010, 31(6): 868-872.

[30] 李晓微, 张雷, 邢其鑫, 等. 磁性$NiFe_2O_4$基复合材料的构筑及光催化应用[J]. 化学进展, 2022, 34(4): 950-962.

[31] ZHANG Y J, ZHANG W, YU C, et al. Synthesis, structure and supercapacitive behavior of spinel $NiFe_2O_4$ and NiO@ $NiFe_2O_4$ nanoparticles[J]. Ceramic International, 2021, 47(4): 10063-10071.

[32] 侯来广, 任雪潭. 低温固相法反应制备$NiFe_2O_4$的研究[J]. 陶瓷, 2018(6): 34-38.

[33] 张超博, 高筠, 田然, 等. 锂离子电池钴酸锂正极材料的改性研究进展[J]. 化学工程师, 2024, 38(4): 69-75.

[34] BHAGWAN J, HAN J I. Formation of MWCNT/$LiCo_2O_4$ nanoplates and their application for hybrid supercapacitor[J]. Ceramics International, 2024, 50(7): 10676-10687.

[35] MOUHIB Y, BELAICHE M, FERDI C A, et al. New technique for elaboration and characterization of a high voltage spinel $LiCo_2O_4$ cathode and theoretical investigation[J]. New Journal of Chemistry, 2020, 44(6): 2538-2546.

[36] MOHANTY D, GABRISCH H. Comparison of magnetic properties in Li_xCoO_2 and its decomposition products $LiCo_2O_4$ and Co_3O_4[J]. Solid State Inoics, 2011, 197(1): 41-45.

[37] 肖卉. 自蔓延高温合成锂离子正极材料$LiCoO_2$的工艺研究[D]. 南宁: 广西大学, 2007.

[38] CHOI S, MANTHIRAM A. Synthesis and electrochemical properties of $LiCo_2O_4$ spinel cathodes[J]. Journal of the Electrochemical Society, 2002, 149(2): A162-A166.

[39] 左蓓璘, 刘佩进, 张维海, 等. 高温自蔓延反应合成功能材料的研究进展[J]. 含能材料, 2018, 26(6): 537-544.

[40] 李宁, 韩凤兰, 丁坤飞, 等. 自蔓延高温合成法制备陶瓷涂层的研究进展[J]. 热加工工艺, 2023, 52(2): 1-4.

[41] DAI T T, LIU Y T, RONG D D, et al. Bioinspired dynamic matrix based on developable structure of mxene-cellulose nanofibers (CNF) soft actuators[J]. Advanced Functional Materials, 2024, 34: 2400459.

[42] WANG H J, WANG J F, LI W T, et al. A double cross-linked network structure hydrogel with CNF-C: Synergistically enhanced mechanical properties and sensitivity of flexible strain sensors[J]. Ceramics International, 2023, 49(22): 35939-35947.

[43] 李蕊, 高歌, 张丽. 碳纳米纤维纺丝抗菌敷料制备及实际应用效果比较[J]. 材料科技应用, 2023, 50(7): 73-76.

[44] 施宣波, 饶先发, 陈军. 静电纺丝制备聚丙烯腈基纳米碳纤维及其储钠性能研究[J]. 江西冶金, 2023, 43(6): 476-483.

[45] HWANG I H, CHOI S Y, LEE S H. Electrospinning method-based CNF properties analysis and its application to electrode in electrolysis process electrospinning method[J]. Applied Chemistry for Engineering, 2017, 28(2): 257-262.

[46] LI Y Z, DU J, SUN X J. Preparation of TiO_2/nitrogen-doped CNF composites as high-performance lithium-ion battery anodes by electrospinning[J]. Journal of Crystal Growth, 2023, 624: 127417.

[47] 顾殿宽. 柔性PAN基碳纳米纤维可控制备及性能研究[D]. 合肥: 安徽农业大学, 2023.

[48] 闫爽. 碳/半导体氧化物一维纳米结构的电纺制备及传感与电化学性质研究[D]. 上海: 同济大

学，2015.

[49] REDDIVARI B R, VADAPALLI S, SANDURU B, et al. Fabrication and mechanical properties of hybrid fibre-reinforced polymer hybrid composite with graphene nanoplatelets and multiwalled carbon nanotubes [J]. Cogent Engineering, 2024, 11 (1): 2343586.

[50] 王静，李闯，耿闻，等. 碳纤维复合材料高温界面性能研究进展 [J]. 高分子材料科学与工程，2024, 40 (3): 163-171.

[51] 刘少飞，徐鸿杰，王占文，等. 聚酰亚胺纤维/石英纤维混杂增强复合材料制备及性能研究 [J]. 化工新型材料，2024, 52 (8): 106-110.

[52] 汪曼秋，肖卫强，汪华文，等. 有机硅/改性空心玻璃微珠复合材料的制备与性能研究 [J]. 有机硅材料，2024, 38 (2): 1-12.

[53] 高海燕，王竞一，赵永男，等. Sn 掺杂 MoO_3 的制备、表征及气敏性能 [J]. 高等学校化学学报，38 (12): 2206-2212.

[54] 陈诗乐，黄浩文，谢广华，等. 聚苯胺基复合热电材料研究进展 [J]. 湘潭大学学报（自然科学版），2023, 45 (5): 65-75.

第九章　电子信息材料工艺实验

电子信息材料工艺实验是无机非金属材料工程专业电子信息材料方向的工艺类实验课程，主要是围绕不同功能的电子信息材料开设的一系列综合性实验，包括铁电陶瓷材料制备及性能测试分析，磁性材料制备及性能测试，热敏陶瓷材料制备及性能测试，复合电极材料制备及性能测试，碳纤维电极材料制备及性能测试。每个实验内容包括原料选择、配方计算、工艺方案设计、制备以及相关性能测试等全过程训练，通过文献检索，完成配方计算和原料选择，选用恰当的实验设备、测试仪器和模拟软件，实现材料的制备、性能数据的测试采集，并对实验结果进行合理分析和解释，得到有效结论，从而提升学生对复杂工程问题的分析、计算、设计等的综合研究能力。

实验 61　铁电陶瓷材料制备及性能测试分析

一、实验意义

以钙钛型化合物钛酸钡为代表的铁电陶瓷材料具有自发极化的性质，居里温度附近产生铁电相-顺电相的相变过程，且在此温度上具有最大的相对介电常数，在居里温度以下铁电相状态时具有电畴结构和电滞回线。利用铁电陶瓷的高介电常数可以制作大容量的电容器、高频用微型电容器、高压电容器、叠层电容器和半导体陶瓷电容器。利用其介电常数随外电场呈非线性变化的特性，可以制作介质放大器和相移变器等。可以看出铁电陶瓷介电常数的大小及其特性是其应用的重要性能参数，其性能表征决定了其应用的领域。

二、实验目的

（1）采用溶胶-凝胶法，或草酸盐法，或熔盐法，制备 BST 陶瓷粉体，掌握配料计算方法和制备工艺流程。
（2）学会并掌握陶瓷电容器的构建及制备工艺。
（3）掌握利用自动元件分析仪/电容测试仪测试 BST 陶瓷的电容 C、介电损耗因数 D，以及由此计算相对介电常数 ε_r 及损耗角正切 $\tan\delta$ 的方法。
（4）掌握利用 Origin 软件处理实验数据，讨论 ε_r 及 $\tan\delta$ 的频率特性和温度特性。
（5）学会以科学的视角观察实验现象，并对实验现象进行分析和讨论。

三、实验基本原理

1. 溶胶凝胶法

溶胶-凝胶方法是将易水解的金属化合物（无机盐或金属醇盐）在某种溶剂中与水发

生反应，固体颗粒分散于液体中形成溶胶。通过加热蒸发等方法，去除稳定剂粒子及悬浮液，通过水解与缩聚反应，溶胶中的粒子形成连续的三维网络骨架结构，与连续液相形成的凝胶，再经过干燥，收缩成干凝胶，烧结制得所需的陶瓷粉体（图9-1）。

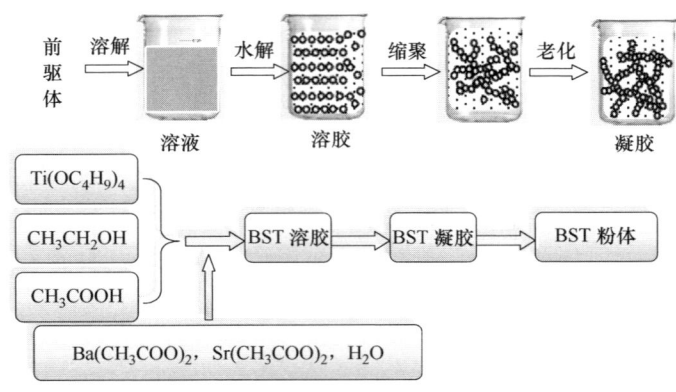

图9-1 溶胶-凝胶法制备陶瓷粉体工艺原理图

2. 草酸盐法

草酸盐法也叫草酸盐共淀沉法。化学共沉淀法是在含有多种可溶性阳离子的盐溶液中，通过加入沉淀剂（OH^-、CO_3^{2-}、$C_2O_4^{2-}$、SO_4^{2-} 等），形成不溶性氢氧化物、碳酸盐或草酸盐沉淀，将溶剂或溶液中原有的阳离子滤出，沉淀物经热分解反应即可制得精细陶瓷粉体。为了避免沉淀法制备粉体过程中形成严重的硬团聚，往往在其过程中引入冷冻干燥、超临界干燥、共沸蒸馏等技术手段，取得了较好的效果。沉淀法操作简单，成本低。

传统化学共淀沉法制备原材料通常选用四氯化钛、氯化钡和氯化锶，而草酸盐共淀沉法是采用草酸（$H_2C_2O_4 \cdot 2H_2O$）或草酸氨作为沉淀剂，原料采用氯化钡、氯化锶、四氯化钛，和草酸的水溶液一起反应，先得到沉淀产物 $(Ba_{1-x}Sr_x)TiO(C_2O_4)_2 \cdot 4H_2O$，再将所得沉淀物陈化、清洗、分散、干燥后在 800～900℃ 煅烧，即获得 $Ba_{1-x}Sr_xTiO_3$ 陶瓷微粉（图9-2）。反应总体方程式和沉淀物热分解分别如下：

$(1-x)BaCl_2 + xSrCl_2 + TiCl_4 + 2H_2C_2O_4 \cdot 2H_2O + 3H_2O \rightarrow (Ba_{1-x}Sr_x)TiO(C_2O_4)_2 \cdot 4H_2O \downarrow + 6HCl$

$(Ba_{1-x}Sr_x)TiO(C_2O_4)_2 \cdot 4H_2O \rightarrow (Ba_{1-x}Sr_x)TiO(C_2O_4)_2 \rightarrow (Ba_{1-x}Sr_x)CO_3 + TiO_2 \rightarrow Ba_{1-x}Sr_xTiO_3$

3. 熔盐法

利用某些盐类在较低温度下发生熔融的特点，建立低温熔盐体系，促进原料组分的扩散和反应，形成新物质粉体。与传统的固相烧结法相比，熔盐法可以降低合成温度和缩短反应时间。熔盐体系的形成，使反应体系的流动性显著增强。在熔盐体系中，原料组成以离子形式存在，其表面活性强，扩散速率高，反应速度快，通过对熔盐体系及其他工艺条件调控，可实现

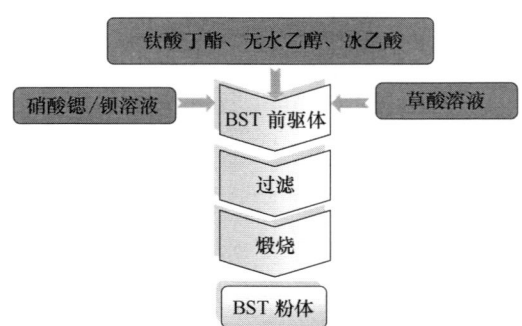

图9-2 草酸盐共淀沉法工艺原理图

对合成粉体的颗粒形貌和粒径尺寸的控制。合成产物通过清洗与盐分离，从而获得高纯度粉体，且分离出去的盐可回收利用（图9-3）。

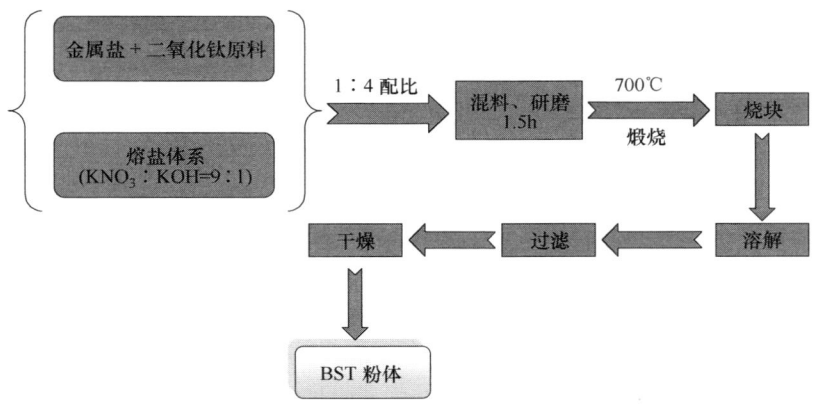

图9-3　熔盐法制备陶瓷粉体工艺原理图

四、实验药品和器材

（1）实验药品：银浆、银导线、焊料，其他药品如表9-1所示。

表9-1　　　　　　　　　　　实验药品

药品	方法		
	溶胶凝胶法	草酸盐沉淀法	熔盐法
钡盐	乙酸钡	硝酸钡	碳酸钡
锶盐	乙酸锶	硝酸锶	硝酸锶
钛盐或氧化物	钛酸四丁酯	钛酸四丁酯	二氧化钛

（2）实验器材：自动元件分析仪、电炉、天平、压片机、研钵、高铝坩埚。

五、实验步骤

1. 粉料制备

（1）溶胶-凝胶法

① 按照摩尔比 Ba∶Sr∶Ti=0.6∶0.4∶1.0，产物量10g计算所用原料化学计算比组成，将固定比例的醋酸钡和醋酸锶（计算料量）溶解于适量的去离子水（约18mL）中，充分搅拌，使之均匀，形成溶液A。

② 在无水乙醇（55mL）中加入钛酸四正丁酯（计算料量），均匀混合，形成B液。

③ 在60℃条件下磁力搅拌B液大约20min，使钛酸四丁酯能够完全均匀的分散在无水乙醇中，并在B液中加入30mL冰乙酸，以防在滴加过程中产生沉淀。

④ 在搅拌条件下，将A液慢慢滴加入到B液中（大约持续30min），此时pH约为6左右（有偏差，但不用特意调整）。

⑤ 60℃持续搅拌至凝胶出现，然后静置2h，再在80℃下干燥24h。

(2) 草酸盐法

① 按照摩尔比 Ba：Sr：Ti＝0.6：0.4：1.0，产物量 10g 计算所用原料化学计算比组成，量取钛酸四丁酸（计算料量），在磁力搅拌条件下滴入无水乙醇中（68.06mL）得到溶液 A。

② 将草酸（12.607g）溶解于适量去离子水（41.65mL）和乙醇（41.65mL）溶液中，配 1.2mol/L 的溶液，再将 A 溶液滴入混合液中，得到溶液 B。

③ 硝酸锶（计算料量），硝酸钡（计算料量）溶解于去离子水中，形成溶液 C，强力搅拌下将溶液 C 滴入到溶液 B 中。

④ 再经抽滤，洗涤，干燥，得到 BST 粉体。

(3) 熔盐法

主要原料：碳酸钡+硝酸锶+二氧化钛

熔盐：KNO_3+KOH，KNO_3：KOH＝9：1

熔盐：原料＝4：1

① 按照摩尔比 Ba：Sr：Ti＝0.6：0.4：1.0，产物量 10g 计算所用原料化学计算比组成，准确称取原料和熔盐置于研钵中研磨约 1.5h，进行充分混合。

② 将混合物放入氧化铝干锅中，在 700℃ 煅烧 2h 并随炉冷却。

③ 将冷却后所得到的固体用大量的去离子水冲洗粉体自然脱落，用烧杯收集所得到的悬浊液体。

④ 进行抽滤，并加去离子水冲洗粉体以去除粉体中所含有的钾盐。

⑤ 取出粉体，干燥箱中 100℃ 干燥 2h，得到疏松状的粉体。

2. 粉料煅烧

将上面得到的粉体进行煅烧，具体煅烧温度制度如下：

$20℃ \xrightarrow{100min} 200℃ \xrightarrow{30min} 200℃ \xrightarrow{30min} 400℃ \xrightarrow{50min} 500℃ \xrightarrow{30min} 500℃ \xrightarrow{100min} 850℃ \xrightarrow{180min} 850℃$。

3. 成型

粉料研磨达到一定细度且分散均匀，加入少量配制好的聚乙烯醇粘结剂，在 15MPa 压力下保压 1min。

4. 陶瓷烧结

将上面成型得到的陶瓷片进行烧结，具体烧结工艺如下：

$20℃ \xrightarrow{75min} 600℃ \xrightarrow{50min} 900℃ \xrightarrow{20min} 900℃ \xrightarrow{90min} 1320℃ \xrightarrow{120min} 1320℃ \xrightarrow{1h} 0℃$。

5. 涂银烧银

烧前 60℃ 烘干 30min，以免起鳞皮。

室温～350℃：2℃/min；

350～500℃：5℃/min；

500～810℃：10℃/min；

810℃：保温 15～20min。

6. 性能测试

利用自动元件分析仪测试 BST 陶瓷的介电常数随温度及外加电场频率的变化关系。

六、实验结果与分析

（1）利用测试数据，绘制介电常数随外加电场频率的变化曲线，探讨其变化的机理。
（2）利用测试数据，绘制介电常数随温度的变化曲线，探讨其变化的机理。
数据记录至表 9-2、表 9-3 中。

表 9-2　　　　　　　　　　　不同频率下陶瓷的介电性能

f/kHz	1	2	5	10	20	50	100	150	200	250	300
C											
D											

表 9-3　　　　　　　　　　　不同温度下陶瓷的介电性能

T/℃	20	40	60	80	100	120	140	160	180	200	220	240	260	280
C														
D														

思考题

（1）分析 BST 陶瓷介电常数、损耗角正切随频率变化的原因。
（2）分析 BST 陶瓷介电常数、损耗角正切随温度变化的原因。

实验 62　磁性陶瓷材料制备与性能测试

一、实验意义

磁性陶瓷主要是指铁氧体陶瓷，铁氧体是以氧化铁和其他铁族或稀土族氧化物为主要成分的复合氧化物。铁氧体多为半导体，电阻率远大于一般金属磁性材料，具有涡流损失小的优点。磁性陶瓷是一种用途非常广泛的功能材料，它作为电子工业的基础材料之一，近年来得到很大的发展。人们研究开发了许多新型的磁性陶瓷，如开关电源用高频低功耗功率铁氧体、宽频微波吸收铁氧体、高矫顽力纳米晶磁性陶瓷、R_2CuO_2 型超导和磁有序材料、室温磁制冷材料等。这些材料的性能更好、用途更广。它们的发展必将对电子、计算机、自动控制等产业的发展起到重要的推动作用。

二、实验目的

（1）掌握磁性陶瓷材料的基本性质和配方设计依据。
（2）掌握采用固相反应和烧结法制备铁氧体磁性陶瓷材料的制备工艺。
（3）掌握磁性材料的磁化过程和主要磁学性能参数的测试方法。
（4）培养实验操作和数据处理、分析能力。

三、实验基本原理

磁性陶瓷材料按其晶格类型可分为尖晶石型、石榴石型、磁铅石型、钙铁矿型、钛铁石型、氯化钠型、金红石型、非晶结构 8 类。以当前被研究得最详细、实用上又最重要的尖晶石结构的铁氧体为例，它的一般化学式为 MFe_2O_4，式中的 M 为二价金属离子。尖晶石结晶的单胞由 8 个分子组成，含有 8 个二价金属、16 个三价金属、32 个氧，其中氧为最密集的排列（面心立方），金属离子嵌入到氧离子堆积的空隙中。磁性陶瓷材料是一类具有显著磁性的陶瓷材料，通常由铁、氧和其他金属元素组成。它们具有高磁化强度、高矫顽力、高电阻率和良好的化学稳定性等特点，广泛应用于磁记录、永磁电机、微波器件等领域。

铁磁材料的重要特性之一就是磁滞现象。当铁磁材料磁化时，磁感应强度 B 不仅与当时的磁场强度 H 有关，而且与磁化的历史有关，因此形成磁滞回线。磁滞回线表示磁场强度周期性变化时，强磁性物质磁滞现象的闭合磁化曲线，它表明了强磁性物质反复磁化过程中磁化强度 M 或磁感应强度 B 与磁场强度 H 之间的关系。由于 $B=\mu_0(H+M)$（式中 μ_0 为真空磁导率），若已知一材料的 $M-H$ 曲线，便可求出其 $B-H$ 曲线，反之亦然。磁滞回线是铁磁性物质和亚铁磁性物质的一个重要的特征，顺磁性和抗磁性物质则不具有这一现象。

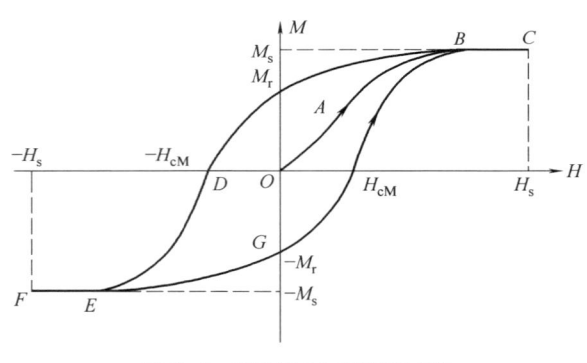

图 9-4　强磁物质的磁滞回线

图 9-4 为强磁物质的磁滞回线，将强磁性材料（包括铁磁性和亚铁磁性材料）样品从剩余磁化强度 $M=0$ 开始，逐渐增大磁化场的磁场强度 H，磁化强度 M 将随之沿图 1 中 OAB 曲线增加，直至达到磁饱和状态 B；增大 H，样品的磁化状态将基本保持不变，因此直线段 BC 几乎与 H 轴平行；当磁化强度达到饱和值 M_s 时，对应的磁场强度 H 用 H_s 表示；OAB 曲线称为起始磁化曲线。

此后若减小磁化场，磁化曲线从 B 点开始并不沿原来的起始磁化曲线返回，这表明磁化强度 M 的变化滞后于 H 的变化，这种现象称为磁滞。当 H 减小为零时，M 并不为零，而等于剩余磁化强度 M_r。要使 M 减到零，必须加一反向磁化场，而当反向磁化场加强到 $-H_{cM}$ 时，M 才为零，H_{cM} 称为矫顽力。

如果反向磁化场的大小继续增大到 $-H_s$ 时，样品将沿反方向磁化到达饱和状态 E，相应的磁化强度饱和值为 $-M_s$。E 点和 B 点相对于原点对称。此后若使反向磁化场减小到零，然后又沿正方向增加。样品磁化状态将沿曲线 $EGKB$ 回到正向饱和磁化状态 B。$EGKB$ 曲线与 $BNDE$ 曲线也相对于原点 O 对称。由此看出，当磁化场由 H_s 变到 $-H_s$，再从 $-H_s$ 到 H_s 反复变化时，样品的磁化状态变化经历着由 $BNDEGKB$ 闭合回线描述的循环过程。曲线 $BNDEGKB$ 称为磁滞回线。

磁滞回线中有两个重要的物理量,剩余磁感应强度和矫顽力。不同的铁磁质有不同形状的磁滞回线,主要区别在于矫顽力的大小,矫顽力大的称为硬磁材料,矫顽力小的称为软磁材料。软磁材料是指能够迅速响应外磁场的变化,且能低损耗地获得高磁感应强度的材料。软磁材料的特点是:既容易受外加磁场磁化,又容易退磁。通常对软磁材料的基本要求包括:①矫顽力 H_c 要小;②饱和磁感应强度 M_s 要高;③功率损耗 P 要低;④高的稳定性。硬磁材料是指被外加磁场磁化以后,除去外磁场,仍能保留较强磁性的一类材料,也称为永磁材料。对硬磁材料的基本要求包括:①B_r(剩磁)要高;②H_c(矫顽力)要高;③磁能积 $(BH)_{max}$ 要高;④材料稳定性要高。

不同形状的磁滞回线有不同的应用。例如永磁材料要求矫顽力大,剩磁大;软磁材料要求矫顽力小;记忆元件中的铁心则要求适当低的矫顽力。为了满足生产、科研中新技术的需要,需要研制新的铁磁材料以使它们的磁滞回线符合实际应用要求。由于 B-H 磁滞回线所围面积与磁滞损耗成正比,在交流电器中磁滞损耗是有害的,它的存在既浪费了电能又使铁心发热,对设备不利,所以软磁材料的磁滞回线所围面积要尽量减小,以减少损耗。

高斯计又称为毫特斯拉计,是根据霍尔效应制成的测量磁感应强度的仪器,测量物体于空间上一个点的静态或动态(交流)磁感应强度。图 9-5 为典型的充磁和退磁曲线。

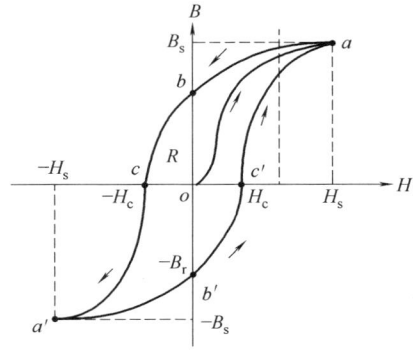

图 9-5 充磁和退磁曲线

退磁曲线:磁滞回线在第二象限的部分。在无外场作用的情况下,考察永磁材料性能将依据退磁曲线。

① 退磁曲线上每一点的 B 和 H 的乘积 (BH) 为磁能积,表征永磁材料中能量大小的物理量。

② (BH) 的最大值为最大磁能积 $(BH)_{max}$。

四、实验药品与器材

实验药品:碳酸钴,碳酸锰,氧化钛,碳酸锌,碳酸钡,硝酸铁,碳酸钙,硅藻土,添加剂(如烧结助剂、掺杂剂等),去离子水或乙醇。

实验器材:球磨机,压片机,烧结炉,磁性能测试仪,研钵、研杵,电子天平,模具。

五、实验方法与步骤

1. 实验方法

本实验将采用固相反应和烧结法制备磁性陶瓷材料,并通过磁性能测试仪测试其磁性能。

参考配方如下（质量分数）：

(1) Fe_2O_3 80%~83%，$BaCO_3$ 17%~19%，高岭土 1.0%，$MnCO_3$ 2.0%，CaO 0.5%，$SrCO_3$ 0~3.0%；

(2) Fe_2O_3 81%~84%，$BaCO_3$ 18%~20%，$KMnO_4$ 0~0.2%，SiO_2 0.2%~0.5%，Al_2O_3 0.3%~0.4%，$SrCO_3$ 0~3.0%，CaO 0.5%。

2. 实验步骤

(1) 原料混合：按照一定比例将磁性陶瓷原料粉末和添加剂称量后，放入研钵中，加入适量去离子水或乙醇，充分研磨混合均匀，直至形成均匀的浆料。

(2) 球磨：将混合好的浆料倒入球磨罐中，加入适量的磨球，开启球磨机进行球磨，球磨时间根据原料的粒度要求而定，一般需数小时至数十小时。

(3) 干燥：将球磨后的浆料取出，放入烘箱中干燥，去除水分或乙醇，得到干燥的磁性陶瓷粉料。

(4) 成型：将干燥后的磁性陶瓷粉料放入模具中，用压片机进行压制成型，得到一定形状的磁性陶瓷生坯。

(5) 烧结：将生坯放入烧结炉中，按照设定的烧结温度和时间进行烧结，烧结温度和时间根据具体的磁性陶瓷材料而定。

(6) 性能测试：将烧结后的磁性陶瓷材料取出，用磁性能测试仪测试其磁性能，包括剩磁、矫顽力、磁化强度等。

3. 实验注意事项

(1) 原料混合时要确保混合均匀，避免出现局部浓度过高或过低的情况。

(2) 球磨时要控制好球磨时间和球磨罐的转速，避免过度球磨导致原料粒度过细。

(3) 干燥时要确保干燥温度和时间适中，避免干燥过度导致粉料结块或开裂。

(4) 成型时要控制好压制压力和保压时间，确保生坯的密度和形状符合要求。

(5) 烧结时要严格控制烧结温度和时间，避免烧结不足或过度烧结导致材料性能下降。

(6) 性能测试时要按照仪器操作规程进行，确保测试结果的准确性。

六、实验结果与分析

(1) 材料制备过程分析。根据实验过程中所得到的不同阶段样品，对所获样品的形态（尺寸变化、形状变化、是否完好开裂）等方面进行描述，并对材料制备过程进行简要分析。

(2) 磁学性能分析。对磁性材料进行充磁，检测磁感应强度、磁力线分布等磁性材料的磁学性能，并对磁性材料的磁学性能进行分析。

思考题

(1) 样品制备过程中影响材料磁性的因素有哪些？

(2) 分析说明实验中有哪些因素会影响磁性材料磁滞回线的形状？

实验 63　热敏陶瓷材料制备及性能测试

一、实验意义

近年来,新能源汽车、功率电子系统等对热敏电阻元件的耐压、耐高温能力提出了更高的要求。正温度系数(Positive Temperature Coefficient,PTC)热敏陶瓷是一类重要的电子功能陶瓷,因其优异的 PTC 特性在加热元件、传感器、电路保护器、温度控制器、电器消磁等领域都有广泛的应用。以 $BaTiO_3$ 为主体材料制备的正温度系数热敏电阻(Positive Temperature Coefficient Thermistor,PTCR)是目前用量较大的一类正温度系数元件。$BaTiO_3$ 的居里温度约为 120℃,一般通过掺入能引起居里温度移动的添加剂来调节其居里温度。通常低居里点(T_c<120℃)的 PTC 热敏陶瓷以 $SrTiO_3$ 作为居里点移峰剂,而高居里点(T_c>120℃)的 PTC 热敏陶瓷以 $PbTiO_3$ 作为居里点移峰剂,但铅作为一种重金属元素,会对人体和环境造成极大危害。随着电子材料及元器件无铅化的要求日益迫切,发展高性能的无铅 PTC 陶瓷材料是必然趋势。

二、实验目的

(1) 掌握热敏陶瓷材料的配方设计以及基本原则。
(2) 掌握热敏陶瓷电阻的制备工艺。
(3) 掌握热敏电阻一些特性参数的测试方法。
(4) 培养学生的实践操作能力和分析问题能力。

三、实验基本原理

PTC 热敏电阻是一类具温度敏感性的半导体电阻,一旦超过一定的温度(居里温度)时,它的电阻值随着温度的升高几乎是呈阶跃式的增高,如图 9-6 所示。也可以说,PTC 电阻是指在某一温度下电阻急剧增加、具有正温度系数的热敏电阻或材料。当 PTC 陶瓷元件接通电源后,电流将随电压的升高而迅速增加,达到居里温度时,电流达到最大值,这时 PTC 陶瓷元件进入 PTC 区域,此时当电压继续升高时,由于 PTC 陶瓷元件的电阻急剧增大,电流反而减小。

$BaTiO_3$ 为钙钛矿型结构,钛酸钡陶瓷是一种铁电材料。纯的 $BaTiO_3$ 陶瓷在常温下几乎是绝缘的,电阻率大于 $10^{12}\Omega \cdot cm$,通过不等价取代在 $BaTiO_3$ 中掺杂微量的元素后,会使其性能发生变化,室温电阻率大幅度下降,同时出现 PTC 效应。通过选择恰当配方和工艺制备的钛酸钡基 PTC 陶瓷具有较大的正温度系数和开关阻温特性,通过掺杂恰当的稀土元素,它的居里温度可在很宽的范围内(室温~400℃)任意调节,因此,PTC 热敏陶瓷电阻在航空航天、电子信息通讯、自动控制、家用电器、汽车工业、生物技术、能源及交通等领域均具有广泛的应用。

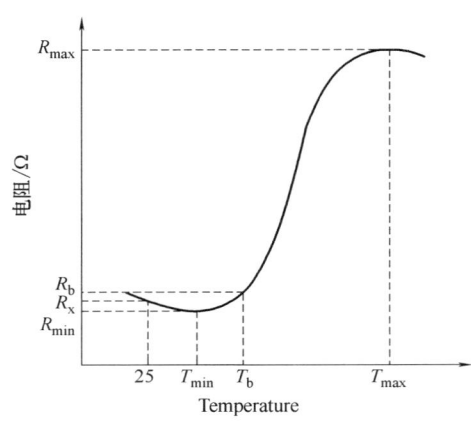

图 9-6　PTC 热敏电阻随温度的变化曲线

R_{min}—最小电阻；T_b—开关温度；R_{max}—最大电阻

钛酸钡基 PTC 陶瓷的配方设计可遵循以下基本规律：

（1）通过加入移峰剂调控居里温度。纯的 $BaTiO_3$ 陶瓷居里温度约为 120℃，掺杂恰当的添加物后可以移动其居里温度。添加物与主晶相形成固溶体，使铁电陶瓷的特性在居里温度处出现的峰值发生移动的现象，称为移峰效应，该添加物称为移峰剂。PTC 陶瓷中常用于钙钛矿型铁电体的移峰剂主要有两种：$PbTiO_3$（490℃）和 $SrTiO_3$（-250℃）。

（2）通过掺杂使其半导体化。将 $BaTiO_3$ 基本组成离子分成三种离子群，其中至少在两个位置上的部分离子，可以用离子半径相近、而原子价相差 1 价的不同离子进行置换，通过离子掺杂和置换可得到低电阻率的陶瓷材料。

施主掺杂：指在半导体中添加的杂质元素，其价电子数多于半导体材料本身的价电子数。这些多余的价电子在掺杂后，会从杂质原子中脱离，成为自由电子，从而增加半导体的导电性。施主掺杂后的半导体称为 n 型半导体，施主掺杂能够提供带负电荷的电子。

受主掺杂：是指在半导体中添加的杂质元素，其价电子数少于半导体材料本身的价电子数。这些杂质原子在半导体中形成空穴，因为它们缺少电子，需要从其他原子处夺取一个价电子来形成共价键，从而在价带中产生空穴。受主掺杂后的半导体称为 p 型半导体，受主掺杂能够提供带正电荷的空穴。

施主掺杂和受主掺杂都是为了提高材料的 PTC 性能，可通过调整施主、受主的种类和添加量来实现材料的低阻化。

（3）加入促进烧结的添加剂。$BaTiO_3$ 系热敏陶瓷的 PTC 效应来源于晶界，故细化晶粒，使晶粒均匀化是很重要的。原料中不可避免存在一些受主杂质对材料的半导体化起着有害作用，通过加入一定量的 Al_2O_3、SiO_2 和预烧反应后剩余的 TiO_2 一起形成 Al_2O_3-SiO_2-TiO_2（AST）相，烧结时形成低共晶液相存在于晶界上，具有吸附晶粒内部对半导体化起着有害作用的杂质的功能，使晶粒净化，并能增强晶界处的受主表面态势垒，同时还具有抑制晶粒长大的作用。

四、实验药品与器材

实验药品：碳酸钡，二氧化钛，醋酸镧，水合草酸铌，醋酸钙，醋酸锶，氧化钇，氧化铌，氧化镧，硝酸锰，三氧化二铝，二氧化硅，钛酸丁酯，正硅酸乙酯，异丙醇铝。

实验器材：分析天平、行星球磨机、烘箱、电炉、干燥箱。

五、实验方法和步骤

分别采用固相法和液相法制备 PTC 热敏陶瓷粉体，陶瓷的参考配方组成如下：

$$(100-y)Ba_{1-m-n}Ca_mLa_nTi_{1-x}Nb_xO+AST+(0\sim0.04)Mn$$

1. 固相法制备 PTC 热敏陶瓷粉体工艺步骤

（1）配方设计和计算。

（2）配料与球磨。按照所涉及的配方 $Ba_{1-m-n}Ca_mLa_nTi_{1-x}Nb_xO$，称量一定量的 $BaCO_3$、TiO_2、醋酸镧、醋酸钙、水合草酸铌等药品，放入球磨罐中，以50%乙醇的水溶液为球磨介质，氧化锆球为磨球。湿磨12h，均匀混合，料：水：球=1：2：2。将球磨好的料放在干燥箱中110℃干燥，干燥好的料取出，放入研钵中研磨充分，备用。

（3）煅烧。将混合好的粉末分别在1100~1200℃下煅烧3h，随炉冷却。将煅烧好的料取出，放入研钵中研磨充分，备用。

（4）二次球磨。将研细粉料放入球磨罐中，添加相应质量的助烧剂 AST 粉体和硝酸锰溶液，按照上述参考配方进行二次配料球磨。

以50%乙醇水溶液为球磨介质，氧化锆球为磨球。再次湿磨12h，料：水：球=1：2：2。球磨后干燥得到 PTC 热敏陶瓷粉体，备用。

（5）压片成型。将研磨好的热敏陶瓷粉料放入玛瑙研钵中，加6%的 PVA 黏结剂，研磨充分后，1.4~2g/片，在6MPa的条件下加压并保压3min，获得圆片坯体，尺寸为 $\Phi10\sim\Phi15$ （mm）。

（6）烧结。将压制好的片在1350℃下烧结1~1.5h，然后降温至1200℃保温2~6h。

（7）性能测试。分别在烧结后的 $BaTiO_3$ 陶瓷两侧涂覆 In-Ga 电极，测试其室温电阻、耐电压性及阻温曲线。也可以在烧结后的样品表面涂敷银浆，然后在400~750℃下烧银10~30min，然后在两侧焊电极，测试其室温电阻、耐电压性及阻温曲线。

2. 液相法制备 PTC 粉体

（1）溶胶-凝胶配制和干燥。按照通式 $Ba_{1-m-n}Ca_mLa_nTi_{1-x}Nb_xO_3$ 配制该计量比的溶胶，称量适量的醋酸钡、醋酸镧和醋酸钙（或醋酸锶）溶解于适量配比的乙酸的去离子水溶液中，称量适量的水合草酸铌溶解于去离子水中，量取适量的钛酸丁酯溶液溶解于一定配比的乙酸乙醇溶液中，然后按照先后顺序将醋酸钡/醋酸镧/醋酸钙混合溶液、水合草酸铌硝酸溶液按照1.5滴/s的速度滴加到钛酸丁酯的乙酸乙醇溶液中，计算醋酸的浓度，加入一定量的草酸，使其浓度为1.0~1.1mol/L，混合均匀持续搅拌至凝胶，陈化12h后，放入干燥箱中110℃干燥，干燥好的料取出，放入研钵中研磨充分，备用。

（2）粉体煅烧。将制备好的干凝胶粉体在800℃下煅烧3h，随炉冷却，将煅烧好的料取出，放入研钵中研磨充分，平均分为两份备用。粉体煅烧后进行二次球磨、压盘成型和烧结，具体过程同前面固相法制备 PTC 热敏陶瓷粉体中的（4）（5）（6）步骤。

3. AST 或 ASTZ 粉体的制备

（1）固相法：将 TiO_2、SiO_2、ZrO_2 和 Al_2O_3 按照配方称量，按照料水球比分别为1：2：2球磨6h。将球磨过的物料分别放入烧杯中，然后置于烘箱中120℃干燥3h，于1200℃下煅烧3h，制成 AST（Al：Si：Ti=4：9：3）或 ASTZ（Al：Si：Ti：Zr=4：9：1：2）备用。

（2）液相法：分别配制 SiO_2 溶胶、TiO_2 溶胶、Al_2O_3 溶胶和 ZrO_2 溶胶，然后按一定

比例进行混合，即可获得 Al_2O_3-SiO_2-TiO_2 或 Al_2O_3-SiO_2-ZrO_2-TiO_2 复合溶胶，50~60℃下陈化，得到复合凝胶；将复合凝胶在 80~100℃ 干燥，500℃ 煅烧后获得 AST 或 ASTZ 粉体。

4. 阻温曲线测试步骤

首先开机预热 20min，对开路和短路进行校正，设定最终的测试温度为 100~250℃，从室温开始每升高 10℃ 测一个电阻，100~180℃ 每 5℃ 记一个电阻数据，测试完成关闭仪器。

六、实验结果与分析

（1）对所合成的粉体记录以下指标：产率、颜色。

（2）对烧结后得到的陶瓷片，记录总结以下指标：颜色，变形程度等外观现象。

（3）对所制备的陶瓷片，测量尺寸，计算烧结收缩率，测试密度。

（4）通过画表格或作图总结所制备热敏陶瓷电阻值随温度的变化关系，分析影响热敏效应的因素。

表 9-4　　　　　　　　不同温度下所制备陶瓷的电阻和电阻率

T/℃	20	40	60	80	100	120	140	160	180	200	220	240	260	280
电阻/Ω														
电阻率/($\Omega \cdot m$)														

思考题

（1）热敏陶瓷配方中掺入 La（Y），Nb 元素，主要起什么作用？

（2）二次配料中加入 ASTZ（或 AST），具有什么作用？

（3）分析实验过程中各工艺环节（包括配料、球磨、一次煅烧、二次配料球磨、烧结等）对最终产品的影响。

（4）为什么热敏陶瓷配方中要加入硝酸锰？

（5）分析总结制备过程中的现象和存在的问题，分析影响产品热敏性能的因素。

实验 64　复合电极材料制备及性能测试

一、实验意义

氢气作为清洁可再生的能源，被认为是替代化石能源的最具潜力的新能源之一。电解水制氢是大规模制备氢气的主要途径。为降低能耗，需制备电催化性好、过电势低的电极材料。虽然 Pt、Pd 等贵金属在催化析氢反应中有较低的过电势，但作为贵金属储量低、成本高，限制了其大规模使用。

碱性电解水技术是从酸性电解质电解技术发展而来，由于酸性电解质中电极不稳定、易腐蚀，现在工业上一般用碱性电解槽，并且电解效率能达到59%~70%。Ni对于高碱性环境有着铁电极不具备的化学稳定性，而且WC的外层d轨道同Pt的d轨道电子排布相同，具有类似的电化学行为。因此，Ni-WC复合电极可能是一种新型、低成本、优良的电解水制氢催化电极材料。

二、实验目的

（1）掌握Ni-WC复合电极材料的配方设计，并在可行范围内进行实验工艺的选择和设计。

（2）了解Ni-WC复合电极材料的实验原理，掌握Ni-WC复合电极材料的制备方法。

（3）掌握Ni-WC复合电极材料的结构和形貌表征方法，并对其进行分析。

（4）掌握Ni-WC复合电极材料的电化学性能测试方法，并对数据进行处理和讨论。

三、实验基本原理

电化学沉积是指在外电场作用下电流通过电解质溶液中正负离子的迁移并在电极上发生得失电子的氧化还原反应而形成镀层技术。在阴极产生金属离子的还原而获得金属镀层，称为电镀。镀镍时，阴极为待镀零件，阳极为纯镍板，在阴阳极分别发生如下反应。

$$阴极（镀件）：Ni^{2+}+2e^- \longrightarrow Ni（主反应）$$

$$2H^++2e^- \longrightarrow H_2 \uparrow （副反应）$$

$$阳极（镍板）：Ni-2e^- \longrightarrow Ni^{2+}（主反应）$$

$$4OH^--4e^- \longrightarrow 2H_2O+O^{2+}+4e^-（副反应）$$

并不是所有的金属离子都能从水溶液中沉积出来，如果阴极上氢离子还原为氢气的副反应占主要地位，则金属离子难以在阴极上析出。根据实验可知，金属离子自水溶液中电沉积的可能性大小，可从元素周期表中判断得到一定的规律。

复合电沉积是将微、纳米颗粒与金属离子共沉积的过程、使微纳米微粒嵌镶于金属镀层中，将微粒独特的物理及化学性能赋予金属镀层，实现其良好的综合力学或功能特性。

四、实验药品与器材

（1）实验药品和材料：$NiSO_4 \cdot 7H_2O$，$NiCl_2 \cdot 6H_2O$，H_3BO_3，十二烷基磺酸钠（SDS），十六烷基三甲基溴化铵（CTAB），Cu基板（100mm×65mm）、Ni板（60mm×70mm）、去离子水、烧杯、磁转子。

（2）实验仪器：电子天平、集热式恒温加热磁力搅拌器、超声波清洗器、直流电源、霍尔槽（267mL）、Zeta电位测试仪、上海辰华CHI660E电化学工作站。

五、实验步骤

（1）配置所需浓度的表面活性剂（SDS）溶液，其浓度一般不超过0.3g/L。

（2）电极的处理：主要是对镍板进行处理，镍容易在空气中发生氧化反应，使用砂纸将镍板表面的氧化膜除去。

（3）镀液配置：镀液采用 Watt's 镀液，硫酸镍、氯化镍主盐浓度以及其他实验参数如表 9-5 所示。称取一定试剂加入到配制好的表面活性剂溶液中，再加入去离子水，放入转子后用保鲜膜将烧杯封住，在超声仪中充分溶解、加入纳米 WC，在 45℃温度下进行电沉积，时间为 15min。

（4）电沉积结束后将电源关闭，取出样品用去离子水充分冲洗、吹干，贴好标签。

（5）采用电化学工作站的三电极体系对 Ni-WC 样品进行电化学性能测试，工作电极为 Ni-WC 复合电极（12.0×12.0×0.6mm^3），对电极为 Pt 片，参比电极为饱和甘汞电极，电解液为 1mol/L 的硼酸溶液。

表 9-5　　　　　　　　　　镀液成分与电沉积参数

镀液成分和沉积条件	含量和参数	镀液成分和沉积条件	含量和参数
六水合硫酸镍	240g/L	沉积时间	30min
六水合氯化镍	45g/L	电流密度	9A/dm^2
十二烷基硫酸钠	0.1g/L	沉积温度	45℃
硼酸	40g/L	超声功率	70W
碳化钨	2~16g/L		

六、实验结果与分析

（1）镀层厚度测量：沿着电流密度变化方向测量镀层厚度。

（2）涂层形貌：采用偏光显微镜对涂层表面进行观察（注意观察部位）。

（3）绘制阴极极化曲线以及电化学阻抗（EIS）谱，获得过电位和阻抗，分析影响电解水析氢性能的因素。

思考题

（1）电流密度对涂层沉积的总体影响是什么？

（2）不同表面活性剂对复合电极材料结构和性能的影响。

（3）不同 WC 添加浓度对复合电极材料结构和性能的影响。

实验 65　碳纤维电极材料制备及性能测试

一、实验意义

碳纤维材料因其大的比表面积，易于与其他物质进行复合改性，适合作为超级电容器、锂电池以及液流电池等储能设备的电极材料。碳纤维是一维材料的一个重要分支，一般具有极高的长径比。传统一维材料的制备方法有模板法、溶剂热法、化学气相沉积法、气相-液相-固相生长法、自组装等。其中静电纺丝技术由于其制造装置简单，纺丝成本低,可制备连续长尺寸的有机、无机、有机/无机复合、空心或实心纤维等,受到了研究者的广泛关注。

静电纺丝技术(Electro-Spinning Technology)在国内一般被简称为"静电纺"、"电纺"和"电纺丝"等多种名称,是一种基于高压静电场下导电流体产生高速喷射的原理而发展起来的技术。通过电纺技术制得的无机纤维材料具有一维超长结构,高比表面积和孔隙率,以及高长径比,在宏观上呈现纤维网毡结构,同时具有一定的柔韧性能,有助于构建具有高分散性、大比表面积的三维开放微纳结构材料体系。

二、实验目的

(1) 了解静电纺丝的基本原理。
(2) 掌握静电纺丝制备碳纤维材料的方法。
(3) 了解碳纤维电极电化学性能的测试方法。

三、实验基本原理

1. 静电纺丝技术简介

静电纺丝技术是指让带电的高分子溶液或熔体在静电场中流动或变形,然后通过溶剂蒸发或者熔体冷却固化得到纤维状物质的方法。图9-7显示的是静电纺丝的基本装置结构,主要有三部分:高压电源、喷丝头和收集装置。高压电源一般采用最大输出电压30~100kV的直流高压静电发生器来产生高压静电场。喷丝头为内径0.5~2mm的毛细管或注射器针头。收集装置的放置有几种不同方式:①垂直放置[图9-7(a)],这是最简单、采用最多的一种方式;收集装置保持一定的角度,这种方式能够更好地控制溶液的流速;②平行放置[图9-7(b)],利用数控机械装置缓慢推动注射器将溶液挤压出来。

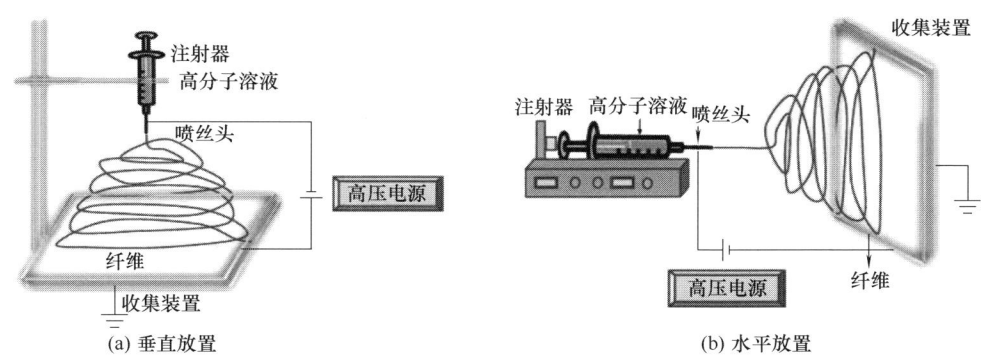

图9-7 静电纺丝机基本装置结构示意图

将前驱体溶液置于储液管中,并将储液管置于电场,阳极插入储液管的溶液中,阳极从高压静电场发生器导出。当没有外加电压时,由于储液管中的溶液受到重力的作用而缓慢沿储液管壁流淌,在溶液与储液管壁间的黏附力和溶液本身所具有的黏度和表面张力的综合作用下,形成悬挂在储液管口的液滴。

电场开启时,由于电场力的作用,溶液中不同的离子或分子中具有极性的部分将向不同的方向聚集。即阴离子或分子中的富电子部分将向阳极的方向聚集，而阳离子或分子中的缺电子部分将向阴极的方向聚集。由于阳极插入前驱体溶液中，溶液的表面应该是布满受到阳极排斥作用的阳离子或分子中的缺电子部分，所以溶液表面的分子受到了方向指向阴极的电场力。而溶液的表面张力与溶液表面分子受到的电场力的方向相反。当外加的电压所产生电场力较小时，电场力不足以使溶液中带电荷部分从溶液中喷出，这时储液管口原为球形的液滴被拉伸变长。继续加大外加电压，在外界其他条件一定的情况下，当电压超过某一临界值时，溶液中带电荷部分克服溶液的表面张力从溶液中喷出，这时储液管口的液滴变为锥形（被称为泰勒锥），在储液管顶端，形成一股带点的喷射流。喷射流发生分裂，之后溶剂挥发，纤维固化，并以无序状排列与收集装置上，形成类似非织造布的纤维毡（网或者膜）。

2. 线性扫描伏安法

线性扫描伏安法（LSV）的原理与循环伏安法相同，是在工作电极与参比电极之间加上一个随时间线性变化的电极电势，其扫描历程相当于循环伏安法的半个循环，记录通过工作电极与辅助电极之间的电流随电极电位变化的曲线称为线性扫描伏安图。从初始电位开始线性扫描至终止电位。线性扫描伏安测试电位施加原理如图9-8所示。

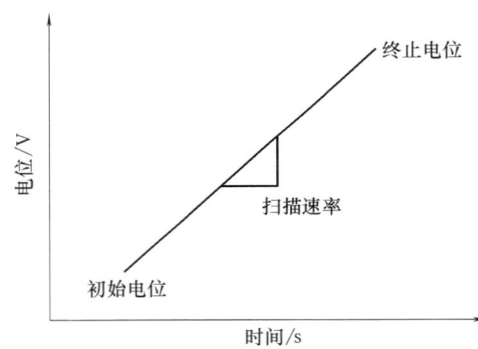

图9-8 线性扫描伏安法测试电位施加原理图

四、实验药品与器材

（1）实验药品：聚丙烯腈粉末（PAN）、N,N二甲基甲酰胺（DMF）、稀盐酸（HCl）。

（2）实验器材：静电纺丝机、马弗炉、干燥箱、管式炉、电化学工作站、磁力搅拌器。

五、实验步骤

1. 电纺溶液的配制

称取0.5g的PAN放入具塞三角烧瓶中，再加入8g DMF，磁力搅拌6h使其完全溶解，待用。

2. 装置连接

（1）纺丝溶液的转移。将配置好的溶液移入注射器中，连好输液管，再与针头连接，最后将注射放置于注射泵上，调整注射器与接收器之间的距离。

（2）箱体内部环境控制。打开温度调节按钮，调节温度，打开风扇。

（3）调试接收装置。打开滚筒电机按钮，通过旋转旋钮调节滚筒转速，并观察是否正常，转速控制在300~2000r/min。

（4）调试溶液速率。打开注射泵，调节溶液流速，流速要求在纺丝过程中不能滴液，但也不能过慢，视溶液黏度决定具体流速。

（5）开高压。打开高压发生装置开关，再调整旋钮至所需电压，电压应控制在

10~20kV。

(6) 关设备。关闭设备时，与打开顺序相反，依次为：关高压→关注射泵→关滚筒→关风扇→关加热。

(7) 电纺丝收集。收集时避免用手直接接触电纺纳米纤维，以免手上汗液将纤维溶解，应戴手套操作。

(8) 清理仪器，清洗注射器和挤出导管。

3. 热处理

将得到的纤维置于150℃烘箱中进行稳定化24h后，放进管式炉中，从室温升至360℃，在空气中预氧化1h，在通入氮气，分别升温至700℃，800℃，900℃，1000℃后碳化得到碳纤维。

4. 电化学性质测试

采用三电极体系在电化学工作站中测试碳纤维的电化学性质：将得到的碳纤维作为工作电极，石墨片作为对电极，饱和甘汞电极作为参比电极，电解液环境为1mol/L HCl。组装好三电极后，开启电化学工作站，测试碳纤维电极的线性伏安曲线。参数设置界面如图9-9所示，其中初始电压设置为0V（相对参比），终止电压设置为-1V（相对参比），扫描速率为20mV/s。

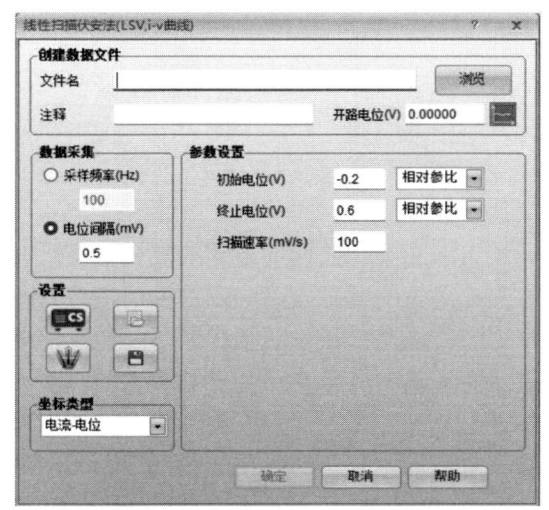

图9-9 线性扫描伏安法参数设置界面

六、实验结果与分析

(1) 实验结果记录至表9-6中。

表9-6　　　　　　　　静电纺丝碳纤维数据记录

内容	次数			
	1	2	3	4
高压电压/V				
间距/cm				
碳化温度/℃				

(2) 线性伏安曲线分析。逐过电化学工作站软件得到各样品线性伏安曲线的起始反应电位、反应电流，再通过软件作图，得到各电化学参数与高压电压、间距以及碳化温度之间的关系，最后分析静电纺丝工艺和碳化温度对碳纤维电极电化学性质的影响。

思考题

(1) 静电纺丝工艺过程中影响因素有哪些？与其电化学性质有何关联？

（2）电纺纤维中出现了"串珠"结构的原因会是哪些？该结构对碳纤维性能有何影响？

（3）获得碳纤维材料的方法还有哪些？

拓展阅读　热敏陶瓷材料的应用与发展

一、PTC 热敏电阻的应用领域

PTC 热敏电阻具有良好的温度系数，能够承受一定的电压，是应用于自调节加热元件和热控制开关的理想选择，具有高安全性、高灵敏度、工艺流程稳定、使用便捷等优点，在计算机硬件、移动通信和网络设备、汽车电子、变压器、家用电器、航天航空等方面都有广泛的应用。根据 PTC 热敏电阻的用途可以将其分为三大类：过载保护、恒温发热和在消磁电路中的应用。

1. 过载保护

正常电路中，通过正温度系数热敏电阻电流很小，其阻值也很小，保护电路可正常工作；当电路短路时，电路电流远大于额定电流，正温度系数热敏电阻发热使电阻瞬间增加到高阻态，电路呈相对断开状态，起到保护电路的作用；故障排除后，电流回复正常值，正温度系数热敏电阻自动恢复低阻态，线路恢复正常工作。过载保护包括过热保护和过流保护，过热保护是指元器件温度超过某一值时就启动相应保护功能。过流保护可以替代保险丝，电流异常时保护电路。

2. 恒温发热

正温度系数热敏电阻元件通电后，温度升高进入电阻突变区，因为外加电压和居里温度的影响，正温度系数元件温度可保持在一个定值，而这一温度值与环境温度基本没有关系。正温度系数作为发热体的作用原理可以按式（9-1）说明。

$$P = UI = \frac{U^2}{R} = \delta(T - T_0) \tag{9-1}$$

式中　P——功率，W；

　　　U——电压，V；

　　　I——电流，A；

　　　R——电阻，Ω；

　　　δ——耗散系数，W/℃；

　　　T_0——环境温度，℃；

　　　T——发热体表面温度，℃。

当 U、T_0、δ 一定时，若正温度系数元件温度升高，使其电阻增大，导致功率下降，温度随之降低；若正温度系数元件温度降低，则电阻降低，功率将相应地增加，从而导致温度升高。因此，一旦正温度系数温度达到平衡，就可以将其稳定在一个固定值，达到恒温加热效果。

3. 在消磁电路中的应用

由金属材料制成的彩电显像管栅网、荫罩等容易受到机内外杂散磁场或者地磁场的影响，导致这些金属元件磁化，使图像色彩出现异常。正温度系数热敏电阻与显像管上的消磁线圈串联组成消磁电路可以有效防止金属部件的磁化。正温度系数消磁器件是利用电流-时间特性来工作的，如图9-10所示。由于正温度系数热敏电阻冷态电阻小，而通过消磁线圈中电流很大，使得线圈产生一个很强的交变磁场。正温度系数热敏电阻发热导致电阻上升，消磁线圈中的电流逐渐减小，交变磁场逐渐减弱，从而起到消磁作用。

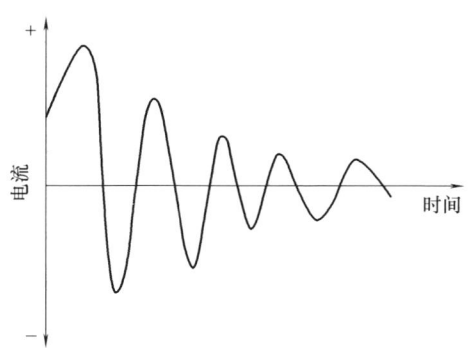

图9-10 正温度系数消磁电路的电流-时间曲线

PTC热敏陶瓷是一类极其关键的电子功能材料，工业上常用的高居里温度PTC热敏陶瓷材料一般都含有铅，在高温烧结中通常伴随铅的挥发，不仅损害人类健康，而且还严重破坏环境。近年来，随着对环境保护的呼声日渐升高，探索高性能的无铅PTC热敏陶瓷材料已成为电子陶瓷领域的紧迫问题。另外，降低室温电阻率有利于减小正温度系数元件工作功率和减少能量损耗，而且可以使升阻比增大，使正温度系数效应更加显著。

二、高温NTC热敏电阻的研究

随着现代科技和工业的快速发展，高温环境下的温度监测与控制成为了一个重要的研究方向。传统的热敏陶瓷在高温下往往表现出不稳定或失效的情况，因此，研发具有高温稳定性的新型热敏陶瓷材料成为了当前的迫切需求。近年来，中国科学院新疆理化技术研究所材料物理与化学研究室科研团队通过多组元稀土元素的共掺杂策略，成功研发出具有高熵特征的钙钛矿型铬酸盐基高温NTC热敏陶瓷，为高温环境下的温度监测与控制提供了新的解决方案。该科研团队采用多组元稀土元素（La、Nd、Sm、Eu、Gd）的共掺杂策略，成功制备了$(La_{0.2}Nd_{0.2}Sm_{0.2}Eu_{0.2}Gd_{0.2})CrO_3$钙钛矿型铬酸盐基高温NTC热敏陶瓷。研究结果表明，该材料在高温下表现出较高的电阻率和优异的热敏特性。在25～1300℃的超宽温区内，该材料的电阻率随温度的升高而逐渐降低，呈现出典型的NTC（负温度系数）特性。

此外，该材料还具有较高的材料常数B值和优异的结构稳定性，在高温下能够保持稳定的性能。$(La_{0.2}Nd_{0.2}Sm_{0.2}Eu_{0.2}Gd_{0.2})CrO_3$钙钛矿型铬酸盐基高温NTC热敏陶瓷的成功研发，为高温环境下的温度监测与控制提供了新的解决方案。该材料可以应用于冶金、航空航天、石油化工等高温领域，实现对温度的实时监测与控制。此外，该材料还可以用于制作高温传感器、高温热敏电阻等电子元器件，为电子设备的稳定性和可靠性提供保障。

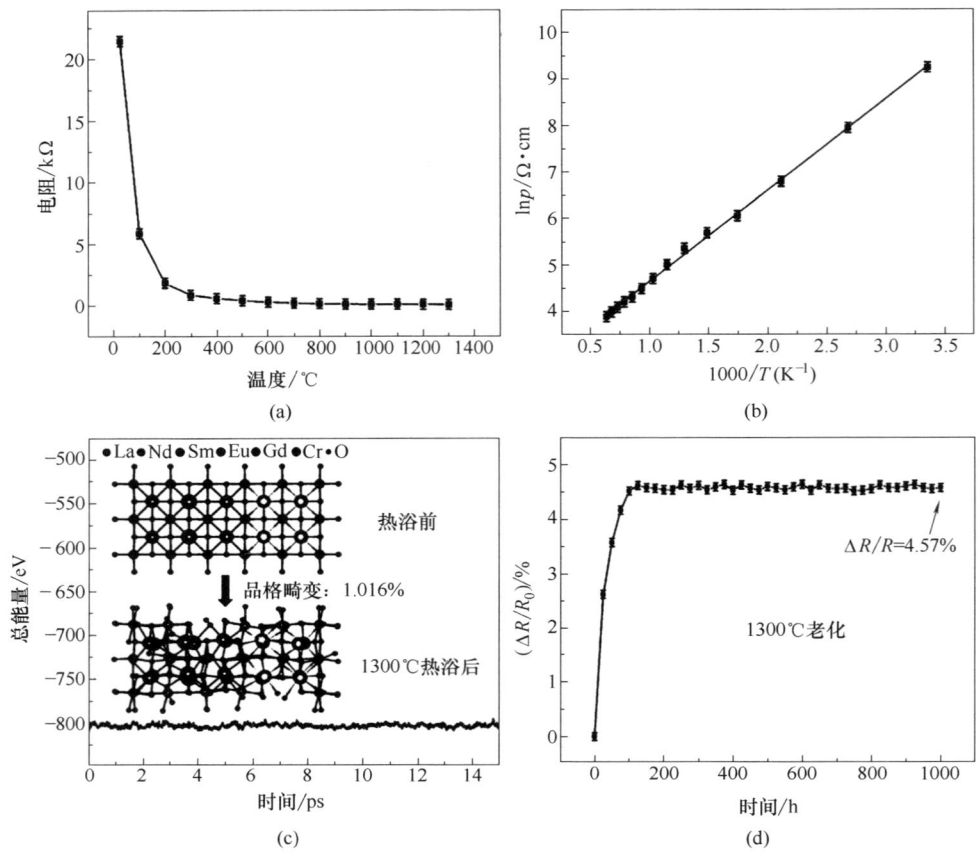

图9-11 (a) (La$_{0.2}$Nd$_{0.2}$Sm$_{0.2}$Eu$_{0.2}$Gd$_{0.2}$)CrO$_3$ 的电阻-温度关系和 (b) lnρ-1000/T 相关性；
(c) 在1300℃下的AIMD总能量波动（图中为15ps热浴前后的晶体结构）；
(d) 电阻漂移（$\Delta R/R_0$）随时效时间的变化

参 考 文 献

[1] 宛新武，黄焱球，高兰芳，等. 纳米钛酸锶钡粉体的熔盐法制备 [J]. 电子元件与材料，2008，27（2）：54-56.

[2] 李诗恒，岳宇昕，张永丽，等. 高居里点BaTiO$_3$基无铅正温度系数热敏陶瓷的研究进展 [J]. 机械工程材料，2023，47（12）：1-4.

[3] 赵瑞钰，欧阳琪，马名生，等. Bi$_{0.5}$Na$_{0.5}$TiO$_3$ 和 Bi$_{0.5}$K$_{0.5}$TiO$_3$ 含量对三元固溶体系无铅PTC热敏陶瓷性能的影响 [J]. 材料导报，2023，37（10）：21110026.

[4] 杨双娟，董桂霞，管若含，等. BaTiO$_3$基正温度系数热敏陶瓷研究现状及应用 [J]. 粉末冶金技术，2023，41（2）：167-174，186.

[5] CHEN X Y, LI X H, CHEN Z Y, et al. High-entropy chromate (La$_{0.2}$Nd$_{0.2}$Sm$_{0.2}$Eu$_{0.2}$Gd$_{0.2}$)CrO$_3$ for high-temperature NTC thermistors [J]. Scripta Materialia, 2024, 246: 116087.

[6] 蒋敏，王敏，魏仕勇，等. 基于静电纺丝技术的取向纳米纤维 [J]. 化学进展，2016，28（5）：711-726.

［7］ 李岩，黄争鸣. 聚合物的静电纺丝［J］. 高分子通报，2006（5）：12-19，51.

［8］ HAFNER S, GUTHREY H, LEE S H, et al. Synchronized electrospinning and electrospraying technique for manufacturing of all-solid-state lithium-ion batteries［J］Journal of Power Sources, 2019, 431：17-24.

［9］ SHAN C, FENG X, YANG J, et al. Hierarchical porous carbon pellicles：electrospinning synthesis and applications as anodes for sodium-ion batteries with an outstanding performance［J］Carbon, 2020, 157：308-315.

［10］ XU C, YANG X, LI X, et al. Ultrathin free-standing electrospun carbon nanofibers web as the electrode of the vanadium flow batteries［J］. Journal of Energy Chemistry, 2017, 26（4）：730-737.

第十章　创新研究性实验

创新研究性实验是结合无机功能新材料的相关科学研究开设的一系列实验，包括金属氧化物半导体气体传感材料的制备及性能研究，碳纳米纤维的制备、表面功能化修饰及应变传感性能研究，基于多孔碳材料超级电容器电极材料的制备与性能研究，SnO 与掺杂 SnO 粒子及薄膜的制备与性能研究，利用不同硅源制备疏水 SiO_2 超细粉研究，多色荧光材料的制备与性能研究，活性碳纤维电极的制备及电化学性质测试，多孔电极表面析氢反应的电化学表征，金属玻璃的熔化模拟。通过以学生为主体的创新研究性实验，使学生了解并掌握材料研究的一般方法，培养学生的创新思维和工程实践能力，提高学生分析问题和解决问题的能力，使学生具有初步设计实验和一定的科研能力，为从事材料研究工作奠定必要的基础。

实验 66　金属氧化物半导体气体传感材料的制备及性能研究

一、实验意义

传感器是指能够感受规定的被测量并按照一定规律转换成可用输出信号的器件或装置，通常由敏感元件和转换元件组成。气体传感器属于化学传感器的一种，能够快速探测空气中的易燃、易爆、有毒、有害气体，在汽车尾气监控、工业安全、醉酒驾车管控、家居装潢和食品安全等领域有广泛的应用前景。高性能气体敏感材料的研发是气体传感技术的核心。金属氧化物半导体材料来源广泛、环境友好、灵敏度高，是目前应用最广泛的气体敏感材料。本实验采用无机材料制备方法制得金属氧化物纳米材料，并对所制备材料的气体敏感性能进行研究。

二、实验目的

（1）设计过渡金属氧化物纳米材料的制备方法，掌握该类材料的合成方法和制备工艺流程。
（2）掌握材料的形貌和结构分析方法。
（3）熟悉气敏材料的性能测试方法和数据分析方法。

三、实验基本原理

过渡金属氧化物半导体是研究较多和应用较普遍的一类电阻型气体传感材料。目标气体与敏感材料表面接触时，在材料表面发生吸附和化学反应，使材料的电学性质发生改变。根据这一效应，可以检测环境中特定气体的存在及浓度大小。材料合成方法决定金属氧化物的结构和形貌，进而对材料的气敏性能产生影响。氧化锡（SnO_2）是典型的 n 型半导体，是电阻型气体传感器的理想敏感材料。本实验以 SnO_2 为研究对象，采用水热法、溶胶-凝胶法、静电纺丝法、沉淀法等不同合成方法制备 SnO_2 纳米材料，通过结构表征探究不同合成方法对材料结构形貌的影响，结合气敏性能测试结果探讨微观结构对材料气敏性能的影响。

四、实验药品与仪器

（1）实验药品。本实验所采用的药品如表 10-1 所示。

表 10-1　　　　　　　　　　　实验原料

名称	分子式	纯度	生产厂家
聚乙烯吡咯烷酮（PVP）	$(C_6H_9NO)_n$	M. W. 40000	上海阿拉丁生化科技股份有限公司
聚乙烯醇（PVA）	$(C_2H_4O)_n$	分析纯	国药集团化学试剂有限公司
二甲基甲酰胺（DMF）	C_3H_7NO	分析纯	国药集团化学试剂有限公司
四氯化锡	$SnCl_4 \cdot 5H_2O$	分析纯	国药集团化学试剂有限公司
氢氧化钠	NaOH	分析纯	国药集团化学试剂有限公司
盐酸	HCl	分析纯	国药集团化学试剂有限公司
氨水	$NH_3 \cdot H_2O$	分析纯	国药集团化学试剂有限公司
柠檬酸	$C_6H_8O_7 \cdot H_2O$	分析纯	国药集团化学试剂有限公司
甲醇	CH_3OH	分析纯	国药集团化学试剂有限公司
乙醇	C_2H_5OH	分析纯	国药集团化学试剂有限公司
甲苯	C_7H_8	分析纯	国药集团化学试剂有限公司

（2）实验仪器。实验中所用到的主要仪器的名称、型号及生产厂家如表 10-2 所示。

表 10-2　　　　　　　　　　　主要仪器

名称	型号	生产厂家
电子天平	FA1004B	上海佑科仪器仪表有限公司
恒温磁力搅拌器	H05-1	上海梅颖浦仪器仪表制造有限公司
超声波清洗机	LC-UC-32	上海力辰仪器科技有限公司
高压静电纺丝机	TL-Pro-BM	深圳市通力微纳科技有限公司
鼓风干燥箱	DHG-9053A	上海精宏实验设备有限公司
马弗炉	SXL-1700C	上海钜晶精密仪器制造有限公司
管式炉	SGL-1400	上海大恒光学精密机械有限公司
气敏元件测试仪	WS30A	郑州炜盛电子科技有限公司

五、实验步骤

1. 材料合成

采用常用的无机材料制备方法，并考虑实验室的条件，由学生自己设计材料的合成方法。以下材料制备方法可作为参考。

（1）水热法。在烧杯中加入乙醇和去离子水，搅拌均匀备用。称取一定质量的 $SnCl_4$ 和 NaOH，加入混合溶液中，室温下搅拌 20min。将溶液超声分散，将前驱体溶液移入反应釜聚四氟乙烯内衬中，放入鼓风干燥箱，在 140℃ 条件下反应 8h。待样品自然冷却至室温后取出。用乙醇和蒸馏水交替清洗 3 次，在 60℃ 条件下烘干即得到 SnO_2 样品。

（2）沉淀法。称取一定量的 $SnCl_4·5H_2O$ 配制 $SnCl_4$ 水溶液，向溶液中滴加一定浓度的 NaOH 溶液，调节溶液 pH 至 12 左右，溶液中逐渐产生白色沉淀。停止滴加沉淀剂，继续搅拌反应 2h，将得到的白色沉淀用乙醇和蒸馏水交替清洗 3 次，除去其中的杂质离子后，放置在 80℃ 烘箱中烘干。烘干后的前驱体粉体在马弗炉中高温煅烧，制得 SnO_2 样品。

（3）模板法。将聚乙烯吡咯烷酮溶于二甲基甲酰胺中，在室温下搅拌，得到透明溶液。将一定质量的 $SnCl_4·5H_2O$ 溶于上述溶液中，继续搅拌。将配制好的混合溶液置于 20mL 注射器中进行静电纺丝，纺丝电压 10.0kV，流速 $0.4mL·h^{-1}$，接收距离为 20cm，针管内径为 0.5mm。纺丝后得到白色薄膜在 60℃ 条件下干燥。将完全干燥的白色薄膜置于石英管式炉中进行热处理，在空气气氛中充分煅烧，得到 SnO_2 样品。

2. 材料表征及结果分析

采用 X 射线衍射仪对合成的材料进行结构表征，分析材料的物相、结晶度等信息；采用扫描电子显微镜和透射电子显微镜进行形貌表征，分析材料表面形貌与特征；采用比表面积和孔隙度分析仪，分析材料的比表面积和孔结构。

3. 气敏性能测试及分析

（1）制作气敏元件。将所制备材料与乙醇混合制成糊状，均匀涂覆于表面有一对金电极的陶瓷管上，涂覆过程中确保浆料完全覆盖电极。然后，将 Ni-Cr 合金加热丝从陶瓷管中部穿过，将器件焊在六角底座上，气敏元件如图 10-1（a）所示。

（2）气敏性能测试。气敏元件测试电路如图 10-1（b）所示，其中 R_L 为测量回路取样电阻，V_C 为测量回路输入端电压，V_H 为加热电压。测试过程中，用微量进样器抽取一定体积的液态样品注入测试箱中的加热板上，通过加热使液体完全挥发。进样后在风机的作用下使被测气体在测试箱内均匀分布。分别记录样品在不同气体条件下电阻的变化情况。

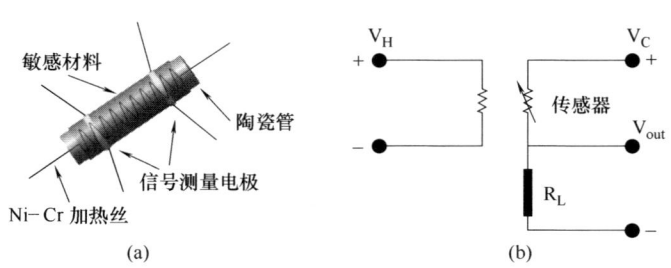

图 10-1　气敏元件示意图与测试系统
（a）气敏元件示意图　（b）气敏测试系统原理图

(3) 数据处理及分析。从气敏材料的灵敏度、响应恢复时间、工作温度和选择性等指标分析所制备材料的气敏性能。

① 灵敏度：气敏元件对被测气体的敏感程度，表示传感器的电学参数与被测气体浓度之间的关系。采用气敏元件在空气中的电阻（R_a）与在待测气体中的电阻（R_g）之比（$R=R_a/R_g$）来表示。

② 响应恢复时间：在工作温度下气敏元件对被测气体的反应时间，指气体元件接触/脱离被测气体，到其阻值恢复到在空气中阻值的90%所需时间。

③ 工作温度：半导体氧化物对气体响应的敏感机理决定了其一般要在一定的加热温度下才能够对被测气体产生响应，此时的加热温度即为气敏元件的工作温度。对于半导体氧化物材料，在不同工作温度下对相同浓度的被测气体会产生不同的响应值，响应值达到最大时的工作温度为气敏元件的最佳工作温度。

④ 选择性：衡量其他干扰气体对目标气体响应的干扰程度，实际应用中要求选择性越高越好。

六、实验结果与分析

（1）调研国内外金属氧化物气体传感材料的研究进展，制定合理的研究方案，提出本实验的创新点。

（2）了解金属氧化物材料的基本结构表征方法，选择至少两种方法表征所制备的材料，并对所得数据进行分析。

（3）对所制备的材料进行气体传感性能测试，并对所得数据进行分析。

（4）详细记录实验过程和现象，结合材料的结构表征及性能测试结果，分析材料的构效关系。

思考题

（1）金属氧化物半导体材料气体传感的基本工作原理是什么？
（2）影响金属氧化物气敏性能的结构因素有哪些？
（3）材料制备过程中，哪些制备条件会对材料的气敏性能产生明显影响？试分析原因。
（4）材料制备过程中，可以通过哪些制备条件的调控实现材料气敏性能的优化？
（5）限制金属氧化物气敏材料实际使用性能的因素有哪些？怎样改进？

实验67 碳纳米纤维的制备、表面功能化修饰及应变传感性能研究

一、实验意义

应变传感器是基于测量物体受力变形产生应变的一种传感器，根据导电网络传感机制

的不同,应变传感器可分为电阻式、电容式、压电式和电感式等,其中电阻式应变传感材料能将材料的应变转换为电阻的变化。具有高柔性及可拉伸性的应变传感材料可应用于柔性电子皮肤、智能服装、人机交互等领域,成为应变传感领域的研究热点。碳纳米纤维(Carbon Nanofiber,CNF)材料具有良好的导电性、优异的化学稳定性和耐久性,是一种很有前途的应变传感材料。将碳纳米纤维与弹性基体进行复合,可以得到具有良好应变传感性能的柔性电子材料,在智能检测和可穿戴领域具有重要的应用。

二、实验目的

(1)掌握静电纺丝结合碳化处理制备 CNF 薄膜材料的合成方法和制备工艺流程。
(2)了解利用导电聚合物对 CNF 进行表面修饰的基本方法。
(3)掌握材料的形貌和结构分析方法。
(4)熟悉应变传感材料的性能测试和数据分析方法。

三、实验基本原理

CNF 具有高比表面积、良好的导电性能和优异的力学性能,在能源存储、传感器、催化剂等领域具有广阔的应用前景。CNF 薄膜是一种制备应变传感器的理想材料,它可以在拉伸过程中通过滑移、裂纹等变形赋予传感器较高的应变能力。以聚丙烯腈(PAN)为前驱体,采用电纺丝技术制备得到 PAN 纤维薄膜,再通过预氧化和碳化处理,可将 PAN 纤维转化为碳纳米纤维,是一种简单高效的 CNF 薄膜制备方法。然而,电纺 CNF 薄膜的导电能力有限,用作应变传感材料时灵敏度较低。本实验采用导电聚合物对电纺 CNF 进行表面修饰以提高其导电性和应变传感过程中的响应灵敏度。

四、实验药品与仪器

(1)实验药品。本实验所采用的药品如表 10-3 所示。

表 10-3　　　　　　　　　　实验药品

名称	分子式	纯度	生产厂家
聚丙烯腈(PAN)	$(C_3H_3N)_n$	M. W. =150000	北京百灵威科技有限公司
二甲基甲酰胺(DMF)	C_3H_7NO	分析纯	国药集团化学试剂有限公司
吡咯	C_4H_5N	分析纯	上海麦克林生化科技有限公司
盐酸	HCl	分析纯	国药集团化学试剂有限公司
氯化铁	$FeCl_3 \cdot 6H_2O$	分析纯	国药集团化学试剂有限公司
聚二甲基硅氧烷(PDMS)	$(C_2H_6OSi)_n$	化学纯	道康宁公司
氮气	N_2	高纯	大连大特气体有限公司

(2)实验仪器。实验中所用到的主要仪器的名称、型号及生产厂家如表 10-4 所示。

表 10-4		主要仪器
名称	型号	生产厂家
电子天平	FA1004B	上海佑科仪器仪表有限公司
恒温磁力搅拌器	H05-1	上海梅颖浦仪器仪表制造有限公司
高压静电纺丝机	TL-Pro-BM	深圳市通力微纳科技有限公司
管式炉	SGL-1400	上海大恒光学精密机械有限公司
真空干燥箱	DZF-6020	上海慧泰仪器制造有限公司
数字万用表	DM3068	普源精电科技股份有限公司
拉伸试验机	ZQ-990LA	东莞市智取精密仪器有限公司

五、实验步骤

1. 材料合成

(1) CNF 薄膜的制备。

在室温条件下将 PAN 溶于 DMF 中，配制 10wt% 的纺丝溶液。将溶液装入 20mL 注射器中。注射器上连接内径为 0.8mm 的金属针头用作正极，铝箔接收板用作负极，正负电极之间的距离固定为 15cm，并施加 14kV 的高压。通过注射泵将溶液流速保持在 0.5mL/h，静电纺丝 8h，得到 PAN 薄膜，将 PAN 薄膜放入干燥箱，在 60℃下干燥 2h。

在管式炉中对 PAN 薄膜进行热处理。首先在空气气氛中以 1℃·min^{-1} 的升温速率升至 270℃，保温 2h，然后以 2℃·min^{-1} 的升温速率升至 800℃，在 N_2 气氛中保温 4h。热处理结束后，随炉冷却，得到黑色 CNF 薄膜。将 CNF 薄膜裁剪成尺寸为 50mm×15mm 的矩形。

(2) CNF 的表面修饰。

将 1.24mL 吡咯单体溶液加入 10mL 0.1mol/L HCl 溶液中，制得单体溶液。将 CNF 膜在单体溶液中浸泡 1h。配制 10mL 1mol/L $FeCl_3$ 溶液，将浸泡后的 CNF 膜置于 $FeCl_3$ 溶液中，静置反应 4h。取出 CNF 膜，用乙醇多次洗涤。在 60℃条件下干燥过夜，得到 CNF/Ppy 膜。

2. 材料表征及结果分析

采用场发射扫描电子显微镜（FE-SEM）分析材料的微观形貌，结合仪器配备的能谱仪（EDS）对材料所含的元素及其分布进行定性分析；采用傅里叶变换红外光谱仪（FT-IR）确定材料所含官能团，扫描范围为 400cm^{-1}~4000cm^{-1}。

3. 应变传感性能测试及分析

(1) 制作应变传感元件。应用传感器制备流程示意图如图 10-2（a）所示，在玻璃载玻片（75mm×25mm）上混合 PDMS 预聚物和固化剂（质量比=10:1）。使用导电铜带和铜线分别将 CNF 和 CNF/Ppy 薄膜的两端固定在玻璃载玻片表面，形成一个间距为 50mm 的电极。将薄膜、铜带和铜线用 PDMS 密封。在 60℃下干燥固化 8h 后，从玻璃载玻片上取下 PDMS 封装的薄膜。修剪掉多余部分，得到具有 H 形结构的柔性应变传感器，图 10-2（b）所示，实际测试面积为 30mm×10mm。

(2) 应变传感性能测试。样品的电阻使用数字万用表测量，拉伸特性由拉伸试验机

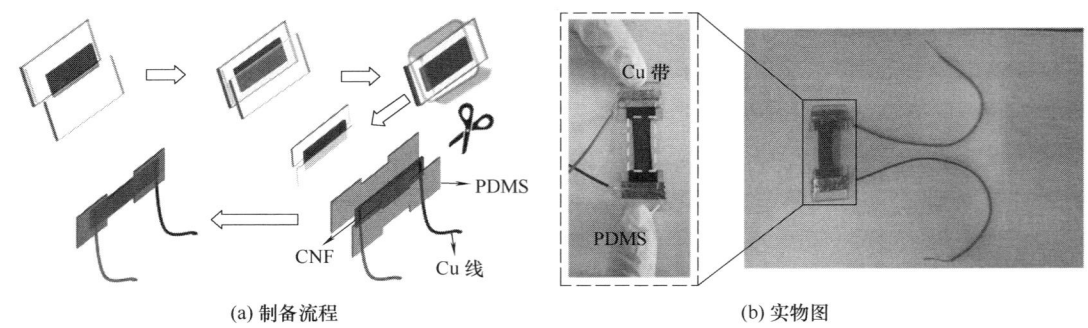

图 10-2 应变传感器

收集和分析。测试过程中,将传感器固定在拉伸试验机上,夹紧距离设定为 30mm,在拉伸过程中同时记录传感器的电阻变化。

(3) 数据处理及分析。应变传感器的工作性能可以通过以下参数来评价:

① 响应值(Response):传感器在测量后的最终电阻与初始电阻的差值($\Delta R = R - R_0$)与初始电阻值(R_0)的比值,是衡量传感器力敏特性的主要参数。

② 灵敏度:即传感器的应变系数(Gauge Factor,GF)。可通过如下公式计算

$$\mathrm{GF} = \frac{\Delta R/R_0}{\Delta L/L_0} = \frac{(R-R_0)/R_0}{(L-L_0)/L_0} \tag{10-1}$$

式中　GF——传感器的应变系数(无量纲的数值);

R——传感器的最终电阻,Ω;

R_0——传感器的初始电阻,Ω;

L——传感器的最终长度,mm;

L_0——传感器的初始长度,mm。

六、实验结果与分析

(1) 调研国内外以碳纳米纤维作为应变传感材料的研究进展,提出本实验的创新点。

(2) 了解碳纳米纤维材料的基本结构表征方法,选择至少两种方法表征所制备的材料,并对所得数据进行分析。

(3) 对所制备的材料进行应变传感性能测试,并对所得数据进行分析。

(4) 详细记录实验过程和现象,结合材料的结构表征及性能测试结果,分析材料的构效关系。

思考题

(1) CNF 作为应变传感材料的基本工作原理是什么?

(2) 影响 CNF 薄膜力敏性能的结构因素有哪些?

(3) 在 CNF 表面修饰 Ppy 的作用是什么?会对 CNF 的结构和性质产生哪些影响?

(4) 材料制备过程中,可以通过哪些制备条件的调控实现 CNF 薄膜材料力敏性能的优化?

实验 68　基于多孔碳超级电容器电极材料的制备与性能研究

一、实验意义

多孔碳材料由于具有较大的比表面积、大的孔容积等特点，使得它们在催化、环境、能源、生化、光电器件以及传感等方面都有着巨大的应用前景。因此，发展新型多孔碳材料的合成、改性及其应用是目前研究的热点。

为满足间歇性能源需求，超级电容器作为新型储能材料成为研究的热点。电极材料作为超级电容器的核心部分对超级电容器的性能和使用寿命具有关键的影响。多孔碳材料因其稳定的化学特性和良好的导电性等优势被广泛用于超级电容器电极材料。其中生物质碳因其具有成本低廉、孔结构优异、易于获取等优点，在超级电容器领域具有很好的应用前景。本实验项目以多孔碳材料为研究对象，请根据超级电容器电极材料的性能要求选择材料制备方法，制定实验方案，掌握此类材料的合成方法，熟悉电极材料的结构表征及性能测试方法，并进行数据分析与总结。

二、实验目的

（1）多孔碳材料的配方和计算，了解制备工艺流程，并掌握该类材料的合成制备方法。

（2）掌握多孔碳材料的微结构表征的方法。

（3）能够对实验数据进行分析、整理、计算，并绘制相应的变化规律曲线。

（4）通过实验调动学生的主动性，激发创新思维，培养其创新实践的能力。

三、实验基本原理

多孔生物质碳材料是一类具有高产量、低成本、绿色环保和环境友好等优点的可再生资源。但多孔生物质碳材料具有较强的化学惰性，所以，可以利用氮（N）、硼（B）、磷（P）等非金属元素进行掺杂，来形成新的活性位点，使其催化活性得到提高。此外，异原子掺杂还能够使碳材料的极性发生变化，因此可以增强材料表面的润湿性，显著地改善其电化学性能。研究表明，一般有多个因素会影响多孔生物质碳材料性能调控结果。例如，掺杂剂的类型、掺杂剂比例等。掺杂杂原子可以显著地改变多孔生物质碳材料的电化学性能。杂原子 N、P、S、B 的掺杂可以改变碳的结构，破坏对称 π—π 共轭，从而引入缺陷结构，改变碳的结构。与其他原料相比，植物基碳由于氧含量高，在杂原子掺杂方面具有天然优势。此外，还可以对多孔生物质碳材料进行金属元素掺杂，这对进一步提升其电化学性能具有重要意义。

（1）氮掺杂。氮是最常见的掺杂元素之一，在富含蛋白质的植物中含量丰富，如大豆、花生等。而含氮官能团可以提供电活性中心，通过产生缺陷和改变价轨道能级来提高碳的电导率、表面极性和离子可及性。在众多的异质元素中，氮元素作为一种热门的掺杂元素，受到了人们的广泛关注。氮基官能团能够提高碳材料的电导率和电容性能，而氮元素的掺杂则会使碳材料表现出良好的化学活性，从而增强其表面能和反应活性，对多孔生物质碳材料电化学性能产生重要影响。

（2）磷掺杂。磷和氮元素属于同一主族，具有相同的外层电子分布，因此它们具有相似的性质。但掺磷多孔生物质碳材料由于具有较大的原子半径和供电子能力，可以增加碳晶体的缺陷位置和层间间距，更有利于促进电子传递和电解质离子扩散。此外，磷原子在充电过程中通过稳定含氧官能团，提高氧化还原反应的稳定性和选择性。具体来说，磷原子可以以 P—C 键的形式嵌入碳框架中，由于磷原子与周围碳原子之间的相互作用，磷原子可以重新分配碳层的电荷密度和自旋密度。由于磷原子优越的给电子特性，电子的离域增加，导致缺陷和活性位点增多。磷原子半径为 0.110nm，相比氮原子（0.070nm）其原子半径会更大，从而会导致较大层间距最大。因此，磷掺杂多孔碳可以实现更大的比表面积和孔体积，这有利于通过增加比电容和速率性能来改善电极材料的电化学性能。目前常用的含磷掺杂剂有磷酸、磷酸盐等。

（3）硼掺杂。硼掺杂能够改善其导电率，增强其电化学活性，并使其在碳表面生成更多的功能基团，并进一步提升多孔生物质碳材料的电化学性能。硼掺杂与氮掺杂类似，可以提高电导率，引入赝电容，导致碳电极的能量密度更高，碳晶格中的硼原子可以促进氧的化学吸附，形成活性碳表面。此外，硼掺杂改善了碳材料在有机电解质中的润湿性，增加了电解质的可达比表面积。B—C 化学键增加了碳原子的电荷密度和载流子，从而提高了碳的导电性。近年来，许多研究小组开始关注除了单一元素的掺杂，还包括多种元素的共掺杂碳材料。很多已发表的研究论文结果已经表明，多元素共掺杂碳作为电极材料的潜力。与单一掺杂相比，共掺杂多元素协同作用提供了更多的活性位点，增加了官能团，改善了多孔碳的表面润湿性，从而获得了优异的电化学性能。可见，杂原子掺杂（N、P、S、B、O 等）可调整多孔生物质碳材料的表面性质，从而提高材料的电化学性能。

四、实验药品与器材

（1）实验药品：生物质秸秆、氢氧化钾、尿素、磷酸氢二钠、硼酸、高锰酸钾、氯化铁等。

（2）实验器材：离心机、磁力搅拌机、烘箱、量筒、管式炉等。

五、实验步骤

（1）材料的制备：使用水稻秸秆作为碳源。在预处理过程中，将收集的水稻秸秆干燥后研磨成粉末。配制 KOH 溶液，加入生物质样品，搅拌 30min。加入尿素（或其他掺杂物质），搅拌 20min。将掺杂完成的样品由超声波清洗器超声处理 10min，继续充分搅拌处理 60min。再将溶液离心后得到固态生物质样品，将样品 80℃中干燥 24h。干燥后，研磨成粉末，然后把粉末置于管炉中，管式炉封闭后，持续通入氮气恒温加热 10h，最后得到黑色固体粉末。将样品用 1mol/L 的盐酸溶液酸洗，2h，然后进行抽滤，干燥后得到氮掺杂多孔生物质碳材料。

(2) 材料的表征：使用 JSM-7800F 型场发射扫描电子显微镜对多孔生物质碳材料的表面形貌进行观察并分析，主要通过 SEM 图像对样品表面的孔结构和孔径进行观察。使用 Tristar 3020 型全自动比表面积和孔隙分析仪对样品进行测试，通过测试数据对样品的比表面积和孔径分布进行分析。

(3) 材料的性能测试：将所制备样品制作成粉末，涂覆电极测试电化学性能，记录实验数据。称取所制备的多孔生物质碳材料、乙炔黑、聚偏氟乙烯、吡咯烷酮，充分研磨均匀后，涂覆于镍片上。在真空环境下干燥，使用压片机压制成待测电极样品。使用辰华 CHI660E 型电化学工作站测量多孔生物质碳材料在三电极体系中的倍率性能。

对样品进行恒电流充放电测试。三电极体系下质量比电容可根据恒电流充放电曲线进行计算，公式如下：

$$C_g = \frac{I \times \Delta t}{m \times \Delta V} \tag{10-2}$$

式中　C_g——质量比电容，F/g；
　　　Δt——放电时间，s；
　　　I——放电电流，A；
　　　m——电极中的活性材料的质量，g；
　　　ΔV——电位窗口，V。

六、实验结果与分析

(1) 根据实验过程记录，结合材料表征和材料电化学能测试结果分析制备方法及关键制备参数对产物结构的影响。

(2) 根据电化学性能测试结果，分析材料的比电容、能量密度等性能指标。

(3) 结合超级电容器电极材料的工作原理，分析掺杂元素的含量对材料微观结构及电化学性能的影响。

思考题

(1) 为什么对生物质碳材料进行元素掺杂？
(2) 电化学性能的循环稳定性与哪些因素有关？
(3) 举例说明多孔碳材料在电化学领域的实际应用。

实验 69　SnO_2 与掺杂 SnO_2 粒子及薄膜的制备与性能研究

一、实验意义

在钙钛矿太阳能电池器件中，SnO_2 是一种重要的电子传输层材料。Sb 掺杂 SnO_2（ATO）

因具有优异的电学性能和光学性能通常作为透明导电氧化物可应用于太阳能电池、电极材料、智能窗、气敏传感器等领域。透明导电薄膜广泛应用于触摸屏、有机发光二极管、太阳能电池、电致变色玻璃、电子皮肤等领域。目前商业透明导电薄膜材料采用的大多为氧化铟锡（ITO），由于其具有价格昂贵等缺点，难以满足柔性可穿戴电子器件发展的需要。ATO 由于其独特的光电性质和机械性能而受到人们的广泛关注，并有望取代 ITO 并成为新型柔性透明导电薄膜材料。纳米 ATO 材料对太阳光谱具有理想的选择性，在可见光区透过率高，对红外光具有较好的屏蔽性能，因此 ATO 除具有高的透明导电性外，还广泛应用于透明隔热材料、防辐射抗静电涂层、显示器电致变色材料等领域，是一种极具发展潜力的新型导电材料。

二、实验目的

（1）学会溶胶-凝胶法制备 SnO_2 粒子（薄膜）。

（2）掌握 SnO_2 粒子（薄膜）性能表征方法，分析掺杂和工艺条件对 SnO_2 粒子（薄膜）性能的影响规律。

（3）掌握实验数据的处理方法，培养学生的创造性思维和分析问题能力。

三、实验基本原理

SnO_2 由于其高电子迁移率、良好的传导性和低温制备特性，在钙钛矿太阳能电池中得到了广泛的应用。在采用溶胶-凝胶法制备 SnO_2 传输层过程中，对 SnO_2 薄膜进行掺杂是一种有效改善薄膜性能的策略，利用有机无机盐、有机小分子材料和有机聚合物等改性 SnO_2 薄膜的研究已有较多报道。利用稀释的商业 SnO_2 水分散溶液通过旋涂法制备 SnO_2 薄膜，通过退火处理后可形成致密均匀的 SnO_2 膜，但这种 SnO_2 纳米颗粒分散在水溶液中并不稳定，SnO_2 纳米颗粒容易发生团聚，导致制得的 SnO_2 薄膜的表面性能和电学性能受到影响。据报道，利用柠檬酸钠对 SnO_2 传输层进行掺杂，可以提高钙钛矿太阳能电池器件的性能。柠檬酸钠是一种常见的螯合剂，3 个羧酸基团可以与 Sn^{4+} 发生螯合作用，从而有利于形成稳定的 SnO_2 水分散液。使 SnO_2 薄膜的粗糙度降低，浸润性增强，进而使生长在 SnO_2 薄膜上的钙钛矿层具有更大的晶粒尺寸和更好的结晶度，因而能够减少电池器件中的缺陷密度，抑制载流子复合和提高电荷的传输效率。

目前，制备 SnO_2 最常用的两种方法是 $SnCl_2$ 水解氧化法和 SnO_2 溶胶-凝胶法。利用 $SnCl_2$ 水解氧化法可以获得结晶度良好的 SnO_2，但其可控性较差；利用溶胶-凝胶法制备 SnO_2，结晶度较差，不利于电子输运性能提高。采用水解氧化和溶胶-凝胶相结合的方法制备 SnO_2 薄膜，可获得具有良好结晶度、可控性和可重复性的高质量 SnO_2 薄膜。例如，采用 $SnCl_2$ 水解氧化法制备高质量的 SnO_2 晶体层，然后再采用溶胶-凝胶法制备 SnO_2 晶体层，覆盖水解氧化 SnO_2 层，能够进一步提高薄膜质量和钙钛矿太阳能电池器件的性能。

在 Sb 掺杂 SnO_2(ATO) 粒子制备方面，目前常用的方法主要有溶胶-凝胶法、水热法、溶剂热法和沉淀法等。利用锡粉、三氧化二锑在醋酸溶液中，氨水共沉淀法制备 ATO 湿凝胶，将制得的湿凝胶在 180~240℃ 下进行水热反应，pH 为 3.5~4 下可以得到

ATO 蓝色水凝胶，在 300~600℃ 下热处理 2h，即可得到蓝色 ATO 粉体。将 ATO 粒子分散于聚乙烯醇或聚氨酯等体系中，利用辊涂法可以制备 ATO 薄膜，利用恰当工艺合成的 ATO 粒子及薄膜将表现出高的可见光透过率和一定的近红外屏蔽性能。

四、实验药品与器材

（1）实验药品：四氯化锡（$SnCl_4 \cdot 5H_2O$），乙酰丙酮，无水乙醇。

（2）实验器材：载玻片、PET 塑料薄膜、磁力搅拌器、真空泵、氮气瓶、水浴锅、粉末电阻测试仪、XRD 衍射仪。

五、实验方法与步骤

根据查阅的相关文献资料，采用溶胶-凝胶、水热法制备 SnO_2 薄膜或掺杂 SnO_2 纳米粒子及薄膜，对所制备的粒子及薄膜的结构与性能进行测试表征。通过改变工艺条件，探究溶胶-凝胶过程、水热工艺参数和掺杂元素及种类对 SnO_2 薄膜或掺杂 SnO_2 粒子/薄膜的结构与性能的影响规律。每组学生针对 SnO_2 薄膜或掺杂 SnO_2 纳米粒子及薄膜，通过改变关键制备工艺参数开展对照实验，如采用溶胶-凝胶法制备 SnO_2 薄膜，要求在溶胶-凝胶过程中引入不同的有机无机盐制备 SnO_2 薄膜；采用溶胶-水热法制备掺杂 SnO_2 粒子，要求在先驱液中引入不同元素或改变水热反应条件制备得到不同的目标产物。

（1）SnO_2 薄膜或 ATO 粒子（薄膜）的制备。在查阅相关文献基础上，设计制备 SnO_2 薄膜或 ATO 粒子/薄膜的制备方案，首先配制反应前驱体溶液，通过溶胶-凝胶和旋涂工艺，退火后获得 SnO_2 薄膜；或在适当的工艺条件下，发生反应，获得所要合成的 ATO 功能粒子。

（2）称取一定量的 ATO 粒子，进行球磨分散后，加入适当和适量的表面改性剂、粘结剂，获得用于涂覆的功能粒子浆料。

（3）采用流延涂覆或喷涂法在玻璃基材或 PET 塑料薄膜基材表面涂覆 ATO 功能粒子薄膜，经一定温度的干燥处理后获得 ATO 功能薄膜。

（4）将上述制备的功能粒子（或薄膜），进行紫外-可见-近红外透过率测试和电性能测试。

（5）将上述制备的粒子和薄膜进行 XRD 分析，分析不同工艺参数对晶体结构的影响。

六、实验结果与分析

（1）分析 SnO_2 薄膜制备和 ATO 粒子/薄膜制备过程中的实验现象。

（2）对合成的粒子进行测试，利用 Origin 软件处理实验数据并作图，分析讨论制备过程对产品结构性能的影响规律。

思考题

（1）探讨制备工艺对 SnO_2 薄膜或 ATO 功能粒子微观结构的影响。

(2) 探讨影响功能粒子分散性的因素，如何提高功能粒子的分散效果？

(3) 探讨影响功能粒子光（电）性能的因素，如果要进一步提高功能粒子的光（电）性能，下一步应怎样改进材料制备实验方案？

实验 70　利用不同硅源制备疏水 SiO_2 超细粉研究

一、实验意义

SiO_2 在许多功能材料中具有重要的应用。目前，用于制备 SiO_2 超细粉的硅源有很多种，特别是，一些固体废弃物中含有大量的 SiO_2，如何利用固体废弃物制备高附加值的 SiO_2 已经引起国内外学者的关注。大量固体废弃物不但污染环境，而且也是巨大的浪费。例如，大量堆存的粉煤灰，不仅占用耕地，而且由于二次扬尘和有害元素浸出对周围生态环境造成严重危害，每年干旱多风季节，灰尘四处飞扬，周围几公里的蔬菜、庄稼以及居民住宅都落上一层飞灰，直接影响人民的生活、健康及农业发展。除粉煤灰外，工业废渣及农作物秸秆中也含有较多含量的 SiO_2。因此，提取固体废弃物粉煤灰、工业废渣及农作物秸秆中的 SiO_2，将其转换为高附加值的新材料具有重要意义。

二、实验目的

(1) 掌握利用不同硅源制备 SiO_2 超细粉的方法。

(2) 掌握多孔 SiO_2 的制备方法。

三、实验基本原理

制备 SiO_2 超细粉的原料包括无机硅源和有机硅源，无机硅源包括工业水玻璃、硅灰、粉煤灰和有机硅源如正硅酸乙酯（TEOS）等。SiO_2 气凝胶作为一种独特的具有超低密度的纳米多孔材料，由 Si—O—Si 链高度交联的湿凝胶干燥后获得，具有高比表面积、低导热系数、高孔容积等诸多优异的性能，这些特征使其具有优异的保温隔热和吸附性能。目前，制备多孔 SiO_2 材料的方法主要有溶胶-凝胶法和水热模板法，对于溶胶-凝胶法制备多孔 SiO_2 来说，恰当的干燥工艺是获得多孔结构的关键。常用的干燥方法有超临界干燥、常压干燥和冷冻干燥法。此外，溶胶-凝胶配比组成与凝胶过程、改性过程也会对多孔 SiO_2 的多孔网络结构和亲水/疏水性具有重要影响。

以粉煤灰为硅源制备多孔 SiO_2 为例，首先将粉煤灰在电炉中 600℃ 下煅烧，然后与 HCl 反应。将粉煤灰与 HCl 反应后的滤渣与 NaOH 溶液反应。然后用 NaOH 溶液沥滤，滤液即为水玻璃和 NaOH 混合液。取上述制备的水玻璃混合液，加入适量的稀 H_2SO_4 或 HCl，搅拌均匀陈化水洗后即可得到 SiO_2 溶胶和凝胶。对得到的 SiO_2 凝胶进行改性处理和干燥，即可得到 SiO_2 多孔材料。

四、实验药品与器材

（1）实验药品：正硅酸乙酯、盐酸、无水乙醇、氢氧化钠、碳酸钠、粉煤灰、硅粉。

（2）实验器材：烧杯、坩埚、硅碳棒电炉、马弗炉、磁力搅拌器、水浴锅、激光粒度仪。

五、实验方法与步骤

选择两种不同的硅源，通过煅烧、碱液反应、溶胶-凝胶或液相沉淀法制备SiO_2超细粉。可选择的硅源包括：工业水玻璃、秸秆、粉煤灰、钼尾矿渣，并与通过正硅酸乙酯制备的SiO_2超细粉进行对比。

具体实验步骤如下：

（1）SiO_2溶胶液的制备。在查阅相关文献基础上，设计从固体废弃物中提取SiO_2的实验方案。

（2）通过溶胶-凝胶法或液相沉淀法，制备SiO_2超细粉，分析工艺参数对SiO_2产率的影响。

（3）采用激光粒度仪对上述制备的SiO_2超细粉的粒径进行表征。

（4）将所得到的SiO_2超细粉进行表面改性，制备防火玻璃灌注防火胶。

（5）整理实验过程和测试结果，撰写实验报告。

六、实验结果与分析

对不同硅源制备SiO_2超细粉的工艺过程和产品特性进行比较，对不同工艺参数制备SiO_2超细粉的产量和粒度进行比较，分析影响SiO_2超细粉产量、疏水性和粒度的因素。

思考题

（1）探讨利用SiO_2超细粉制备防火胶的关键因素，分析影响防火胶性能的工艺因素，如果要进一步提高防火胶的性能，下一步应怎样改进制备实验方案？

（2）探讨SiO_2超细粉在其他领域的应用前景。

实验71　多色荧光材料的制备与性能研究

一、实验意义

稀土发光材料属于稀土功能材料的一种，因其具有吸收能力强、转换效率高、可发射从紫外线到红外光的光谱，特别在可见光有很强的发射能力等优点，现已在信息、医药、农业和新能源等行业被广泛应用。因此，设计并合成基于稀土离子激活的多色荧光材料对于实现其在多领域的中的应用具有重要的科学意义。

二、实验目的

（1）设计合成 Eu^{3+}、Dy^{3+} 和 Tb^{3+} 三种稀土离子激活的荧光材料，掌握其制备工艺流程。

（2）学会对合成的荧光粉的晶体结构、形貌和光学性能进行表征的方法。

三、实验基本原理

发光是物质以光子的形式释放能量，从而形成光发射的现象。光不仅由 390～700nm 可见（Vis）范围内的电磁波组成，还包括紫外线（UV）和近红外（NIR）光谱中的电磁波。发光技术一直是人类重要的科技领域。在材料科学界，制备具有多功能特性的材料是非常需要的。将具有发光性质的离子引入到先进功能材料中，同时保持各成分的优点，可以形成新型的多功能材料。所形成的复合材料不仅在一个体系中展现了不同的性质，而且为生产高性能、低成本的材料提供了很大的可能性。在开发功能性稀土材料的研究中，稀土发光材料受到研究人员的极大关注，由于其特殊的电子结构，镧系元素内层 4f 电子跃迁的光谱特性与普通稀土材料相比具有非常大的优势。稀土发光的现象是指物质被激发而吸收能量，然后转变为激发态，最后通过发光而弛豫到基态的过程。一般来说，稀土发光机理可以分为三种类型的光谱转换：①一个频率较高的光子转换为一个频率较低的光子的过程；②下转换过程是一个能量较高的光子转换为两个能量较低的光子的过程；③上转换过程是通过多重吸收或能量转移过程将低能光子转换为高能光子的过程。

四、实验材料与药品

苯甲酸（BA）；邻菲啰啉（phen）；硝酸铕六水合物（$Eu(NO_3)_3 \cdot 6H_2O$），纯度 99.99%；硝酸铽六水合物（$Tb(NO_3)_3 \cdot 6H_2O$），纯度 99.99%；硝酸镝六水合物（$Dy(NO_3)_3 \cdot 6H_2O$），纯度 99.99%；无水乙醇。

五、实验方法与步骤

采用溶剂热法合成 $Eu(BA)_3phen$/$Tb(BA)_3phen$/$Dy(BA)_3phen$ 配合物粉体。称取一定量的苯甲酸与邻菲啰啉，将它们一同放置在烧杯中，并加入 70mL 无水乙醇溶解。称取一定量的稀土硝酸盐 $Eu(NO)_3 \cdot 6H_2O$/$Tb(NO)_3 \cdot 6H_2O$/$Dy(NO)_3 \cdot 6H_2O$ 放置于小烧杯中，并加入 10mL 无水乙醇进行溶解。将溶解后的稀土硝酸盐溶液加入到苯甲酸与邻菲啰啉的混合液中，于 60℃ 水浴锅中磁力搅拌 3h，之后在室温下继续搅拌 2h。最后，将沉淀物过滤并用无水乙醇洗涤三次，洗涤后的溶液在 60℃ 的烘箱中干燥，得到 $Eu(BA)_3phen$/$Tb(BA)_3phen$/$Dy(BA)_3phen$ 荧光粉体。

对所制备的荧光粉体进行形貌和光学性能的表征，包括 SEM、激发光谱和发射光谱等等。

六、实验结果与分析

根据实验过程中记录的实验现象和测试数据结果，对样品的微观形貌、激发光谱和发射光谱等给予分析，探讨制备工艺对荧光材料性能的影响。在此基础上，完成实验报告。

思考题

（1）为什么不同稀土离子会展现出不同颜色的荧光？
（2）在测试激发和发射光谱的过程中，如何避免误差产生？
（3）实验过程中，什么因素会影响样品的形貌和光学性质？

实验72　活性碳纤维电极的制备及电化学性质测试

一、实验意义

碳纤维因其表面积大、导电性好、耐腐蚀等优点被广泛用作电化学电源的电极材料。但碳纤维材料通常需要高温处理才能获得稳定的类石墨化结构。但由此使得碳纤维的润湿性较差，不能满足电化学电源对电极电化学活性的要求。通过简单的热空气氧化法可以增加碳纤维表面的氧官能团含量，从而解决碳纤维电极的疏水性问题。在该工艺中，氧化温度是影响碳纤维电极活性的最重要参数。

碳纤维电极的电化学活性可通过利用电化学工作站测试其循环伏安曲线和交流阻抗图谱来表征。电化学工作站是一种用于电化学分析和研究的仪器，它能够控制和监测电化学池中的电流和电位以及其他电化学参数的变化。电化学工作站被广泛应用于电化学机理的研究、生物技术的开发（如医疗诊断、可穿戴设备）、物质的定性和定量分析（如食品、水质监测）、常规电化学测试（如电合成、电催化）、纳米科学研究、传感器研发（如气体传感器、生物传感器）、腐蚀及防护研究、能源材料研究等领域。

二、实验目的

（1）掌握几种基本的电化学测试方法。
（2）了解电化学工作站的原理及其应用。

三、实验基本原理

电化学工作站是一种用于电化学研究的电子仪器，可以分为单通道和多通道两种类型。单通道工作站只能对单一电化学反应进行控制和测量，而多通道工作站则能够同时处理多个电化学反应。电化学工作站核心部件包括恒电位仪、恒电流仪和电化学交流阻抗分析仪。这些组件可以控制工作电极（WE）和参比电极（RE）之间的电位差，实现对电化学反应的精确控制和测量。在工作过程中，电化学工作站能够向辅助电极或对电极（CE）注入电流，以维持或改变 WE 和 RE 之间的电位差。

电化学工作站通常配合三电极体系使用，在这个体系中，除了 WE 和 RE 之外，还需要一个 CE 来形成完整的电化学回路。WE 是电化学反应发生的场所，可选用电压受控恒定、电流可测量的一类电极，通常由惰性材料制成，如金、铂或玻碳。而 RE 则提供一个稳定电位的参照点,用于辅助测定 WE 电位的电极,应具有已知且稳定的电化学电势,如饱和甘汞电极(SCE)或银/氯化银电极。

电化学工作站的主要功能是控制工作电极的电位,使之保持在一个预设值,从而实现恒电位极化。此外,它还可以根据外部指令信号的变化,自动调整工作电极的电位。电化学测试方法包括电流分析法、差分脉冲伏安法、循环伏安法等多种技术,这些方法可以帮助研究者得到电化学反应的详细信息,如电极的电位、反应的活化能等。

循环伏安法(CV)是在电极上施加一个线性变化的电压,即电极电位是随外加电压线性变化记录工作电极上的电解电流的方法。循环伏安法往往采用三电极系统,WE 相对于 RE 的电位在设定的电位区间内随时间进行循环的线性扫描,WE 相对于 RE 的电位由电化学仪器控制和测量。一般仪器的电位扫描速度可以从每秒数毫伏至 1V,常用甘汞电极、铂电极、金电极和玻碳电极等固定电极做工作电极。

交流阻抗法(EIS)是给测试对象施加一个幅值较小的交流正弦电压信号,频率范围跨度极大,从超低的 10^{-5}Hz 到超高的 10^{7}Hz 都有涉及。材料或体系会依据自身特性,对这一交流信号产生响应,通过测量得到电流响应信号,进而依据欧姆定律等电学原理,计算出材料在不同频率下的阻抗。

四、实验药品与器材

(1)实验药品:碳纤维材料、稀盐酸(HCl)。

(2)实验器材。电化学工作站(仪器构造如图 10-3 所示)、马弗炉、磁力搅拌器。

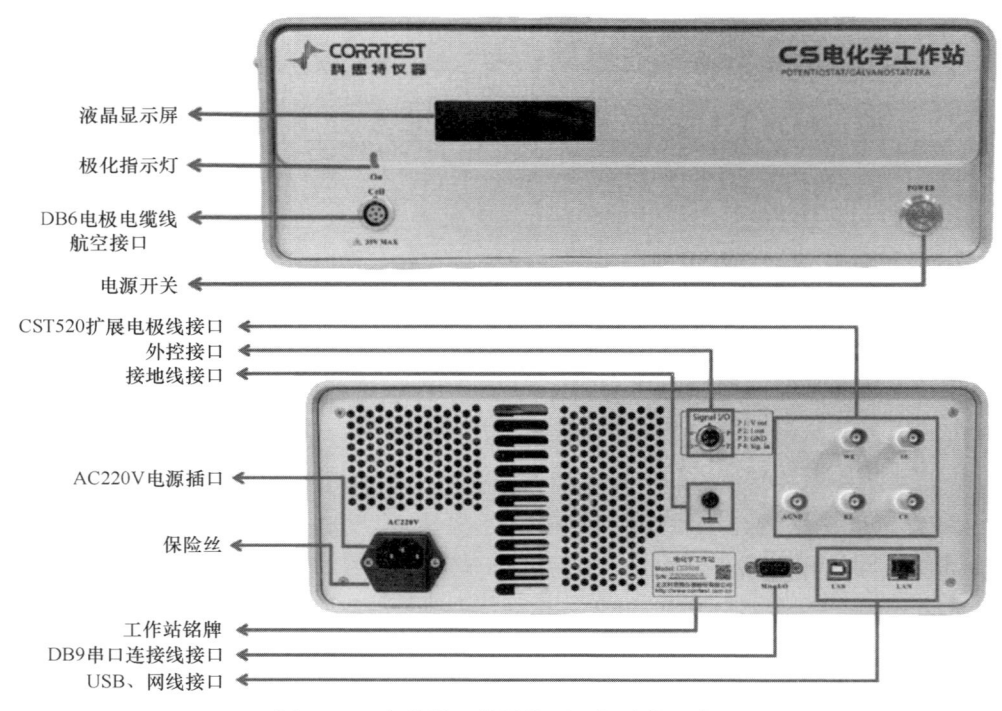

图 10-3　电化学工作站前后面板功能示意图

五、实验步骤

1. 准备工作

（1）安全检查：确保实验室区域的安全性，使用个人防护设备，如实验室衣物、手套和护目镜。

（2）检查电极：确保所需的电极（工作电极、参比电极、对电极等）都是干净的，并进行必要的预处理。

（3）电极预处理：将1g碳纤维材料放于马弗炉内，以5℃/min升温至400℃/500℃/600℃，保温5h，随炉降温后取出样品待用。

2. 设置电化学工作站

（1）连接电极：将电极正确连接到电化学工作站，确保连接稳固。

（2）选择实验模式：循环伏安法（CV）和交流阻抗法（EIS）。

3. 设置实验参数

（1）CV测试：扫描电压范围为[0V, 1V]（以饱和甘汞电极为参比电极，即vs. SCE），扫描速度分别为10、20、30、40、50mV/s。

（2）EIS测试：极化电压为0.2V（vs. SCE）。

4. 样品处理

（1）准备电解液：配制1mol/L HCl溶液。

（2）添加样品：将待测物质加入电解液中，确保充分溶解或悬浮。

5. 运行实验

（1）启动电化学工作站：启动电化学工作站并开始实验。

（2）观察实验过程：观察电位随时间的变化，或者在循环伏安法中观察电流随电位的变化。

6. 数据分析

（1）记录数据：记录实验过程中的电位、电流等关键参数。

（2）绘制曲线：根据实验数据绘制相应的电位-电流曲线（循环伏安曲线）或交流阻抗谱图。

7. 清理和关闭

（1）关闭电化学工作站：在完成实验后，停止电化学工作站的运行。

（2）清理电极：将电极取出，进行必要的清洗和保养。

（3）记录实验结果：记录实验的最终结果和观察现象。

六、实验结果与分析

（1）循环伏安实验结果记录（表10-5）。将不同扫描速率的循环伏安曲线进行处理，得到阳极峰和阴极峰电流值，将其余扫描速率的二分之一次方作曲线。

（2）交流阻抗实验结果分析。导出实验数据，以$Z'-Z''$作图，分析不同热氧化温度对样品阻抗值大小的影响。

表 10-5　　扫描速率与峰电流（阳极电流 I_{pa}，阴极电流 I_{pc}）

内容	扫描速率/(mV/s)				
	10	20	30	40	50
$V^{1/2}$					
I_{pa}/mA					
I_{pc}/mA					

思考题

（1）循环伏安曲线分析材料电化学性能的机理是什么？

（2）交流阻抗谱图能反应材料哪方面的电化学特性？

实验 73　多孔电极表面析氢反应的电化学表征

一、实验意义

进入 21 世纪以来，随着人类社会的快速发展，能源的需求越来越大。能源也成为了国家间竞争的焦点。现如今，能源短缺、有限能源的争夺以及能源的过度使用等一系列问题，无一不威胁着人类的生存与发展。目前，社会发展主要依赖的能源是以煤、石油、天然气为代表的传统化石燃料，然而，化石燃料的不可再生性、资源有限性制以及带来的环境污染问题制约了现代经济的发展。因此，人们开始认识到开发探索新能源是满足能源需求和解决环境污染问题的唯一出路。

氢能作为一种理想的二次能源以及其清洁、高效、可储存和便于运输等优点，被视为替代煤炭、石油和天然气等不可再生能源最为理想的能源载体。目前，工业上制备氢气的方法主要包括化石燃料制氢、水电解制氢、热解水制氢和生物制氢等方法。其中电解水制氢以其产品纯度高、电解效率高、无污染等诸多优点被广泛采用。由此可见，制备一种高效稳定的电解水制氢材料，是解决能源危机和环境污染的重要途径。

二、实验目的

（1）了解评价材料电化学析氢的性能参数。

（2）掌握测试材料析氢性质的电化学方法。

三、实验基本原理

1. 析氢原理

析氢反应在酸碱电解液中有不同的反应式和不同的反应机理，如下反应等式所示：

酸性电解液：

阳极：$\qquad H_2O \longrightarrow 2H^+ + \frac{1}{2}O_2 + 2e^-$ （10-3）

阴极：$\qquad 2H^+ + 2e^- \longrightarrow H_2$ （10-4）

碱性电解液：

阳极：$\qquad 2OH^- + H_2O \longrightarrow \frac{1}{2}O_2 + 2e^-$ （10-5）

阴极：$\qquad 2H_2O + 2e^- \longrightarrow H_2 + 2OH^-$ （10-6）

总反应：$\qquad H_2O \longrightarrow H_2 + \frac{1}{2}O_2$ （10-7）

由上面阳极阴极反应式可知，无论是在酸性电解液还是碱性电解液，吸附在阴极催化剂表面氢原子得两个电子生成一个氢分子，而阳极则发生氧化反应，不断有氧气析出。所以电解过程中，水不断因为电解而减少并且生成了气体，从而电解液的溶度不断提高。

20世纪就提出很多关于氢在阴极电解时的机理，虽然有很多争论，但它们的共同点部分有以下几方面：

第一步主要是放电步骤（Volmer 反应）　　$H_3O^+ + e^- \longrightarrow H_{ads} + H_2O$ （10-8）

第二步可能是电化学解吸步骤（Heyrovsky 反应）　　$H_{ads} + H_3O^+ + e^- \longrightarrow H_2 + H_2O$ （10-9）

或者是重组步骤（Tafel 反应）　　$H_{ads} + H_{ads} \longrightarrow H_2$ （10-10）

从反应机理等式和阴极电解原理（图 10-4）可以知道，水合氢离子吸附到催化剂的表面形成催化剂与氢原子的中间体，然后水合氢离子通过 Heyrovsky 反应和 Tafel 反应生成氢气。一般催化剂在酸性电解液的活性相对于碱性环境中活性更高，这是因为在酸性环境中 H_3O^+ 多，较容易吸附到催化剂材料表面，与催化剂结合形成氢中间体。而在碱性环境中，质子数量有限，所以要断开水分子的氢氧键，此过程较为缓慢，成为析氢过程的限速步骤。虽然在碱性环境中大部分催化材料相对酸性环境中催化活性弱，但近年来，研究人员不断研发出在碱性环境中表现出高性能的催化材料，打破催化过程的限速步骤，加速质子的供给，实现快速的水分解。所以在碱性环境中催化析氢材料有很大的研发空间。除此之外，现如今的氯碱工业废水带来很严重的污染问题，如果将此废水通过电解的工艺，不仅实现化学碱的回收，还可以制备大量的氢能源。变废为宝，一举两得，这也是研发在碱性环境中电催化析氢材料的动因。

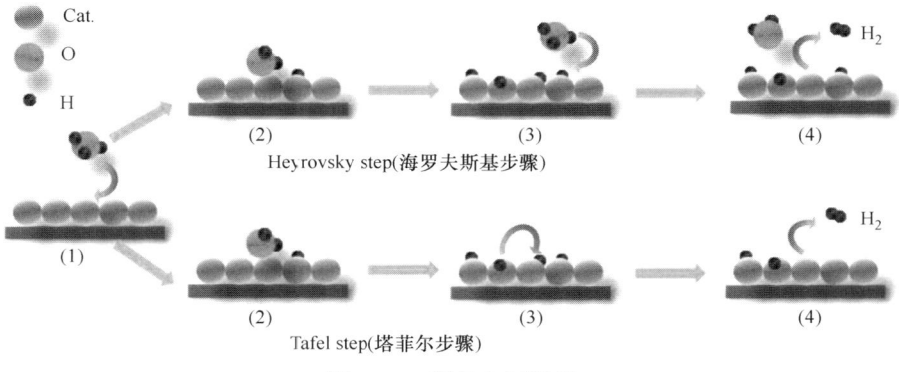

图 10-4　阴极电解原理

2. 表征析氢反应的电化学测试

（1）起始过电位。一般起始过电势越低越好，起始过电位越低说明在外加的电压很低的情况下就可以发生析氢反应。通常确定析氢过程的起始过电位有两种方法，一是极化曲线中在电流密度为 $-0.5 \sim -2\text{mA/cm}^2$ 时对应的过电位即起始过电位；另一种是在 Tafel 曲线上取两条线，一条是非法拉第区间的切线，另一条是刚转折时候的切线，两条线的交叉点即是起始过电位。

（2）双电层电容（Double layer capacitance：C_{dl}）。在非法拉第区间，通过多次循环伏安法测试得到的。由式（10-11）可知，C_{dl} 与电化学活性面积（ECSA）成正相关，此参数可以说明材料的催化活性中心情况。通常 C_{dl} 值越高，表明催化活性中心就越丰富，材料的活性就越好。式（10-11）中 C_s 为相同条件下表面平滑样品的比电容，用以校正实际表面的粗糙度影响。

$$ECSA = C_{dl}/C_s \quad (10-11)$$

（3）析氢反应的稳定性。为了证明析氢的稳定性，长时间的电位循环以及在恒定电压下的 i-t 曲线测试被进行。值得注意的是在扫速为 $100\text{mV}\cdot\text{s}^{-1}$ 持续 1000 圈测试之后，极化曲线与初次测试的极化曲线若是完全重合。长时间电化学稳定性的测试是通过计时电流法或者计时电压法，即是在一定的时间下，给定电压或者电流时，阴极电流或者压电的损失若可以忽略不计，说明析氢催化剂具有长久的稳定性。实际上，i-t 曲线的测试也反映了真实的析氢反应活性，i-t 曲线测试得到的电流密度往往小于或等于 LSV（线性伏安曲线）上得到的电流密度。

四、实验药品与器材

（1）实验药品：氢氧化钾溶液、硫酸溶液。

（2）实验器材。工作电极：热氧化处理的碳纤维；参比电极：Hg/HgO；辅助电极：石墨棒电极。

五、实验步骤

（1）热氧化处理。将碳纤维放进马弗炉中，从室温升至 400℃/500℃/600℃，在空气中，氧化 5h，得到活性碳纤维。

（2）LSV 测试。LSV 参数设置如图 10-5 所示，测试在电压范围为 $0.1 \sim -0.5\text{V}$（负方向扫），以扫速 5mV/s。

（3）CV 测试。电化学双电层电容是在 $0.2 \sim 0.4\text{V}$ 电位区间内进行不同扫速（20、40、60、80、100、120、140、160、180mV/s）分别循环 3 圈的循环伏安测试（CV），CV 参数设置如图 10-6 所示。

（4）稳定性测试。稳定性测试是通过在 $0.2 \sim 0.3\text{V}$ 电位区间内进行循环伏安测试，扫描速度为 50mV/s，循环圈数为 5000 圈，之后测 LSV 曲线，分析其变化来说明催化剂的稳定性。另外一种稳定性测试的方法为恒电位测试，分别在 10mA/cm^2 对应的电位下进行电流时间测试，测试时间为 10h，通过衡量测试时间内电压变化趋势对稳定性进行评

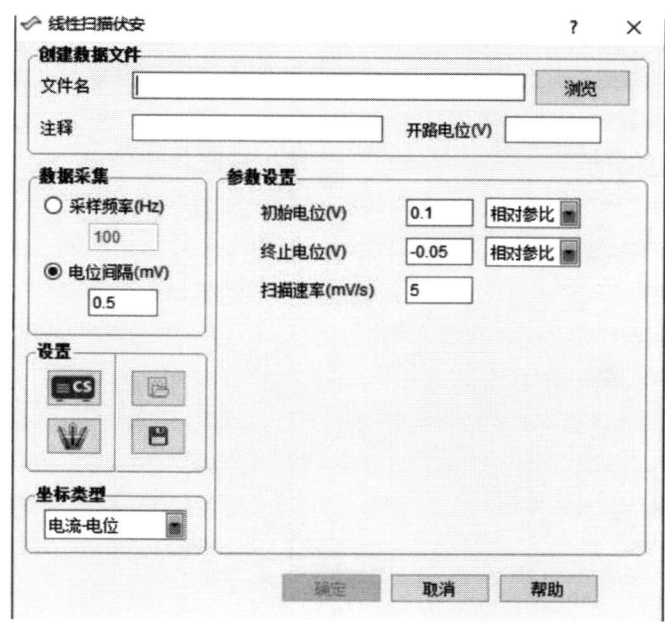

图 10-5　LSV 参数设置

图 10-6　CV 参数设置

估。参数设置如图 10-7 所示。

六、实验结果与分析

1. 过点位结果记录与分析（表 10-6）

用在电流密度为 $10mA/cm^2$ 时对应的过电位值的大小是评估碳纤维活性优劣。

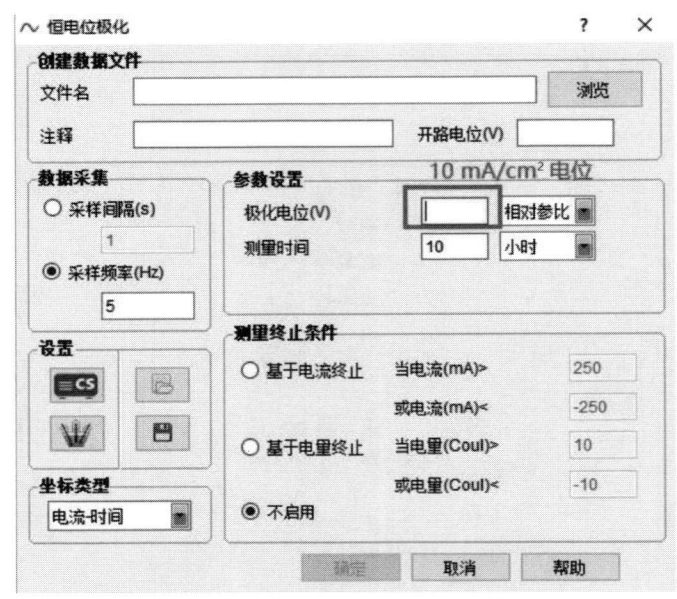

图 10-7 恒电位极化参数设置

表 10-6 样品与过电位

样品	次数				
	1	2	3	4	5
400℃					
500℃					
600℃					

2. 电化学双电层电容结果记录分析（表 10-7）

在不同扫速下的 CV 曲线中得到电化学双电层电容，并根据线性变化曲线，通常用其斜率值（C_{dl}）的结果来反映材料电化学活性面积的大小。

表 10-7 样品与电化学双电层电容

样品	次数				
	1	2	3	4	5
400℃					
500℃					
600℃					

3. 析氢稳定性结果记录与分析　碳纤维的循环稳定性通过在 -0.3~0.2 V 电位区间内循环 5000 圈，材料经循环之后测试 LSV，比较循环前后变化，基本保持一致，说明材料仍然能够保持住循环之前的催化活性，其具有优良的电化学循环稳定性。此外，材料在 10mA/cm^2 对应电位下测试的长时间稳定性，同样可以证明其具有良好的电化学稳定性。

思考题

（1）碳纤维对析氢反应的活性与电解液 pH 有什么关系？

(2) 测试不同材料的析氢反应活性时对测试环境是否有特殊要求？

(3) 热氧化温度对碳纤维的析氢活性有什么影响？

实验 74　金属玻璃的熔化模拟

一、实验意义

近年来，随着计算机技术和理论计算方法的快速发展，分子动力学模拟已成为研究复杂材料系统的重要工具。特别是在金属玻璃领域，分子动力学模拟提供了一个强有力的平台，用于研究其形成过程、结构持性和性能关系。此外，Voronoi 多面体指数分析法的应用，使得研究者能够更详细地分析在快速冷却过程中金属玻璃的微观结构变化，特别是二十面体及类二十面体团簇的形成，这对于揭示非晶态材料的本质具有重要意义。

金属玻璃因其独特的非晶态结构和优异的物理、化学性能，在材料科学和工程领域具有广泛的应用前景，如耐磨材料、精密模具等。然而，金属玻璃的形成机制和微观结构控制仍然是材料研究中的重要挑战。通过本实验的模拟，不仅可以提供金属玻璃熔化和快速冷却过程的微观视角，还有助于理解其在极端条件下的行为和稳定性。

本实验教程将帮助学生掌握分子动力学模拟的基本原理和操作，了解高性能计算在材料科学中的应用，并且通过实际操作提升学生对复杂系统的分析能力。同时，本实验的结果将有助于学生们更好地理解材料的微观结构与宏观性能之间的联系。

通过本教程的学习和实践，学生将能够紧跟材料科学的研究前沿，为将来在高科技材料研究与开发领域的工作打下坚实的基础。

二、实验目的

(1) 本实验旨在通过模拟 $Zr_{80}Ni_{20}$ 金属玻璃的熔化过程，深入理解金属玻璃的微观结构和相变机制。

(2) 通过模拟可以观察到金属玻璃在冷却过程中从液态到玻璃态的转变，及其微观结构的变化。

三、实验基本原理

分子动力学（Molecular Dynamics，MD）模拟是一种计算方法，通过数值计算牛顿运动方程来模拟粒子系统（如原子或分子）的时间演化。在 MD 模拟中，每个粒子的运动由其受到的力决定，这些力是根据粒子间的相互作用势计算得出的。MD 模拟可以提供关于材料的原子级结构和动态过程的详细信息，使其成为研究复杂系统如金属玻璃的理想工具。

在本实验中，$Zr_{80}Ni_{20}$ 合金的原子间相互作用是通过 Sheng 等拟合得到的嵌入原子模型（EAM）势能来描述的。EAM 势能函数考虑了金属原子间的多体相互作用，适合用于描述合金系统的复杂相互作用。这种势能函数不仅基于两体之间的相互作用，还包括原子嵌入能，即一个原子进入其他原子形成的电子密度场所需的能量。这使得 EAM 势能特别适用于描述合金中的原子排列和相变过程。

结构上的变化通过 Voronoi 多面体指数分析法进行定量分析。这种方法通过分析每个原子的邻近原子构成的多面体，来识别和分类局部结构单元，特别是在非晶材料中常见的二十面体和类二十面体团簇。这些团簇在金属玻璃的形成过程中起着关键作用，因为它们与材料的力学性能和热稳定性密切相关。

四、实验器材

LAMMPS（Large-scale Atomic/Molecular Massively Parallel Simulator）是一款高性能的分子动力学模拟软件。由美国能源部的 Sandia National Laboratories 最初开发，LAMMPS 广泛应用于从固体物理、材料科学到生物化学等多个领域的粒子模拟。它特别适用于模拟大规模粒子系统，因为它被设计为可以在多处理器环境下有效运行，支持并行计算。

五、实验步骤

（1）安装与配置 LAMMPS。首先，确保在实验用的计算机或服务器上安装了 LAMMPS 软件。可以从 LAMMPS 的官方网站下载最新版本，并按照提供的指导安装和配置软件环境。

（2）准备初始输入文件

① 原子模型的构建：创建一个包含 32000 个原子的立方体模拟盒子（尺寸为 72×72×72Å）。这些原子应随机分布在盒子内，代表 $Zr_{80}Ni_{20}$ 合金的液态。

② 势能函数选择：使用 Sheng 等拟合的 EAM 势文件，这需要在 LAMMPS 的输入文件中指定。

③ 初始条件设置：设定模拟的初始温度高于合金的熔点，以确保系统完全熔化成液态。

（3）模拟的运行

① 热力学弛豫：进行初步的弛豫，使系统达到热平衡。通常设定 30ps 的模拟时间，使用时间步长为 1fs。

② 冷却过程：逐渐降低系统温度，使用设定的冷却速率，直至达到远低于熔点的温度。这一步模拟金属玻璃的形成过程。

③ NPT 系综：整个冷却过程中，使用 Nose-Hoover 热力学系综控制温度和压力，确保模拟条件与实际生产中的条件相符。

（4）数据收集与分析

① 结构分析：使用 Voronoi 多面体指数分析法在整个冷却过程中监测和分析二十面体及类二十面体团簇的数量和分布。

② 输出数据：设置适当的输出命令，记录模拟过程中的原子位置、速度、体积等关键数据，为后续的分析提供足够的信息。

（5）撰写实验报告。将收集的数据和分析结果整理成报告，包括实验过程的详细描述、遇到的问题及其解决方案以及最终的科学发现。

六、实验结果与分析

如图 10-8 所示，该双体分布函数曲线呈现典型的非晶合金特征，表明基于此方法模拟的金属玻璃具有典型性与代表性。

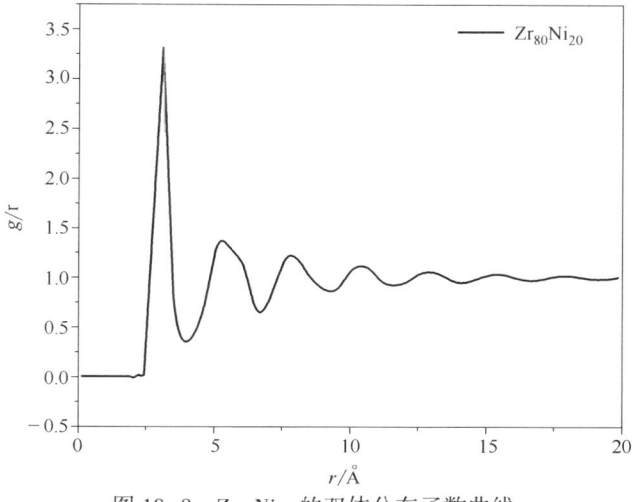

图 10-8　$Zr_{80}Ni_{20}$ 的双体分布函数曲线

如图 10-9 所示，在该金属玻璃中，较低配位数的团簇较少，而配位数为 12 的团簇最多，表明在 Ni 原子周围形成了以 12 个原子为主的稳定团簇，这是典型的密排结构的特征。从配位数的多样性来看，团簇的结构多样，表明金属玻璃的非晶结构具有一定的复杂性和无序性。尤其是配位数在 10~13 的团簇数量显著，这与金属玻璃中短程有序而长程无序的结构特征相符。

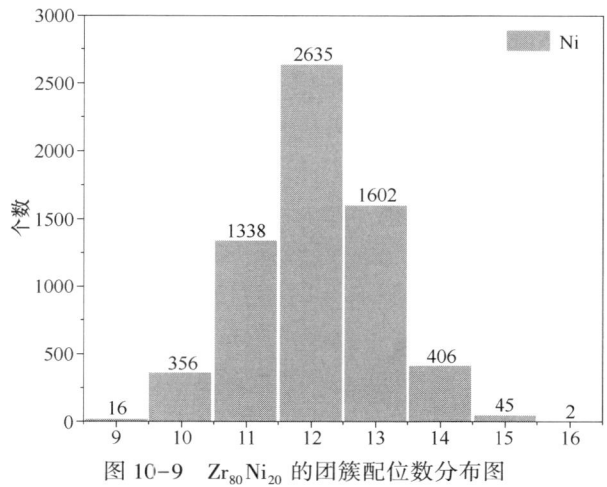

图 10-9　$Zr_{80}Ni_{20}$ 的团簇配位数分布图

思考题

（1）解释 Voronoi 多面体指数分析法在金属玻璃结构分析中的重要性。它如何帮助我们理解金属玻璃的非晶态结构？

（2）在分析过程中，如何利用 Voronoi 分析的结果预测材料的某些物理性能？例如，团簇类型和数量对金属玻璃的机械性能可能有何影响？

拓展阅读　液流电池及其电极材料

电能是目前人类能源消费的主要形式，其消费需求仍在快速增长。由于化石燃料的过度利用，世界正面临着日益严重的气候变暖和化石燃料危机。地热能、风能、太阳能等清洁可再生能源发电的使用，可以有效解决上述问题。作为最重要的可再生能源，风能和太阳能发电装机容量分别以每年 60% 和 20% 的速度增长。然而，太阳能和风能会随时间和天气波动，导致发电能力不稳定，产生的宝贵电能难以稳定、持续地应用，不利于可再生能源发电并网，导致大量弃光弃风。利用蓄电技术可以稳定输出太阳能和风能发电，相关电网也可以显著提高其使用效率、质量、灵活性和可靠性。因此，稳定、高效、经济的大规模储能技术在可再生能源利用和能源结构调整中发挥着至关重要的作用。

氧化还原液流电池（简称液流电池）是兆瓦级储能系统的最佳选择之一。澳大利亚、美国和中国均已部署了兆瓦级的示范工程。液流电池的发展始于 20 世纪 70 年代。液流电池通过正负极电解液中不同价态的离子在电极表面发生氧化还原反应，完成电能和化学能的相互转化，实现电能的储存和释放。由于液流电池的电解液以低浓度溶液的形式存在，因此液流电池的能量密度低于固体电池。因此，液流电池一般只适用于对能量密度不太敏感的应用场景，比如大规模储能电站。近几十年，液流电池中具有代表性的电解液体系发展时间轴如图 10-10（a）所示。铁铬液流电池被认为是第一个真正的液流电池，它利用低成本、丰富的铁和铬氯化物作为氧化还原活性材料，使其成为最具成本效益的储能系统之一。全钒液流电池是目前商业化应用最为广泛的电池系统。典型的液流电池系统是由储液罐、电堆和必要的控制组件构成，见图 10-10（b）。电解质、膜和电极作为关键材料对液流电池的电化学性能（能量密度、功率密度、库仑效率、电压效率、能效和耐久性）有重要影响，见图 10-10（c）。液流电池是将能量存储于可循环通过电堆的电解液中，电解液属于流动态并存于电堆外，电堆内采用阳离子或阴离子交换隔膜分隔正负极，见图 10-10（d）。因此，液流电池的一个显著优势是可以独立设计电池的功率和储能容量。电池的功率由电堆特性决定，电池的储能能力由活性物质含量决定。此外，液流电池可以完全充放电而不损坏电池，电池寿命可达 10 年以上，充放电循环次数可达 15000 次以上，储能效率可达 80% 以上。随着液流电池技术的逐步成熟，成本将成为一个关键因素。液流电池通常需要大规模、长期的运营，几乎不需要维护。附件组件（管道、泵等）、配套电解质和电堆组件对液流电池的成本影响最大。

电极为液流电池的氧化还原反应提供了一个特定的位点。电池的电化学极化、欧姆极化和浓差极化分别与氧化还原物质在电极材料表面的电化学可逆性、电极电导率以及电极形态和亲水性有关。此外，电极的机械强度和化学稳定性对液流电池的寿命也有影响。因

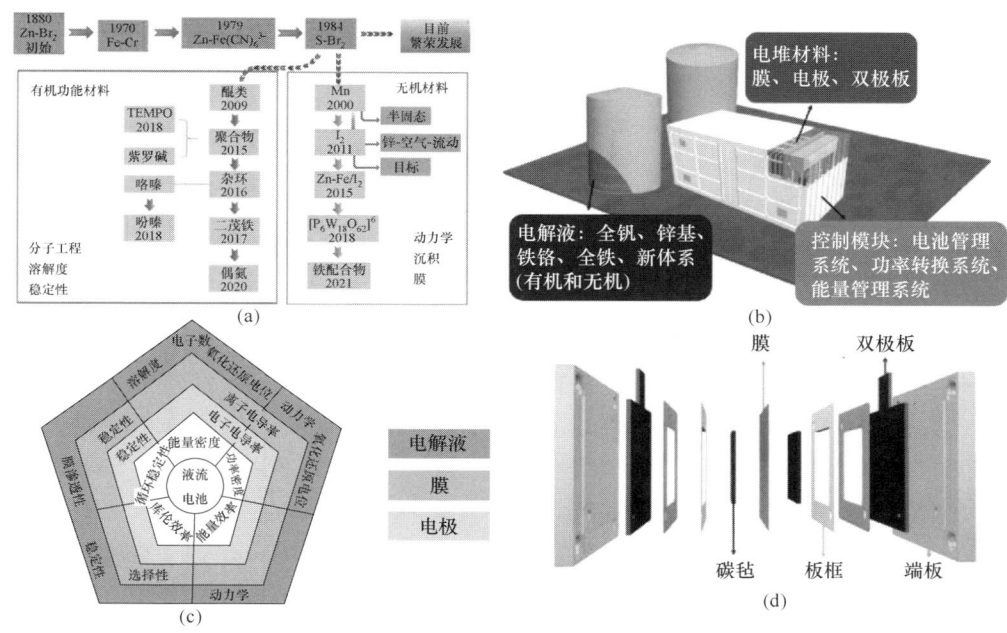

图 10-10 液流电池
(a) 液流电池的典型体系；(b) 液流电池储能电站结构示意图；
(c) 液流电池性能的影响因素；(d) 单电池电堆内部结构示意图

此，电极的选择和修饰是设计高性能液流电池的关键。目前，石墨毡（GF）、碳毡（CF）、碳纸（CP）和碳布（CC）等碳材料被广泛用作液流电池电极，如图 10-11（a）~（c）所示。目前，碳纤维电极主要来源于纤维素和丙烯腈，由此得到了粘胶基和聚丙烯腈基碳纤维电极，如图 10-11（d）和图 10-11（e）所示。在之前的研究中，聚丙烯腈基碳纤维电极被认为更适合于液流电池。早期研究发现，当碳纤维结构由无定形转变为石墨时，液流电池的库伦效率可保持在 95%，而在碳纤维中掺入硼可进一步提高电池能量效率。这是由于硼掺杂使得碳纤维电极的石墨化程度提高，导电性增强。但碳纤维电极的亲水性也有所下降。近些年，热/气处理、酸处理、新型碳材料、金属/金属氧化物掺杂等都被用于提高碳纤维电极的活性，如图 10-11（f）所示。研究者一致认为，碳纤维电极经预处理后表面形成活性官能团，有利于提高电极的反应速率和亲水性。另外，金属催化剂还必须考虑氢过电位必须较高。热处理和催化剂都有一定的局限性。热处理工艺受碳纤维本身的限制，而催化剂受电解液体系的影响更大。因此，应该从问题的根源上找到一种新的激活方法，并且该方法也应该适应大规模的应用。

金属电极最常用于半沉积型液流电池，如铁电极和低碳钢。然而，在电沉积过程中，滞后动力学、有害寄生反应和金属枝晶的产生严重限制了半沉积型液流电池的发展。近年来，还出现了浆料电极。它介于多孔电极和固体电极之间，与填充电解质的石墨毡电极类似。浆料电极由具有优异导电性的固体颗粒组成，悬浮在电解质中。这种类型的电极包含了电子相和离子相。浆液电极的优点是电极面积与膜面积无关，并随着浆液量的增加而增大。制造简单，可以通过过滤回收。

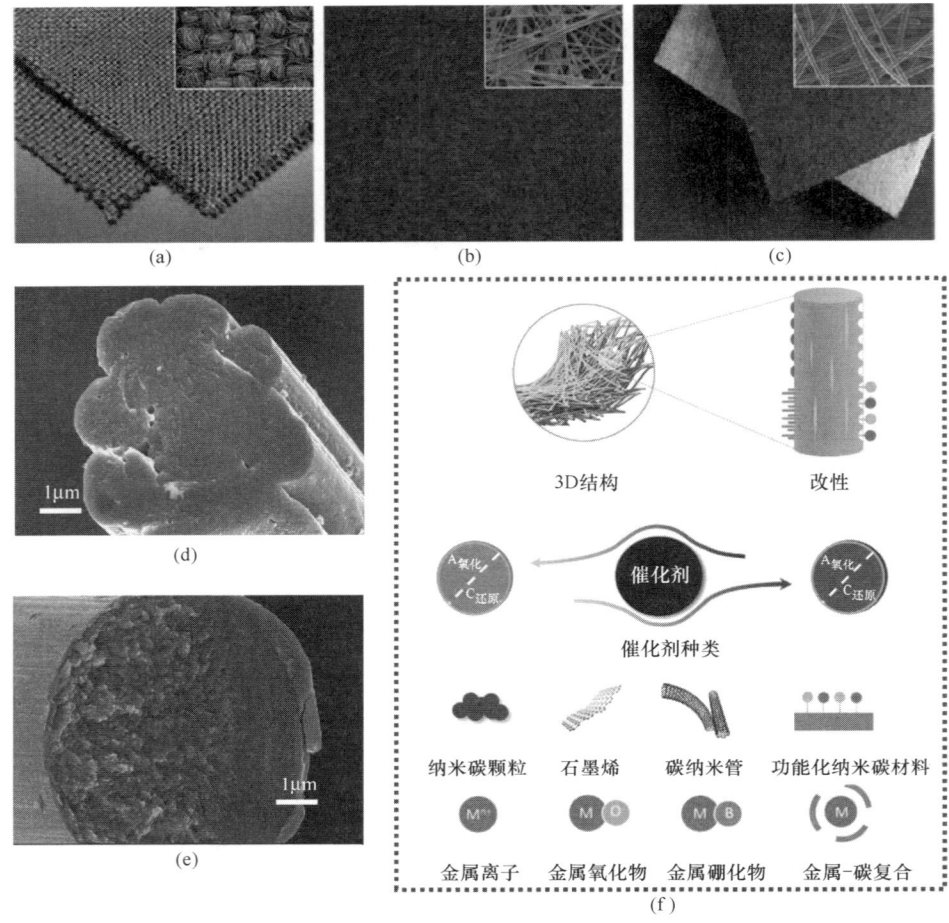

图 10-11 典型碳纤维电极实物图

(a) 碳布；(b) 碳纸；(c) 碳毡/石墨毡；(d) 黏胶基碳纤维；
(e) 聚丙烯腈基碳纤维；(f) 电极活性方法示意图

参 考 文 献

[1] 蒋亚东. 敏感材料与传感器 [M]. 北京：科学出版社, 2016.

[2] SINGH E, MEYYAPPAN M, NALWA H S, et al. Flexible graphene-based wearable gas and chemical Sensors [J]. ACS Applied Materials & Inferfaces, 2017, 9 (40): 34544-34586.

[3] KIM I, KIM W S, KIM K, et al. Holographic metasurface gas sensors for instantaneous visual alarms [J]. Science Advances, 2021, 7 (15): eabe9943.

[4] YANG S X, JIANG C B, WEI S H, et al. Gas sensing in 2D materials [J]. Applied Physics Reviews, 2017, 4 (2): 021304.

[5] LI Q T, ZENG W, LI Y Q, et al. Metal oxide gas sensors for detecting NO_2 in industrial exhaust gas: Recent developments [J]. Sensors and Actuators B-Chemical, 2022, 359: 131579.

[6] DEY A. Semiconductor metal oxide gas sensors: A review [J]. Materials Science and Engineering B-Advanced Functional Solid-State Materials, 2018, 229: 206-217.

［7］ GAO X, ZHANG T. An overview: Facet-dependent metal oxide semiconductor gas sensors ［J］. Sensors and Actuators B-Chemical, 2018, 277: 604-633.

［8］ DAS S, Jayaraman V. SnO_2: A comprehensive review on structures and gas sensors ［J］. Progress in Materials Science, 2014, 66: 112-255.

［9］ 赵勇, 王琦. 传感器敏感材料及器件 ［M］. 北京: 机械工业出版社, 2012.

［10］ WANG Q, YAO Z W, ZHANG C C, et al. A Selective-response hypersensitive bio-inspired strain sensor enabled by hysteresis effect and parallel through-slits structures ［J］. Nano-Micro Letters, 2024, 1 (16): 26.

［11］ ZHANG Z Y, Li Z H, Zhang MX, et al. Resistance-type strain sensor based on carbon nanofiber/polypyrrole composite membrane with high sensitivity ［J］. Polymer Composites, 2024, on line.

［12］ WANG H J, WANG J F, LI W T, et al. A double cross-linked network structure hydrogel with CNF-C: Synergistically enhanced mechanical properties and sensitivity of flexible strain sensors ［J］. Ceramics International, 2023, 49 (22): 35939-35947.

［13］ MNYIPIKA S H, FAKAYODE O J, Ntsendwana B, et al. Enhanced stability and efficiency of Pd electrocatalysts towards electrooxidation of ethanol using CNT-CNF supporting materials ［J］. Bulletin of Materials Science, 2023, 46 (3): 184.

［14］ BI P, ZHANG M C, LI S, et al. Ultra-sensitive and wide applicable strain sensor enabled by carbon nanofibers with dual alignment for human machine interfaces ［J］. Nano Research, 2023, 16 (3): 4093-4099.

［15］ MBARKI F, SELMI T, KESRAOUI A, et al. Hydrothermal pre-treatment, an efficient tool to improve activated carbon performances ［J］. Industrial Crops and Products, 2019, 140: 111717.

［16］ XIE J, ZHAO X, WU M, et al. Metal-free fluorine-doped carbon electrocatalyst for CO_2 reduction outcompeting hydrogen evolution ［J］. Angewandte Chemie, 2018, 31 (130): 9788-9792.

［17］ ZHANG X, ZHU G, WANG M, et al. Covalent-organic-frameworks derived N-doped porous carbon materials as anode for superior long-life cycling lithium and sodiumion batteries ［J］. Carbon, 2017, 116: 686-694.

［18］ HAN J, ZHANG L L, LEE S, et al. Generation of B-doped graphene nanoplatelets using a solution process and their supercapacitor applications ［J］. ACS Nano, 2013, 1 (7): 19-26.

［19］ 杨保平, 钟小华, 张晓亮, 等. 锑掺杂量对ATO纳米颗粒结构及其导电性能的影响 ［J］. 功能材料, 2011, 42 (11): 1993-1997.

［20］ 纪永成, 贺媛, 马健, 等. 基于柠檬酸钠掺杂SnO_2的钙钛矿太阳能电池 ［J］. 吉林大学学报(信息科学版), 2023, 41 (5): 832-839.

［21］ 赵航, 程泽通, 吕宽心, 等. 水解氧化-溶胶-凝胶法提高钙钛矿太阳能电池中SnO_2电子传输层性能 ［J］. 复合材料学报, 2024, 41 (10): 5450-5451.

［22］ 张文豪, 李彦良, 高彦杰, 等. 纳米锑掺杂二氧化锡（ATO）水凝胶的水热法制备以及ATO导电薄膜的透明和隔热性能 ［J］. 化学研究, 2018, 29 (1): 22-25.

［23］ 徐长伟, 孙沈涵, 张忠伦, 等. 硅酸钠为前驱体的SiO_2气凝胶制备及性能研究 ［J］. 复合材料科学与工程, 2024, 11: 14-21.

［24］ 张鉴清. 电化学测试技术 ［M］. 北京: 化学工业出版社, 2010.

［25］ 邱萍, 董玉华, 张瑛. 材料电化学基础 ［M］. 北京: 化学工业出版社, 2021.

［26］ 胡会利, 李宁. 电化学测量 ［M］. 北京: 化学工业出版社, 2020.

[27] 魏子栋. 电化学催化 [M]. 北京：化学工业出版社, 2023.

[28] KURZWEIL P. 燃料电池技术：基础、材料、应用、制氢 [M]. 北京：北京理工大学出版社, 2019.

[29] 赵鑫, 胡锋, 可丹丹. 制氢与储氢材料及其应用研究 [M]. 秦皇岛：燕山大学出版社, 2021.

[30] ZHAO X G, WANG J Y, LIU X M, et al. China's wind, biomass and solar power generation: What the situation tells us? [J]. Renewable and Sustainable Energy Reviews, 2012, 16 (8): 6173-6182.

[31] KIM K J, PARK M S, KIM Y J, et al. A technology review of electrodes and reaction mechanisms in vanadium redox flow batteries [J]. Journal of Materials Chemistry A, 2015, 3: 16913-16933.

[32] SKYLLAS-KAZACOS M, Vanadium/polyhalide redox flow battery: US 7320844 B2 [P], 2002-09-13.

[33] VISWANATHAN V, CRAWFORD A, STEPHENSON D, et al. Cost and performance model for redox flow batteries [J]. Journal of Power Sources, 2014, 247: 1040-1051.

[34] WANG W, LUO Q, LI B, et al. Recent progress in redox flow battery research and development [J]. Advanced Functional Materials, 2012, 23 (8): 970-986.

[35] YUAN Z, DUAN Y, ZHANG H, et al. Advanced porous membranes with ultra-high selectivity and stability for vanadium flow batteries [J]. Energy & Environmental Science, 2016, 9 (2): 441-447.

[36] ZHOU X L, ZHAO T S, AN L, et al. Critical transport issues for improving the performance of aqueous redox flow batteries [J]. Journal of Power Sources, 2017, 339: 1-12.

[37] SONG Y, LI X, YAN C, et al. Unraveling the viscosity impact on volumetric transfer in redox flow batteries [J]. Journal of Power Sources, 2020, 456: 228004.

[38] 张欢. Fe/Cr 液流电池中碳毡电极的碳化、活化及极化行为研究 [D]. 大连：大连理工大学, 2019.

[39] ZHU F L, GUO W, FU Y Z. Functional materials for aqueous redox flow batteries: merits and applications [J]. Chemical Society Reviews, 2023, 52: 8410-8446.

[40] SUN C Y, ZHANG H. Review of the development of first-generation redox flow batteries: iron-chromium system [J]. ChemSusChem, 2022, 15: e202101798.

[41] ZHAO Z M, LIU X H, ZHANG M Q, et al. Development of flow battery technologies using the principles of sustainable chemistry [J]. Chemical Society Reviews, 2023, 52: 6031-6074.

[42] GUO D, JIANG F, ZHANG Z. Research progresses in iron-based redox flow batteries [J]. Energy Storage Science and Technology, 2020, 9: 1668-1677.

[43] ZHANG H, TAN Y, LI J, et al. Studies on properties of rayon-and polyacrylonitrile-based graphite felt electrodes affecting Fe/Cr redox flow battery performance [J]. Electrochimica Acta, 2017, 248: 603-613.

[44] DE LEON C P, FRÍAS-FERRER A, GONZÁLEZ-GARCÍA J, et al. Redox flow cells for energy conversion [J]. Journal of Power Sources, 2006, 160 (1): 716-732.

第十一章　实验报告的撰写方法

第一节　实验报告的基本内容和要求

实验教学是高校教学工作的重要组成部分，专业实验又是工科大学教学中的一个必要环节，它是学生巩固所学理论知识、接受工程师素质训练、培养学生创新能力的重要途径，作为理论联系实际的重要环节，专业实验教学对于培养学生动手能力、分析问题和解决问题能力以及工程意识和创新思维具有非常重要的作用。无机非金属材料工程专业实验教学的作用在于促使学生巩固无机非金属材料工程基础理论知识，掌握无机非金属材料工程领域内实验研究的基本技能，培养学生运用无机非金属材料科学与工程的基础理论和科学方法研究开发高性能新材料、改善和提高传统材料的性能以及解决复杂工程问题能力。因此充分发挥专业实验教学的作用对于培养无机非金属材料工程专业高素质应用型人才尤为重要。

撰写实验报告是对学生进行实践能力培养和训练的重要环节，所有的专业实验都有一定的目的和意义。学生在做实验时既需要动手操作，又需要仔细观察实验现象；实验操作完成后，还应对实验数据进行处理，对实验结果进行分析和讨论，即需要对实验进行总结，把实验现象和结果提高到理性认识，并得出结论，从而加深对课程基础理论知识的理解。并且，通过实验教学，能够培养学生的实践动手能力、科学研究能力、分析问题和解决问题能力以及表达能力和团队合作意识。

一个完整的实验报告应当包括如下内容。

1. 实验报告封面信息

实验报告封面应当包含实验类型、实验名称、实验题目、学生信息（包括学院、班级、学号）、指导教师姓名、同组学生姓名以及实验地点、实验时间等信息。其中，实验类型包括验证性实验、综合性实验、设计性实验和开放创新性实验等，实验名称应准确填写实验对应的课程名称，实验题目应明确表达出实验的主要内容。

2. 实验意义及目的

（1）实验意义：指该实验在科研或生产中的意义与作用，亦可称为实验背景，实验意义应简练。

（2）实验目的：是对实验目标的进一步说明，即阐述实施和完成该实验应该达到的预期目标。

3. 实验原理

实验原理是实验内容的理论依据或实验设计的指导思想。实验原理与实验内容对应的课程基础理论知识密切相关，实验原理包含两方面内容：一是实验内容本身涉及的基础理论和原理，这是能够进行实验的基础；二是实验装置或仪器能够保证实验正常进行和实验完成的原理。一般来说，实验讲义中会对实验原理有详细的介绍，对于创新研究性实验来说，实验原理的介绍可能会简略一些，但不管是哪种实验，学生在实验报告中均应对实验原理进行必要的总结和撰写。需要注意的是，实验报告中实验原理的撰写不能照抄实验讲义上的原理，而是应该在阅读和理解实验讲义中实验原理的基础上，进行必要的总结或补充，使其在有限的字数内能够将该实验的主要原理和理论依据讲述清楚。

4. 实验药品与器材

实验药品与器材包括实验所需的药品、原材料、工具和主要的设备、装置等。

5. 实验步骤

实验步骤为实验的操作顺序，一般包括药品称量、试样准备、仪器调试、测试操作等部分，实验过程中涉及的各项数据参数，应详细记录，例如材料制备实验应包括原料配比、混料时间、干燥温度和时间、烧结温度和时间等。要求用文字表达简练且清晰，必要情况下学生可以拍照片，在实验报告中以流程图形式或简图、表格等形式说明，避免照抄实验讲义上的实验步骤。

6. 实验结果与分析

对于不同的实验内容，实验结果一般包括实验现象和测试得到的原始数据，有的实验也可能没有数据，而只有实验现象。如果实验结果包含原始数据，应首先对原始数据进行整理和处理，可以自己做成表格，或按照实验讲义中的表格形式列表，将数据处理后填写在表格中，还可以将数据画成柱状图或曲线图的形式。如果实验结果只有实验现象，则需要用文字准确描述实验现象和结果，当实验过程中包含不同工艺参数条件时，可以列表总结不同工艺参数条件下的实验数据或实验现象和实验结果。在对实验数据进行处理和实验现象准确描述的基础上，结合实验原理及相关基础理论，分析实验结果可能产生的原因和机理，讨论实验结果与理论预测的差异及可能的原因。

7. 实验结论

实验报告中应当明确写出实验结论，实验结论应当非常简练。验证性实验，需要写出实验结果与理论推断结果是否相符；综合设计性实验，需要写出设计变量和各个工艺步骤之间的相互关系。

8. 思考题

思考题是在实验完成的基础上进一步对实验讲义中提出的一些问题的回答，也可以学生自己提出问题并给予解答。思考题对于学生深入理解实验结果背后的原理以及开拓学生视野具有重要作用，因此，思考题的回答应当深入，并尽量结合相关知识理论去回答。

9. 心得体会

实验心得体会的撰写能够帮助学生进一步回忆和总结一下本次实验课的收获、经验和教训，同时也有助于老师发现实验中存在的问题，从而不断改进和完善实验条件，提高对实验教学的指导能力。

第二节　创新研究性实验报告的内容与要求

能源、汽车、制造、建筑、航空航天和医疗技术的发展，推动了新材料的需求和发展。面对当前各个行业对新材料的需求，无机非金属材料工程专业担负着材料学科领域创新应用型人才培养的重要使命。企业需求更多的是基础理论扎实、工程实践能力强和具有创新精神的应用型人才。因此，创新研究性实验教学是专业实验教学中不可或缺的重要组成部分，通过创新研究性实验教学，可以培养学生的创新思维和科研能力，促进学生了解材料学科最新发展与新材料研究开发的方法，拓展实验操作与分析问题、解决问题能力的训练。创新研究性实验是一个基于需求导向的、以教师科研项目驱动的研究与实践相结合的探索性实验，且具有研究性特点。因此，创新研究性实验报告的撰写格式可以借鉴于科技论文的撰写格式或在普通实验报告格式的基础上，更加注重实验结果与讨论等内容的撰写，多数情况下要求以科技论文的形式呈现。

创新研究性实验报告的内容包括以下几个方面。

1. 实验题目

实验题目应能体现出主要的研究内容，并且明晰简练。

2. 实验报告封面信息

创新研究性实验报告封面应当包含创新研究性实验字眼、实验题目、学生信息（包括学院、班级、学号）、指导老师姓名、同组学生姓名以及实验地点、实验时间等信息，其中，实验题目应明确表达出实验的主要内容，并且实验题目应该明晰简练。

3. 摘要

摘要是创新研究性实验报告的缩影，文字应简练、明晰。内容包括主要研究目的、采用的主要方法、主要实验结果以及结论等。摘要正文段落首行缩进两字符，字数为200~300字较为恰当。

4. 研究意义（引言）

研究意义相当于科技论文中的引言，主要叙述研究背景和价值意义，同时对一些主要的参考文献进行总结，注意应有参考文献引用标注，并在创新研究性报告的最后附上引用的参考文献清单。

5. 实验过程

实验过程主要是对材料制备方法和过程以及主要测试表征方法进行叙述，材料制备的一些工艺参数可以列出，主要测试表征方法应该表达出采用的仪器名称、型号和主要的测试条件。

6. 实验结果与分析

实验结果与分析是指对所进行的实验和一些测试的结果进行评述，并给予合理的分析与探讨。科技论文中实验结果主要包括不同的测试表征手段得到的实验结果，主要以数据和图表形式体现。由于创新研究性实验与本科毕业论文或研究生论文所涉及的研究课题还有所区别,测试表征手段可能不会太充分,因此,学生在撰写实验结果与分析时,除了对测试得到的实验数据进行处理、总结和分析外,还应注意对实验过程中得到的实验现象进行总结,并给予适当的分析和讨论。

7. 结论

结论是指对创新研究性实验结果和理论分析的总结,是在实验结果与分析的基础上,经过归纳总结得到的总的结论和见解。

8. 参考文献

参考文献是指在实验预习、实验过程中和研究性实验报告撰写过程中,阅读过的发表在正式出版物上的文献,包括图书、学位论文、期刊论文等,参考文献著录格式应该符合标准规范要求,具体可以参照《大连工业大学学报》中对参考文献著录格式的要求。

参 考 文 献

［1］ 伍洪标,谢峻林,冯小平. 无机非金属材料实验［M］. 北京:化学工业出版社,2010.
［2］ 蔡瑛. 土木工程专业综合性创新实验教学体系的构建［J］. 实验室科学,2017,20(5):175-178.

附 录

附录1 主要溶剂的沸点

溶剂名称	沸点(101.3kPa)/℃	溶剂名称	沸点(101.3kPa)/℃
液氨	−33.35	乙酸	118.1
液态二氧化硫	−10.08	乙二醇一甲醚	124.6
甲胺	−6.3	辛烷	125.67
二甲胺	7.4	乙酸丁酯	126.11
石油醚	35~80	吗啉	128.94
乙醚	34.6	氯苯	131.69
戊烷	36.1	乙二醇一乙醚	135.6
二氯甲烷	39.75	对二甲苯	138.35
二硫化碳	46.23	二甲苯	138.5~141.5
溶剂石脑油	30~150	间二甲苯	139.10
丙酮	56.12	乙(酸)酐	140.0
1,1-二氯乙烷	57.28	邻二甲苯	144.41
氯仿	61.15	N,N-二甲基甲酰胺	153.0
甲醇	64.51	环己酮	155.65
四氢呋喃	66	环己醇	161
己烷	68.7	N,N-二甲基乙酰胺	166.1
三氟代乙酸	71.78	糠醛	161.8
1,1,1-三氯乙烷	74.0	N-甲基甲酰胺	180~185
四氯化碳	76.75	苯酚	181.2
乙酸乙酯	77.112	1,2-丙二醇	187.3
乙醇	78.3	二甲亚砜	189.0
丁酮	79.64	邻甲酚	190.95
苯	80.10	N,N-二甲基苯胺	193
环己烷	80.72	乙二醇	197.85
乙腈	81.60	对甲酚	201.88
异丙醇	82.40	N-甲基吡咯烷酮	202
1,2-二氯乙烷	83.48	间甲酚	202.7
乙二醇二甲醚	85.2	苄醇	205.45
三氯乙烯	87.19	甲酚	210
丙腈	97.35	甲酰胺	210.5
庚烷	98.4	硝基苯	210.9
水	100	乙酰胺	221.15
硝基甲烷	100.2	六甲基磷酸三酰胺	233
二噁烷	101.32	喹啉	237.10
甲苯	110.63	乙二醇碳酸酯	238
硝基乙烷	114.0	二甘醇	244.8
吡啶	115.3	丁二腈	267
4-甲基-2-戊酮	115.9	环丁砜	287.3
乙二胺	117.26	甘油	290.0
丁醇	117.7		

附录 2　　　　　　　　　　　　　主要溶剂的介电常数

溶剂名称	介电常数(测定温度)	溶剂名称	介电常数(测定温度)
戊烷	1.844(20℃)	辛烷	1.948(25℃)
己烷	1.890(20℃)	环己烷	2.052(20℃)
庚烷	1.924(25℃)	二𫫇烷	2.209(25℃)
四氯化碳	2.238(20℃)	乙二醇一甲醚	16.93(25℃)
甲苯	2.24(20℃)	丁醇	17.1(25℃)
邻二甲苯	2.266(20℃)	液态二氧化硫	17.4(-19℃)
对二甲苯	2.270(20℃)	环己酮	18.3(20℃)
苯	2.283(20℃)	异丙醇	18.3(25℃)
间二甲苯	2.374(20℃)	丁酮	18.51(20℃)
二硫化碳	2.641(20℃)	乙(酸)酐	20.7(19℃)
苯酚	2.94(20℃)	丙酮	20.70(25℃)
三氯乙烯	3.409(20℃)	液氨	22(-34℃)
乙醚	4.197(26.9℃)	乙醇	23.8(25℃)
氯仿	4.9(20℃)	硝基乙烷	28.06(30℃)
乙酸丁酯	5.01(19℃)	六甲基磷酸三酰胺	29.6(20℃)
N,N-二甲基苯胺	5.1(20℃)	乙二醇一乙醚	29.6(24℃)
二甲胺	5.26(25℃)	丙腈	29.7(20℃)
乙二醇二甲醚	5.50(25℃)	二甘醇	31.69(20℃)
氯苯	5.649(20℃)	1,2-丙二醇	32.0(20℃)
乙酸乙酯	6.02(20℃)	N-甲基吡咯烷酮	32.0(25℃)
乙酸	6.15(20℃)	甲醇	33.1(25℃)
吗啉	7.42(25℃)	硝基苯	34.82(25℃)
1,1,1-三氯乙烷	7.53(20℃)	硝基甲烷	35.87(30℃)
四氢呋喃	7.58(25℃)	N,N-二甲基甲酰胺	36.71(25℃)
三氟代乙酸	8.55(20℃)	乙腈	37.5(20℃)
喹啉	8.704(25℃)	N,N-二甲基乙酰胺	37.78(25℃)
二氯甲烷	9.1(20℃)	糠醛	38(25℃)
对甲酚	9.91(58℃)	乙二醇	38.66(20℃)
1,2-氯乙烷	10.45(20℃)	甘油	42.5(25℃)
1,1-二氯乙烷	10.9(20℃)	环丁砜	43.3(30℃)
甲胺	11.41(-10℃)	二甲亚砜	48.9(20℃)
邻甲酚	11.5(25℃)	丁二腈	56.6(57.4℃)
间甲酚	11.8(25℃)	乙酰胺	59(83℃)
吡啶	12.3(25℃)	水	80.103(20℃)
乙二胺	12.9(25℃)	乙二醇碳酸酯	89.6(40℃)
苄醇	13.1(25℃)	甲酰胺	111.0(20℃)
4-甲基-2-戊酮	13.11(20℃)	N-甲基甲酰胺	182.4(25℃)
环己醇	15.0(25℃)		

附录 3　　25℃下具有相同折射率和相同密度的溶剂

溶剂 1	溶剂 2	折射率		密度/(g/mL)	
		1	2	1	2
1-氨基-2-甲基-2-戊醇	2-丁基环己酮	1.449	1.453	0.904	0.901
苯乙醚	吡啶	1.505	1.507	0.961	0.978
丙苯	对二甲苯	1.490	1.493	0.858	0.857
丙苯	甲苯	1.490	1.494	0.858	0.860
1-丙醇	2-戊酮	1.383	1.387	0.806	0.804
1,3-丙二醇	马来酸二乙酯	1.438	1.438	1.049	1.064
丙二酸二乙酯	氰乙酸乙酯	1.412	1.415	1.051	1.056
2-丙基环己酮	4-甲基环己醇	1.452	1.454	0.923	0.908
丙酮	乙醇	1.357	1.359	0.788	0.786
丙烯酸乙酯	1-氯丙烷	1.382	1.386	0.888	0.890
丁胺	十二烷	1.399	1.400	0.736	0.746
2-丁醇	2,4-二甲基-3-戊酮	1.395	1.399	0.803	0.805
1-丁醇	3-甲基-2-戊酮	1.397	1.398	0.812	0.808
N-丁基二乙醇胺	环己醇	1.461	1.465	0.965	0.968
丁腈	2-甲基-2-丙醇	1.382	1.385	0.786	0.781
丁内酯	1,3-丙二醇	1.434	1.438	1.051	1.049
丁内酯	马来酸二乙酯	1.434	1.438	1.051	1.064
丁醛	丁腈	1.378	1.382	0.799	0.786
丁酸	2-甲氧基乙醇	1.396	1.400	0.955	0.960
丁酸甲酯	2-氯丁烷	1.392	1.395	0.875	0.868
丁酸异丁酯	1-氯丁烷	1.399	1.401	0.860	0.875
3-丁酮	丁醛	1.377	1.378	0.801	0.799
二丙胺	环戊烷	1.403	1.404	0.736	0.740
二丙二醇单乙醚	四氢呋喃甲醇	1.446	1.450	1.043	1.050
二丁胺	烯丙胺	1.416	1.419	0.756	0.758
2,2-二甲基丁烷	2-甲基戊烷	1.366	1.369	0.644	0.649
2,4-二甲基二噁烷	3-氯戊烯	1.412	1.413	0.935	0.932
2,4-二甲基二噁烷	己酸	1.412	1.415	0.935	0.923
二戊醚	2-辛酮	1.410	1.414	0.799	0.814
二乙二醇	二缩三乙二醇	1.445	1.447	1.128	1.134
二乙二醇	甲酰胺	1.445	1.446	1.128	1.129
二异丙醚	乙基丁基醚	1.379	1.380	0.753	0.746
2-呋喃甲醇	噻吩	1.524	1.526	1.057	1.059
4-庚酮	1-戊醇	1.405	1.408	0.813	0.810
2-庚酮	1-戊醇	1.406	1.408	0.811	0.810
2-庚酮	2-甲基-1-丁醇	1.406	1.409	0.811	0.815
2-庚酮	二戊醚	1.406	1.410	0.811	0.799
1-己醇	辛腈	1.416	1.418	0.814	0.810
己腈	1-戊醇	1.405	1.408	0.801	0.810
己腈	2-甲基-1-丁醇	1.405	1.409	0.801	0.815

续表

溶剂1	溶剂2	折射率		密度/(g/mL)	
		1	2	1	2
己腈	4-庚酮	1.405	1.405	0.801	0.813
2-己酮	1-丁醇	1.395	1.397	0.810	0.812
2-甲基-1-丙醇	2-己酮	1.394	1.395	0.798	0.810
2-甲基-1-丙醇	戊腈	1.394	1.395	0.798	0.795
3-甲基-1-丁醇	4-庚酮	1.404	1.405	0.805	0.813
2-甲基-1-丁醇	二戊醚	1.409	1.410	0.815	0.799
3-甲基-1-丁醇	己腈	1.404	1.405	0.805	0.801
3-甲基-2-庚酮	1-己醇	1.415	1.416	0.818	0.814
3-甲基-2-庚酮	辛腈	1.415	1.418	0.818	0.810
4-甲基-2-戊酮	1-丁醇	1.394	1.397	0.797	0.812
4-甲基-2-戊酮	戊腈	1.394	1.395	0.797	0.795
甲基丙烯酸甲酯	3-甲基-2-戊酮	1.398	1.398	0.795	0.808
2-甲基吗啉	1-氨基-2-丙醇	1.446	1.448	0.951	0.961
N-甲基吗啉	癸二酸二丁酯	1.436	1.440	0.924	0.932
2-甲基吗啉	环己酮	1.446	1.448	0.951	0.943
2-甲基戊烷	己烷	1.369	1.372	0.649	0.655
甲酸丁酯	丁酸甲酯	1.387	1.391	0.888	0.875
甲酸乙酯	乙酸甲酯	1.358	1.360	0.916	0.935
甲酸异丁酯	1-氯丙烷	1.383	1.386	0.881	0.890
甲酰胺	二缩三乙二醇	1.446	1.447	1.129	1.134
间甲酚	苯甲醛	1.542	1.544	1.037	1.041
1-氯-2-甲基丙烷	丁酸异丁酯	1.397	1.399	0.872	0.860
1-氯-2-甲基丙烷	乙酸戊酯	1.397	1.400	0.872	0.871
1-氯丙烷	甲酸丁酯	1.386	1.387	0.890	0.888
2-氯丁烷	丁酸异丁酯	1.395	1.399	0.868	0.860
1-氯丁烷	四氢呋喃	1.401	1.404	0.871	0.885
1-氯癸烷	氧化铼	1.441	1.442	0.862	0.850
2-氯甲基-2-丙醇	马来酸二乙酯	1.436	1.438	1.059	1.064
3-氯戊烯	辛酸	1.413	1.415	0.932	0.923
D-α-蒎烯	反十氢萘	1.464	1.468	0.855	0.867
三乙胺	2,2,3-三甲基戊烷	1.399	1.401	0.723	0.712
十二烷	二丙胺	1.400	1.400	0.746	0.736
水杨酸甲酯	1-丁硫醇	1.438	1.442	0.836	0.837
水杨酸甲酯	二乙基硫醚	1.438	1.442	0.836	0.831
四氯化碳	4,5-二氯-1,3-二氧戊环-2-酮	1.459	1.461	1.584	1.591
2-戊醇	3-异丙基-2-戊酮	1.407	1.409	0.804	0.808
2-戊醇	4-庚酮	1.404	1.405	0.804	0.813
1-戊醇	二戊醚	1.408	1.410	0.810	0.799
戊腈	2,4-二甲基-3-戊酮	1.395	1.399	0.795	0.805
烯丙胺	甲基环己烷	1.419	1.421	0.758	0.765

续表

溶剂1	溶剂2	折射率		密度/(g/mL)	
		1	2	1	2
1-硝基丙烷	丙酸酐	1.399	1.400	0.995	1.007
2-辛酮	1-己醇	1.414	1.416	0.814	0.814
3-辛酮	3-甲基-2-戊酮	1.414	1.416	0.830	0.818
2-辛酮	辛腈	1.414	1.418	0.814	0.810
乙醇	丙腈	1.359	1.363	0.786	0.777
乙酸丙酯	1-氯丙烷	1.382	1.386	0.883	0.890
乙酸丙酯	丙酸乙酯	1.382	1.382	0.883	0.888
乙酸丁酯	2-氯丁烷	1.392	1.395	0.877	0.868
乙酸戊酯	1-氯丁烷	1.400	1.400	0.871	0.881
乙酸戊酯	四氢呋喃	1.400	1.404	0.871	0.885
乙酸异丙酯	2-氯丙烷	1.375	1.376	0.868	0.865
2-乙氧基乙醇	戊酸	1.405	1.406	0.926	0.936
异戊酸	2-甲氧基乙醇	1.402	1.405	0.923	0.926
异戊酸异戊酯	烯丙醇	1.410	1.411	0.853	0.847

附录4　　　　　国际单位制单位

单位类别	物理量单位	单位名称	单位符号		SI 单位表示式
			中文	国际	
基本单位	长度	米	米	m	
	质量	千克(公斤)	千克(公斤)	kg	
	时间	秒	秒	s	
	电流	安[培]	安	A	
	热力学温标	开[尔文]	开	K	
	物质的量	摩[尔]	摩	mol	
	光强度	坎[德拉]	坎	cd	
辅助单位	平面角	弧度	弧度	rad	
	立体角	球面度	球面度	sr	
导出单位	面积	平方米	米^2	m^2	
	比面积	平方米每千克	米^2·千克$^{-1}$	m^2·kg^{-1}	
	体积	立方米	米^3	m^3	
	比体积	立方米每千克	米^3·千克$^{-1}$	m^3·kg^{-1}	
	速度	米每秒	米·秒$^{-1}$	m·s^{-1}	
	加速度	米每秒平方	米·秒$^{-2}$	m·s^{-2}	
	密度	千克每立方米	千克·米$^{-3}$	kg·m^{-3}	
	频率	赫[兹]	赫	Hz	s^{-1}
	力	牛[顿]	牛	N	m·kg·s^{-2}
	力矩	牛[顿]米	牛·米	N·m	m^{-1}·kg·s^{-1}
	压力、压强、应力	帕[斯卡]	帕	Pa	N/m^2
	功、能[量]、热量	焦[耳]	焦	J	N·m
	功率、辐射通量	瓦[特]	瓦	W	J/s

续表

单位类别	物理量单位	单位名称	单位符号 中文	单位符号 国际	SI 单位表示式
导出单位	电量、电荷	库[仑]	库	C	A·s
	电位、电压、电动势	伏[特]	伏	V	W/A
	电容	法[拉]	法	F	C/V
	电阻	欧[姆]	欧	Ω	V/A
	电导	西[门子]	西	S	A/V
	电感	亨[利]	亨	H	Wb/A
	电场强度	伏[特]每米	伏·米$^{-1}$	V·m^{-1}	
	电容率(介电常数)	法[拉]每米	法·米$^{-1}$	F·m^{-1}	
	磁通[量]	韦[伯]	韦	Wb	V·s
	磁感应强度	特[斯拉]	特	T	Wb·m^{-2}
	磁场强度	安[培]每米	安·米$^{-1}$	A·m^{-1}	
	磁导率	亨[利]每米	亨·米$^{-1}$	H·m^{-1}	
	光通量	流[明]	流	lm	cd·sr
	[光]照度	勒[克司]	勒	lx	lm·m^{-2}
	[动力]黏度	帕[斯卡]秒	帕·秒	Pa·s	
	表面张力	牛[顿]每米	牛·米$^{-1}$	N·m^{-1}	kg·s^{-2}
	比热容	焦[耳]每千克[尔文]	焦·千克$^{-1}$·开$^{-1}$	J·kg^{-1}·K^{-1}	M^2·s^{-2}·K^{-1}
	热导率(导热系数)	瓦[特]每米开[尔文]	瓦·米$^{-1}$·开$^{-1}$	W·m^{-1}·K^{-1}	

注：(1) 圆括号中的名称，是它前面的名称的同义词。
(2) 方括号中的字，在不致引起混淆、误解的情况下，可以省略。去掉方括号中的字即为其名称的简称。

附录 5　　基本物理常数

物理量	数值
真空中的光速	$C = 2.99792458 \times 10^8 \text{ m·s}^{-1}$
电子的电荷	$e = 1.6021892 \times 10^{-19} \text{ C}$
普朗克常量	$h = 6.626176 \times 10^{-34} \text{ J·s}$
阿伏加德罗常量	$N_A = 6.022045 \times 10^{23} \text{ mol}^{-1}$
原子质量单位	$u = 1.6605655 \times 10^{-27} \text{ kg}$
电子静止质量	$m_e = 9.109534 \times 10^{-31} \text{ kg}$
玻尔磁子	$\mu_B = 9.274078 \times 10^{-24} \text{ J·T}^{-1}$
电子磁矩	$\mu_e = 9.2848832 \times 10^{-24} \text{ J·T}^{-1}$
法拉第常量	$F = 9.648456 \times 10^{-4} \text{ C·mol}^{-1}$
摩尔气体常量	$R = 8.31441 \text{ J·mol}^{-1}·\text{K}^{-1}$
玻尔兹曼常量	$K = 1.380662 \times 10^{-23} \text{ J·K}^{-1}$
万有引力常量	$G = 6.6720 \times 10^{-11} \text{ N·m}^2·\text{kg}^{-1}$
标准大气压	$P_0 = 101325 \text{ Pa}$
冰点的绝对温度(标准温标零度)	$T_0 = 273.15 \text{ K}$
标准状态下声音在空气中的速度	$v = 331.46 \text{ m·s}^{-1}$

续表

物理量	数值
干燥空气的密度(标准状况下)	$\rho_{空气} = 1.293 \text{kg} \cdot \text{m}^{-3}$
理想气体的摩尔体积(标准状况下)	$V_m = 22.41383 \times 10^{-3} \text{m}^3 \cdot \text{mol}^{-1}$
真空中介电常数(电容率)	$\varepsilon_0 = 8.854188 \times 10^{-12} \text{F} \cdot \text{m}^{-1}$
真空中的磁导率	$\mu_0 = 12.566371 \times 10^{-7} \text{H} \cdot \text{m}^{-1}$
钠光谱中的黄线的波长	$D = 589.3 \times 10^{-9} \text{m}$

附录6　各种筛子的规格

日本工业标准筛		美国标准局		泰勒筛		德国筛		英国筛		中国筛	
标称/μm	筛孔尺寸/mm	标称(号)	筛孔尺寸/mm	标称(筛孔)	筛孔尺寸/mm	标称/mm	筛孔尺寸/mm	标称(筛孔)	筛孔尺寸/mm	筛号/目	孔径/mm
—	—	—	—	—	—	0.04	0.04	—	—	4	5.10
44	0.044	No.325	0.044	325	0.043	0.045	0.045	—	—	5	4.00
—	—	—	—	—	—	0.05	0.05	—	—	8	3.50
53	0.053	No.270	0.053	270	0.053	0.056	0.056	300	0.053	10	2.00
62	0.062	No.230	0.062	250	0.061	0.063	0.063	240	0.066	12	1.60
74	0.074	No.200	0.074	200	0.074	0.071	0.071	200	0.076	16	1.25
—	—	—	—	—	—	0.08	0.08	—	—	18	1.00
88	0.088	No.170	0.088	170	0.088	0.09	0.09	170	0.089	20	0.90
105	0.105	No.140	0.105	150	0.104	0.1	0.1	150	0.104	24	0.80
125	0.125	No.120	0.125	115	0.124	0.125	0.125	120	0.124	26	0.70
149	0.149	No.100	0.149	100	0.147	—	—	100	0.152	28	0.63
—	—	—	—	—	—	0.16	0.16	—	—	32	0.58
177	0.177	No.80	0.177	80	0.175	—	—	85	0.178	35	0.50
210	0.21	No.70	0.210	65	0.208	0.2	0.2	72	0.211	40	0.45
250	0.25	No.60	0.250	60	0.246	0.25	0.25	60	0.251	45	0.40
297	0.297	No.50	0.297	48	0.295	—	—	52	0.295	50	0.355
—	—	—	—	—	—	0.315	0.315	—	—	55	0.315
350	0.35	No.45	0.35	42	0.351	—	—	44	0.353	80	0.175
420	0.42	No.40	0.42	35	0.417	0.4	0.4	36	0.422	100	0.147
500	0.50	No.35	0.50	32	0.495	0.5	0.5	30	0.500	115	0.127
590	0.59	No.30	0.590	28	0.589	—	—	25	0.599	150	0.104
—	—	—	—	—	—	0.63	0.63	—	—	170	0.08
710	0.71	No.25	0.71	24	0.701	—	—	22	0.699	200	0.074
840	0.84	No.20	0.84	20	0.833	0.8	0.8	18	0.853	230	0.062
1000	1.00	No.18	1.00	16	0.991	1.0	1.0	16	1.000	250	0.061
1190	1.19	No.16	1.19	14	1.168	—	—	14	1.20	270	0.053
—	—	—	—	—	—	1.25	1.25	—	—	325	0.043
1410	1.41	No.14	1.41	12	1.397	—	—	12	1.40	400	0.038
1680	1.68	No.12	1.68	10	1.651	1.6	1.6	10	1.68	—	—
2000	2.00	No.10	2.00	9	1.981	2.0	2.0	8	2.06	—	—
2380	2.38	No.8	2.38	8	2.362	—	—	7	2.41	—	—

续表

日本工业标准筛		美国标准局		泰勒筛		德国筛		英国筛		中国筛	
标称/μm	筛孔尺寸/mm	标称（号）	筛孔尺寸/mm	标称（筛孔）	筛孔尺寸/mm	标称/mm	筛孔尺寸/mm	标称（筛孔）	筛孔尺寸/mm	筛号/目	孔径/mm
—	—	—	—	—	—	2.5	2.5	—	—	—	—
2830	2.83	No.7	2.83	7	2.794	—	—	6	2.81	—	—
—	—	—	—	—	—	3.15	3.15	—	—	—	—
3360	3.36	No.6	3.36	6	2.327	—	—	5	3.35	—	—
4000	4.00	No.5	4.00	5	3.962	4.0	4.0	—	—	—	—
4760	4.76	No.4	4.76	4	4.699	—	—	—	—	—	—
—	—	—	—	—	—	5.0	5.0	—	—	—	—
5660	5.66	No.3$\frac{1}{2}$	5.66	3$\frac{1}{2}$	5.613	—	—	—	—	—	—

附录7　铜−康铜热电偶分度表

温度/℃	热电势/mV									
	0	1	2	3	4	5	6	7	8	9
−10	−0.383	−0.421	−0.458	−0.496	−0.534	−0.571	−0.608	−0.646	−0.683	−0.720
−0	0.000	−0.039	−0.077	−0.116	−0.154	−0.193	−0.231	−0.269	−0.307	−0.345
0	0.000	0.039	0.078	0.117	0.156	0.195	0.234	0.273	0.312	0.351
10	0.391	0.430	0.470	0.510	0.549	0.589	0.629	0.669	0.709	0.749
20	0.789	0.830	0.870	0.911	0.951	0.992	1.032	1.073	1.114	1.155
30	1.196	1.237	1.279	1.320	1.361	1.403	1.444	1.486	1.528	1.569
40	1.611	1.653	1.695	1.738	1.780	1.882	1.865	1.907	1.950	1.992
50	2.035	2.078	2.121	2.164	2.207	2.250	2.294	2.337	2.380	2.424
60	2.467	2.511	2.555	2.599	2.643	2.687	2.731	2.775	2.819	2.864
70	2.908	2.953	2.997	3.042	3.087	3.131	3.176	3.221	3.266	3.312
80	3.357	3.402	3.447	3.493	3.538	3.584	3.630	3.676	3.721	3.767
90	3.813	3.859	3.906	3.952	3.998	4.044	4.091	4.137	4.184	4.231
100	4.277	4.324	4.371	4.418	4.465	4.512	4.559	4.607	4.654	4.701
110	4.749	4.796	4.844	4.891	4.939	4.987	5.035	5.083	5.131	5.179

附录8　不同材料的导热系数和密度

材料名称	（20℃）		导热系数/[W/(m·℃)]			
	导热系数/[W/(m·℃)]	密度/(kg/m³)	温度/℃			
			−100	0	100	200
纯铝	236	2700	243	236	240	238
铝合金	107	2610	86	102	123	148
纯铜	398	8930	421	401	393	389
金	315	19300		318	313	310
硬铝	146	2800				

续表

材料名称	(20℃) 导热系数 /[W/(m·℃)]	密度 /(kg/m³)	导热系/[W/(m·℃)] 温度/℃			
			-100	0	100	200
橡皮	0.13~0.23	1100				
电木	0.23	1270				
木丝纤维板	0.048	245				
软木板	0.044~0.079					

附录9　　粉体的流动性指数

流动性的程度	流动性指数合计	休止角 测试值	指数1	压缩度 测试值	指数2	平板角 测试值	指数3	均齐度 测试值	指数4	凝集度 测试值	指数5
最好	90~100	<25 26~29 30	25 24 22.5	<5 6~9 10	25 23 22.5	<25 26~30 31	25 24 22.5	1 2~4 5	25 23 22.5		
相当良好	80~89	31 32~34 35	22 21 20	11 12~14 15	22 21 20	32 33~37 38	22 21 20	6 7 8	22 21 20		
良好	70~79	36 37~39 40	19.5 18 17.5	16 17~19 20	19.5 18 17.5	39 40~44 45	19.5 18 17.5	9 10~11 12	19 18 17.5		
一般	60~69	41 42~44 45	17 16 15	21 22~24 25	17 16 15	46 47~56 60	17 16 15	13 14~16 17	17 16 15	<6	15
不大好	40~59	46 47~54 55	14.5 12 10	26 27~30 31	14.5 12 10	61 62~74 75	14.5 12 10	18 19~21 22	14.5 12 10	7~9 10 29 30	14.5 12 10
不好	20~39	56 57~64 65	9 7 5	32 33~36 37	9.5 7 5	76 77~89 90	9.5 7 5	23 24~26 27	9.5 7 5	30 32 54 55	9.5 7 5
非常差	0~19	66 67~89 90	4.5 2 0	38 39~45 >45	4.5 2 0	91 92~99 >99	4.5 2 0	28 29~35 >35	4.5 2 0	56 57 79 >79	4.5 2 0

附录10　　部分粉体的物性参数

名称	真密度/(g/cm³)	粉体密度/(g/cm³) 松密度	实密度	压缩度/%	休止角/(°)	平板角/(°)	流动性指数(Carr指数)	喷流性指数
氧化锌	5.6	0.567	1.263	55	49	57	28	28
味精	1.635	0.73	0.88	18	17	39	65	
苜宿	1.5	0.25		22.1	42	65	67	53
铝粉	2.71	0.95	1.26	25	39	58	72	83
环氧树脂	1.23	0.63	0.82	23	43	68	63	82
聚氯乙烯	1.4	0.3	0.6	18.4	39		81	67
炭黑	1.53	0.155	0.275	44	43	71	37	95

续表

名称	真密度/(g/cm³)	粉体密度/(g/cm³) 松密度	粉体密度/(g/cm³) 实密度	压缩度/%	休止角/(°)	平板角/(°)	流动性指数(Carr 指数)	喷流性指数
河沙	2.55	1.45	1.65	13	36	51	87	
黏土	2.6	0.36	0.66	45	49	86	26	
硅微粉	2.5	0.882	1.467	40	48	62	38	64
硅藻土	2.3	0.115	0.29	60	60	83	14	
玉米粉	1.4	0.43	0.69	38	51	79	36	54
钛白粉	4.4	0.49	0.755	35	45	65	41	
氧化镁	3.65	0.15	0.33	55	37	75	35	67
碳化硅	3.2	1.53	1.79	15	40	40	83	
水泥	3.1	0.63	1.16	46	45	71	34	70
纯碱	1.79	1.195	1.284	7.0	30	42	66	78
滑石	2.7	0.26	0.48	46	47	68	39	
重钙	2.72	0.545	1.28	57	47	67	27	70
大豆粉		0.522	0.865	40	51	68	38	85
铁粉	7.9	2.96	3.6	57	54	70	31	
铜粉	8.9	1.77	2.74	36	52	71	33	53
粉煤灰	2.1	0.51	0.95	46	46	82	46	
灭火干粉		0.955	1.555	39	36	59	53	90
膨润土	2.0	0.95	1.22	14	38	69	66	75
萤石	3.1	0.69	2.10	67	48	74	36	68
绿茶粉	1.4	0.26	0.62	58.1	52	81	19	45
蜡石	2.7	1.33	1.55	14	42	37	82	67
白炭黑		0.105	0.185	43	47	69	33	73
三聚氰胺		0.42	0.79	47	54	76	27	38
尿素	1.3	0.48	0.76	36.1	61	76	47	

注：(摘自《化学工程手册》第五卷，北京：化学工业出版社)。

附录 11　　粉体的喷流性指数

喷流性程度	喷流性指数合计	防止措施	流动性指数 测试值	流动性指数 指数	崩溃角 测试值	崩溃角 指数	差角 测试值	差角 指数	分散度 测试值	分散度 指数
非常强	80~100	需要交叉密封（RS）	>60 59~56 55 54 53~50 49	25 24 22.5 22 21 20	10 11~19 20 21 22~24 25	25 24 22.5 22 21 20	>30 29~28 27 26 25 24	25 24 22.5 22 21 20	>50 49~44 43 42 41~36 35	25 24 22.5 22 21 20
相当强	60~79	需要交叉密封（RS）	48 47~45 44 43 42~40 39	19.5 18 17.5 17 16 15	26 27~29 30 31 32~39 40	19.5 18 17.5 17 16 15	23 22~20 19 18 17V~16 15	19.5 18 17.5 17 16 15	34 33~29 28 27 26~21 20	19.5 18 17.5 17 16 15
有倾向	40~59	有时要求交叉密封	38 37~34 33	14.5 12 10	41 42~49 50	14.5 12 10	14 13~11 10	14.5 12 10	19 18~11 10	14.5 12 10

续表

喷流性程度	喷流性指数合计	防止措施	流动性指数		崩溃角		差角		分散度	
			测试值	指数	测试值	指数	测试值	指数	测试值	指数
也许有	25~39	有时要求交叉密封	32 31~29 28	9.5 8 6.25	51 52~56 57	9.5 8 6.25	9 8 7	9.5 8 6.25	9 8 7	9.5 8 6.25
无	0~24	不要	27 26~23 >23	6 3 0	8 59~64 >64	6 3 0	6 5~1 0	6 3 0	6 5~1 0	6 3 0

附录 12　　两相流粉体流动性指数

指数	流动性	拱桥程度
90~100	极好	没有
80~89	很好	没有
70~79	好	个别有
60~69	较好(可以通过)	有
40~59	差	有
20~39	很差	严重
0~9	极差	极为严重

参 考 文 献

[1] 程能林. 溶剂手册 [M]. 5版. 北京：化学工业出版社. 2020.

[2] 伍洪标. 无机非金属材料实验 [M]. 北京：化学工业出版社，2002.

[3] 刘敬肖，王晴. 无机材料科学基础 [M]. 北京：中国建材工业出版社，2024.